JN290108

ダムと環境の科学 Ⅰ

ダム下流生態系

池淵周一 編著

京都大学学術出版会

> **テクスチャー**(砂州の表層の景観／サブ砂州スケール景観)
> 毎年何回か起こるような洪水で更新,変形
> 砂州表層への堆積・フラッシュ　植生動態
> **裸地域**　細砂パッチ(マウンド),礫帯
> **植生域**　草地,樹林地
> **一時水域**　ワンド・たまり
>
> **デュレーション**(寿命,変遷←攪乱・安定化)

砂州地形のさまざまな地形要素＝生息場

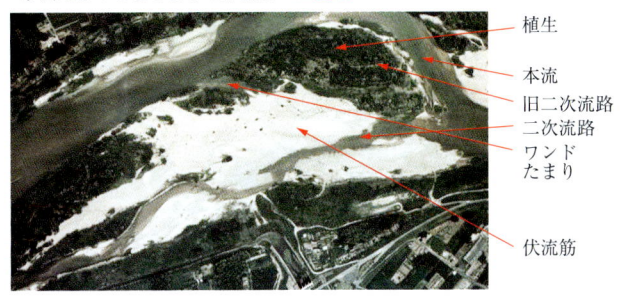

植生
本流
旧二次流路
二次流路
ワンド
たまり
伏流筋

口絵1　木津川下流砂州とテクスチャー〈21ページ参照〉

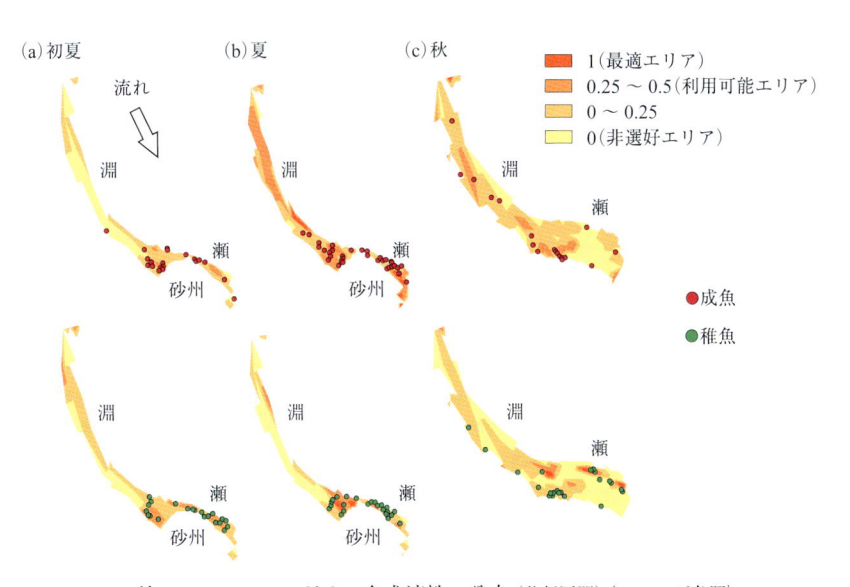

(a)初夏　(b)夏　(c)秋

■ 1(最適エリア)
■ 0.25〜0.5(利用可能エリア)
■ 0〜0.25
■ 0(非選好エリア)

流れ
淵　瀬　砂州

● 成魚
● 稚魚

口絵2　カワヨシノボリの合成適性の分布(移行区間)〈49ページ参照〉

口絵 3　日本で最も大きな総貯水容量を持つ徳山ダム（揖斐川水系，堤高 161m）〈61 ページ参照〉

洪水波形　流入量

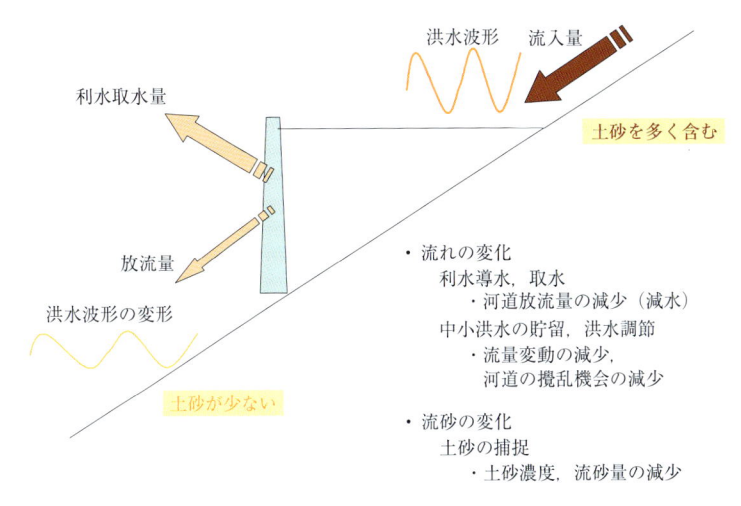

利水取水量

土砂を多く含む

放流量

洪水波形の変形

土砂が少ない

・流れの変化
　　利水導水，取水
　　　・河道放流量の減少（減水）
　　中小洪水の貯留，洪水調節
　　　・流量変動の減少，
　　　　河道の攪乱機会の減少

・流砂の変化
　　土砂の捕捉
　　　・土砂濃度，流砂量の減少

口絵 4　ダムは河川におけるフィルタ〈81 ページ参照〉

口絵 5　野洲川ダム（上）の上流景観（左）と下流景観（右）．ダム建設後 53 年が経過した 2007 年時点の写真〈85 ページ参照〉．

結果の比較　2005/10/31

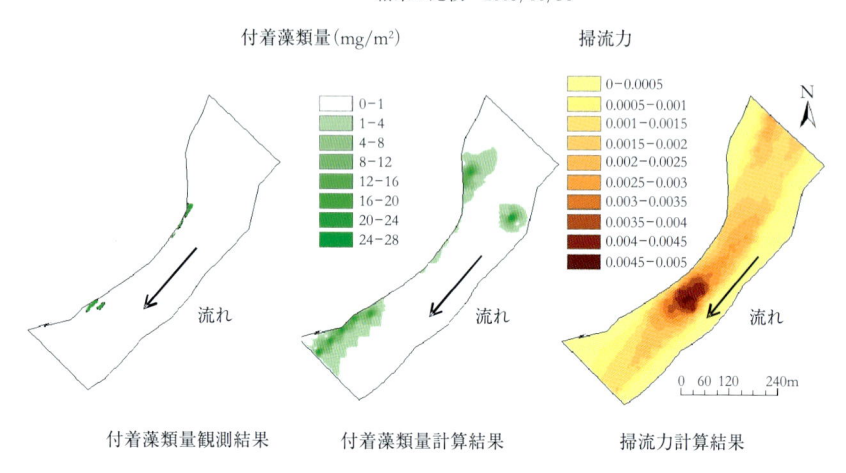

付着藻類量観測結果　　付着藻類量計算結果　　掃流力計算結果

結果の比較　2005/12/12

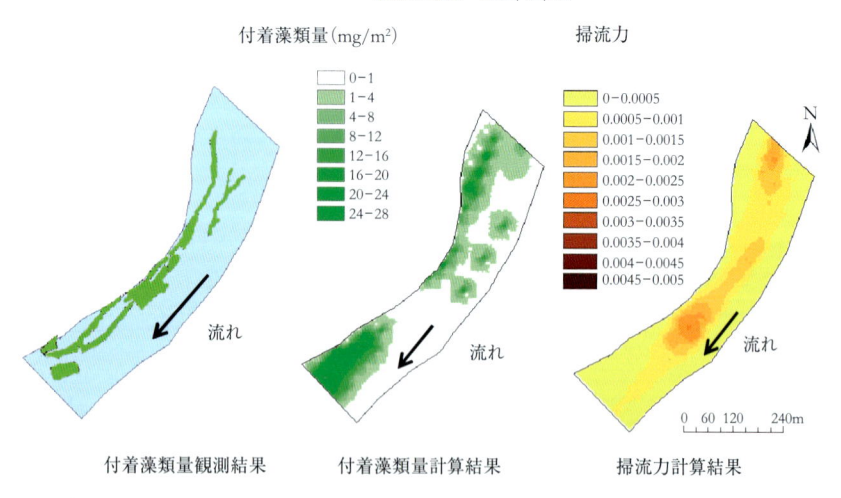

付着藻類量観測結果　　付着藻類量計算結果　　掃流力計算結果

口絵6　付着藻類量の現地観測結果と空間分布予測モデルによる結果〈120ページ参照〉

口絵7　ダム下流の石表面　a) 高山ダム直下流（2004年3月15日撮影）．b) 大迫ダム直下流（2004年1月16日撮影）．c) 室生ダム直下流（2005年3月7日撮影）．d) 宮川ダム直下流（2003年11月16日撮影）〈152ページ参照〉．

口絵8　上：モンカゲロウ（雌亜成虫），吉野川流域の大迫ダムや大滝ダム下流域では河床低下による止水的環境の増加と砂礫間隙にシルトや粒状有機物が堆積した結果，幼虫が掘潜型の生活をするモンカゲロウが増加している．

下：フタツメカワゲラ属の一種（終齢幼虫），カワゲラ目の幼虫は清冽な水質を好むため河川下流域や湖沼に生息する種は少ないが，フタツメカワゲラ属は例外的に比較的富栄養化した河川下流域にも生息している．貯水ダム下流域では山中の上流に位置する場合でも本来上流域に分布するカワゲラ類が生息せずフタツメカワゲラ属が増える傾向がある〈157ページ参照〉．

フラッシュ放流直前 　　　　　　　　フラッシュ放流ピーク水位時

口絵9　宮ヶ瀬ダムフラッシュ放流（100m³/s）時の下流の様子（2005年2月22日）〈203ページ参照〉

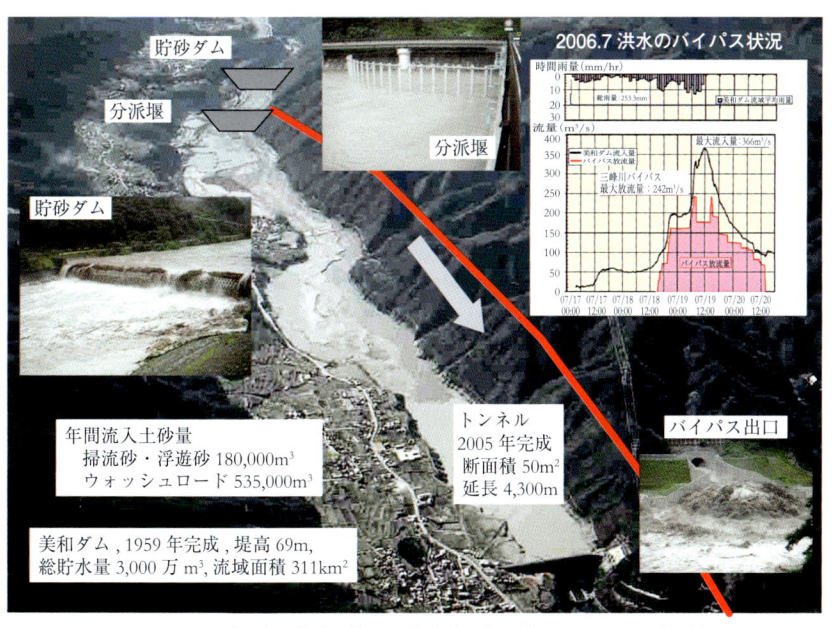

貯砂ダム
分派堰
分派堰
2006.7 洪水のバイパス状況
貯砂ダム

年間流入土砂量
　掃流砂・浮遊砂 180,000m³
　ウォッシュロード 535,000m³

トンネル
2005年完成
断面積 50m²
延長 4,300m

バイパス出口

美和ダム，1959年完成，堤高69m，
総貯水量 3,000万m³，流域面積 311km²

口絵10　美和ダム洪水（排砂）バイパストンネル〈221ページ参照〉

口絵 11　青野ダム（兵庫県）の長距離魚道〈228 ページ参照〉

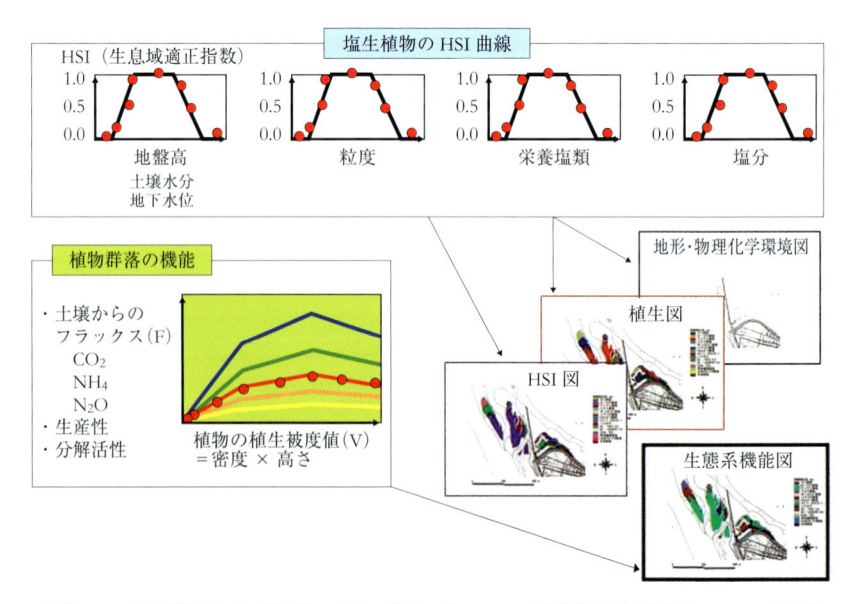

口絵 12　生息適性と生態系サービスポテンシャルの空間分布分析例〈246 ページ参照〉

はじめに

　まず冒頭で,「地球の水は循環している」ということを,あらためて確認しておきたい.われわれは水循環のなかで,雨水が地表に達してから海に至るまでの間に,その流域にさまざまな形で存在している水を資源として利用している.生活・産業などに一時的に利用された水は,排水されこの循環に戻る.そしてこの間に,【水の質は変化する】ことになる.
　この変化は,資源という観点からいえば,量の面でも現れる.利用可能な水は,量質ともに空間的・時間的に変化が大きく,利用可能な水がつねに存在するとは限らない.したがって,そのような水を利用しようとすると,水循環のサイクルを人間の要求する水量や水質の「需要」にあうように変換する術(操作系)が必要になってくる.一言で需要といっても,単に生活や産業が求めるというばかりでなく,そもそもわれわれが組み込まれている環境や生態系が求めるものであり,地域により,また時代により,「需要」の中味は異なる.また「需要」を満たすための操作系の方も,水循環の変動を平滑・配分する水政策や法制度など規則や権利などのソフト的な利用体系であるとともに,それを可能にするハード的な技術体系でもある.これらも地域や時代ごとに変化するものなのである.
　日本にあっても古くから,飲料など生活用水をはじめ,農耕,とくに灌漑農業のために水を必要とし,そのための操作系を発達させてきた.水利用の規模が小さい時代には,主に小河川からの取水,ため池などで対応してきた.やがて人口の増大や産業振興が進むと,水田稲作の展開と食糧増産,上水道をはじめとする都市用水の安定供給,工業生産・産業発展を支える工業用水供給,生活・産業をエネルギー面で支える水力発電,治水安全度向上を目指した洪水調節などを目的とした大規模な操作系が必要となった.その一つが「ダム」である.さらに時代のニーズに対応して,ダムによる河川開発は拡大し,多目的化,大規模化してきたといえる.
　ダムは水供給,発電,洪水調節といった利水・治水機能を果たしてきたが,

はじめに

　ダムの存在とそれらの機能を果たすために行うダムの運用は，河川環境に少なからず影響を与えてきた．すなわち，ダムは流れている河川の連続性を分断する．河川のもつ流水環境を貯水環境に変えることから，滞留する間に，水温や水質，栄養塩や粒状有機物の量や形態が変化する．また，流入土砂もためこむ．さらに，治水，利水機能を発揮するために，ゲートなどによる放流によって，ダム下流河川の流況や流砂を変化させることになる．これらの行為が総体として，下流河川環境に影響を及ぼす．

　しからば，ダムは河川環境にどのような改変要因でどのような影響を及ぼしているのか？　その影響の広がりはわかっているのであろうか？　それを知ることが本書のねらいであるが，その視点は，「地形・流水・流砂の相互作用系からなる河川の物理環境に共生する形で生態環境が維持されている」という立場だ．すなわち，水質環境も含めた物理環境と生態環境の双方をとらえるという視点である．この系のなかにダムが存在し，その上流に貯水池が形成されるとともに，ダムは流況・流砂を改変する．ダムによる流況・流砂の改変が貯水池内の水質変化とあわせダムから放流される形で下流に供給されるが，それが下流河川の物理環境をどのように変化させるのか，そしてその変化が河川生態環境にどのような影響を，どの程度，どこまで及ぼすのか？　本書が焦点をあてるのは，そうした事柄である．そして影響のあるものについて，その影響をダムがどのような形でどの程度緩和することができるか，それについてもとりあげる．

　本書は以下の構成になっている．
　Part Ⅰとして，河川とは何か，ダムとは何か，本質的に考察する．まず，自然に近い状態での河川環境をダムが存在する河川環境との比較のために見ておく．河川環境には物理環境，水質環境，生物・生態環境があるが，第1章では，河川の流況と土砂移動，河道動態の相互作用系から河川の特徴と物理環境の構造を，第2章ではこの構造を物理基盤として，これと生物の生息・生育環境の関係を述べる．第3章では，ダム建設が社会のニーズと合わせ，どのように位置づけられてきたか，ダムの配置，ダム容量などの諸元がどのように設定されてきたかを述べるとともに，ダム貯水池内での水・物質

挙動の変化について概述する．

　PartⅡではダムと下流河川環境の関係，すなわちダムの環境改変要因を整理し，それらがいかに下流河川の物理環境を変化させ，それに応答して生物・生態環境がどのように振る舞うか，について述べる．第4章では，まず河川の流量や流砂とその変動特性がダムによってどのように改変されるかをダム諸元との関連で述べるとともに，ダムによる流況・流砂改変のパターンとその影響度を期別に，またその広がりの視点で述べる．第5章では，ダム下流の生態系変化を，より具体的に，流況や流砂を中心とした環境改変がどの程度下流河川に物理的にまた生物的に影響を及ぼすのか，事例研究を含めて展開する．第6章では，流況や流砂の変化が下流河川の生態系に与える影響を主に底質環境と底生動物群集の変化からみる．また，流況や流砂だけではなく，ダムに水が貯められたことによって水が変質することになる．それが流れることが下流の生物にどのような影響を及ぼすのかを第7章で扱う．

　PartⅢでは，第4～7章の内容を踏まえ，第8章で，ダムが下流河川環境に及ぼす影響を緩和させる，いわゆる下流河川環境保全策のいくつかをとりあげ，その効果を見るとともに，第9章で，それをどのようにモニタリングし，評価したらよいのかを検討する．

　なお，本書では，ダムの環境問題に関連する河川工学や河川生態学などの複数分野の相互理解のため，巻末に用語解説を付けた．用語解説ではキーワードおよび補足的に説明が必要な用語について扱い，掲載した用語は本文中でゴシックにしている．

　河川環境の整備・保全は，治水・利水の整備水準がある程度確保されてきた今日，ものの豊かさから心の豊かさを求めるニーズの高まりとともに，その内容を変えている．水を，河川水を人間活動に配分するだけではなく，自然環境に回す配分，いわゆる人間と生物への水の再配分問題として再構築することが求められているのだ．1997年の河川法の改正に伴い，河川整備にあっても治水・利水とともに河川環境の整備・保全が課題に加わり，河川環境という場合の視野が生物の生息・生育環境にまで広がってきている．河川整備にあっての現在の重要課題に，本書が寄与できれば幸いである．

目　　次

口絵
はじめに　i

Part I　河川とダム

第1章　川の姿の成り立ちと仕組み　　3
　1.1　物理基盤から川をとらえる　3
　1.2　流域と河川の流況形成　4
　　1.2.1　流域を形成する地文的，気候的要因　4
　　1.2.2　河道網と流況の形成　4

❖コラム1　河川流域の地形則　8
❖コラム2　流出モデルと河道流追跡法　9

　1.3　流砂，土砂移動と河道の物理的形成　13
　　1.3.1　流れと土砂移動，河床形成の仕組み　13
　　1.3.2　流路，河床形態の形成　14
　　1.3.3　セグメントの時・空間スケールによる構造化　17

❖コラム3　河床変動解析　18

　　1.3.4　植生の役割　22

第2章　川の姿（物理基盤）と生態系　　25
　2.1　ストラクチャー，テクスチャー，デュレーション　25
　2.2　セグメント固有の景観　28
　2.3　河川の物理環境のもつ生態的機能　29
　2.4　瀬・淵の河床単位と微生息場所　31

❖コラム4　河川の生態学的な区分　32

　2.5　攪乱と生物多様性　35
　2.6　河川生態系の生産起源と連続体仮説　36

2.7　河川連続体仮説 —— 高時川を事例として　37

❖コラム5　底生動物の特性と分類　40

　2.8　水質環境と生態系　43

❖コラム6　生態系サービス　44

　2.9　生息適性の評価　47

補遺　物理基盤と生態系における時・空間スケール …………………………… 52

第3章　ダムと貯水池 ……………………………………………………………… 59
　3.1　流水環境と人間活動　59
　3.2　社会ニーズとダム建設の推移　60
　3.3　ダムの配置と諸元　61
　　3.3.1　治水容量と洪水調節　62
　　3.3.2　利水計画　65
　　3.3.3　堆砂容量　67
　　3.3.4　ダムの諸元　68
　3.4　ダム貯水池（ダム湖）の水，物質挙動　69
　　3.4.1　水と土砂の流動と堆積　70
　　3.4.2　冷・温水現象　71
　　3.4.3　濁水の長期化現象　73
　　3.4.4　水質の変化と富栄養化　73
　　3.4.5　栄養塩負荷と富栄養化状態の指標　75

❖コラム7　WECモデル　76

Part Ⅱ　ダムと下流河川環境

第4章　ダムによる流況・流砂の変化 …………………………………………… 81
　4.1　河川における「フィルタ」としてのダム　81
　　4.1.1　フィルタの基本的考え方　81
　　4.1.2　フィルタの特性を規定するパラメータ（貯水池回転率，土砂回転率など）　82
　　4.1.3　フィルタによる下流河道への影響　85

目　次

4.2　流況変化の計測　87
　　4.2.1　ダムに流入する洪水波形の特性　87
　　4.2.2　流況変化のメカニズムとダムによる影響度の大小　91
　　4.2.3　影響度を時間軸で評価する　95
　　4.2.4　影響度を空間軸で評価する　99
4.3　流砂変化の計測　102
　　4.3.1　ダムに流入する流砂波形の特性　102
　　4.3.2　堆砂のメカニズムとダムによる影響度の大小　104
　　4.3.3　洪水時の貯水池内土砂動態と放流形態　107
4.4　ダムによる下流域に対する物理環境の変化　112

第5章　流況・流砂改変がもたらすダム下流の生態系変化　117

5.1　流況の改変とそれが下流河川にもたらすもの　117
　　5.1.1　流況改変がもたらす河道景観・生態系変化　118
　　5.1.2　普段の流況の変化と生息適性の変化　119
　　5.1.3　付着藻類の動態と水質変動　120
　　5.1.4　洪水の流況変化と植生の変化　124

❖コラム8　河川生態系における物質動態とその変化過程の定式化　124

5.2　流砂の改変とそれが下流河川にもたらすもの　127
　　5.2.1　土砂流送阻害　127
　　5.2.2　河床低下傾向の河川での景観変化　128
　　5.2.3　土砂供給条件の変化がもたらすもの　132
　　5.2.4　アーマーコート化の影響　132
　　5.2.5　流砂フラックスの減少　134
5.3　ダム貯水池内の改変とその流下が下流にもたらすもの　135
　　5.3.1　水温環境の変化　135
　　5.3.2　濁度の影響　136
　　5.3.3　プランクトン生産の影響　136
　　5.3.4　生息場所経路と栄養経路とを考慮した影響　136
5.4　河川連続体仮説を基本としたダム流程に沿った下流河川への影響評価　137
5.5　ダム以外の人為による河川環境への影響　140

補遺　環境変動の抑制と河川生態系の変化　143

第6章　ダム下流河川の底質環境と底生動物群集の変化……………147

- 6.1　ダム下流の底質環境と付着層　147
  - 6.1.1　河床の粗粒化と固化　147
  - 6.1.2　河床表面の付着層の発達　149
  - 6.1.3　貯水ダムによる付着層の違い　152
  - 6.1.4　河床間隙の有機物　154
  - 6.1.5　ダム下流での河床間隙の目詰まり　156
- 6.2　底生動物の変化　157
  - 6.2.1　ダム下流の底生動物の変化　157
  - 6.2.2　底生動物群集によるダム下流の類型　158
  - 6.2.3　造網型と滑行型に影響する環境要因　159
  - 6.2.4　貯水ダム下流の底生動物餌起源　162

❖コラム9　ダム下流の外来種　163

- 6.3　ダムの影響の流程変化　164
  - 6.3.1　河床の粗粒化の波及範囲　164
  - 6.3.2　付着層発達の波及範囲　166
  - 6.3.3　底生動物群集の流程変化　167
- 6.4　試験湛水およびダム再開発事業に伴う流況変化と下流生態系変化　169
  - 6.4.1　ダム試験湛水前後の下流河川環境変化　169
  - 6.4.2　ダム再開発事業に伴う流況改善とその下流生態系変化　173

第7章　貯水池プランクトンと底生動物群集……………177

- 7.1　濾過食者の増加　177
- 7.2　ダム貯水池の水質環境と河川底生動物への影響　181
- 7.3　ダム湖プランクトンの流下距離　184
- 7.4　ダム下流における栄養起源の変化　189

Part Ⅲ　ダム下流の環境保全

第8章　ダム下流の河川環境保全策……………195

- 8.1　河川環境の整備と保全　195
- 8.2　流況改変の対応策　197
  - 8.2.1　流水の正常な機能を維持する流量　197

目　次

　　8.2.2　発電水利権の期間更新等における河川維持流量の確保（発電ガイドライン）　200
　　8.2.3　ダムの弾力的管理　203
　8.3　流砂改変への対応策　209
　　8.3.1　下流河川への土砂還元　209
❖コラム 10　実験河川での人工洪水における粒状物質と生物の流下過程　209
❖コラム 11　米国グレンキャニオンダムの人工洪水　211
　　8.3.2　排砂バイパス，密度流排出，フラッシング排砂　219
　8.4　貯水池水質への対応策　224
　　8.4.1　冷水への対応策　224
　　8.4.2　濁水長期化への対応策　224
　　8.4.3　富栄養化への対応策　225
　8.5　生態的連続性の分断への対応策　228

第 9 章　モニタリングと順応的管理　231
　9.1　ダム下流生態系のモニタリング　231
　　9.1.1　サンプリング地点の配置　231
　　9.1.2　モニタリングの時系列　233
　　9.1.3　ダムの一次，二次，三次影響と下流河川の生態系モニタリング　235
　　9.1.4　生活史特性への水温影響（三次影響）　238
　9.2　ダム下流河川の順応的管理　239
❖コラム 12　グレンキャニオンダムにおける順応的管理　240
　9.3　保全策の効果と評価手法の開発　243

補遺　ダム建設を巡る社会環境　248
❖コラム 13　ダム撤去　253

終章にかえて　255

おわりに　257
図表の出典および提供者一覧　260
用語解説　263
索引　281

Part I

河川とダム

第1章
川の姿の成り立ちと仕組み

1.1 物理基盤から川をとらえる

　流域には，森林，農地，水田，都市，河川，湖沼といった土地利用があり，そこでの降水，表流水や地下水の振る舞いがあり，土砂や有機物などの物質の移動や流れがある．それらは時間的，空間的に変動している．流域から流出してきた水や土砂は最寄りの河道に入り，ネットワーク状に形成された河道網に沿って，高きから低きに合流・流下して進む．

　降水が，さまざまに土地利用された流域からいろいろな経路を経て流出し河川流量を構成するということは，その流量や水位，流速といった水文量・水理量はもちろん，水質や各種有機物の移流・流送，流砂や土砂動態も，生き物たち，すなわち生物の生息・生育場とかかわりをもちながら変化していくことに他ならない．しかし，いきなり生物との相互作用を語るのは，科学として拙速である．そこでまず本章では，物理基盤としての河川，すなわち**流況**の形成プロセス，河道・河床と土砂動態プロセス，それがおりなす河川の特徴および区分を見ておく．その際，水と土砂の流れを構成する河川が，その物理環境において河川地形，流水，流砂の相互作用系から成り立っているとの考えに立つ．

1.2 流域と河川の流況形成

1.2.1 流域を形成する地文的,気候的要因

わが国は,国土面積こそ世界の0.1%しか占めないが,そこには世界平均の100倍以上の火山エネルギーが蓄積され,また100倍以上の地震エネルギーが放出されている.すなわち地文的には変動帯(造山活動帯)にある.このこととあいまって,国土の約70%が急崖脊梁山脈で占められ,山地,傾斜地で覆われており,**土砂生産**も多い.

一方,日本列島は,大陸性の気候と海洋性の気候が交わる.気候的にはアジアモンスーン域,なかでももっとも東の端にあって周囲を海で囲まれている.そのため低気圧の経路ともあいまって降雨が多く,地形の特性とも重なって集中豪雨が起こりやすい.梅雨前線や台風に伴う豪雨や冬季の降雪など,降水量が季節的,また地域的に大きく変動する.

こうした地文的,気候的要因を背景に形成された流域は,面積規模が小さく,そこを流下する河川の流路延長は短い.河川勾配は上流で急であるが,山地からでた扇状地,さらに下流低平地では相対的に穏やかになる.脆弱な山地から洪水によって運ばれてきた流送土砂は,相対的に下流低平地に堆積し,沖積平野を形成している.

こうした流域地形にあって,上流は森林域,中流は水田・農地,下流は都市域といった土地利用特性があり,森林面積率は約70%である.一方,下流低平地には全人口の約50%,資産の約75%が集中していることからみても,河川周辺がいかに高密度に利用されているかがわかる.

1.2.2 河道網と流況の形成

(1) 河川流量の時・空間変動 ── 流況

水の流出を構成するのは,斜面,河道,地下滞水層である.斜面は,降水を河道流出量に変換する場であり,河道は斜面からの流出量を合成して運搬する場である.図1-1は,河川流域が河道網からなっていることを示してい

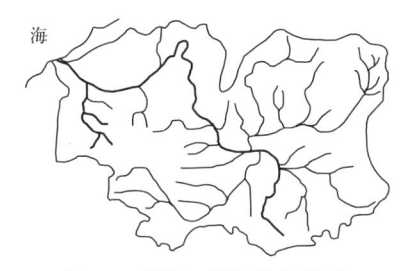

図 1-1　流域の平面系（河道網）

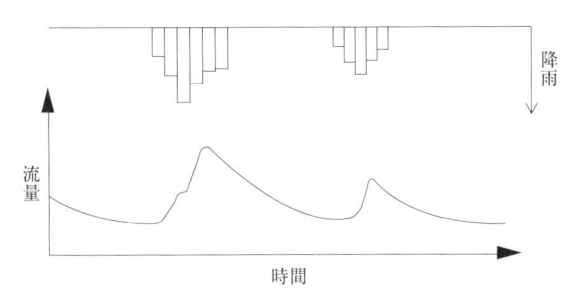

図 1-2　降雨・流量と時間の関係

る．上流山地に水源をもつ多くの小河川が合流流下しながら幹川となり，やがて海に流去していく．液相の水は重力に支配されて高きから低きに流れており，その意味において河川の水は一方向的に流れている．一方，図 1-2 に示すように時間軸上にあっては，降水変動に呼応して河川の流量や地下水位は増減する．この流量変動，いわゆる流量時系列を**ハイドログラフ**という．以下ではこの河川流量の時間変動を**流況**と呼ぶことにする．

　河川流域は複雑に分布する斜面と河道の集合体であるが，その地形構造の骨格をなしているのが河道網構造である．河道網構造は流出の仕方に大きな影響を及ぼす．例えばわが国においてもっともよく見られる流域の形態である**羽状流域**では支川の洪水の時刻が少しずつずれるため，本川のピーク洪水流量は緩和される傾向にあるも，洪水期間は長くなるし，**放射状流域**では支川の合流ピークが重なると合流後の本川の流量は急増する．

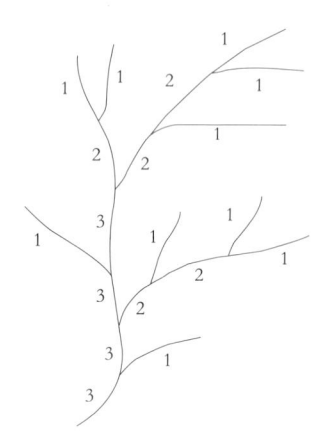

図 1-3　Strahler による河道位数の付け方

(2) 河川の位数と流況追跡

　こうした河道網の形状特性を数量的に表現するために，河道をある規則のもとに等級付ける方法がいくつか提案されているが，ここでは後述の**河川連続体仮説**や**不連続体連結モデル**とも関連させる意味で**ストレーラー(Strahler) の位数理論**を概述する．

　Strahler の方法[1]は，河道を，最上流端から最初の合流点，合流点から次の合流点，そして最後の合流点から最下流端というように河道区分に分割し，次の規則によって各河道区分に等級付けを行う．

(a) 最上流端の河道区分を位数 1 の河道区分とする．
(b) 位数 u と位数 v の河道区分の合流によってできる各河道区分の位数は，$u=v$ のとき，$u+1$，$u \neq v$ のときは u, v の大きい方の値とする．

　図 1-3 は河道区分に位数付けを行った例であり，流域最下端の河道区分の位数を最大位数という．この河道位数を用いて，河道の地形量に関する四つの地形則（河道数則，河道長則，河道面積則，河道勾配則）が経験的に得られている．

例えば流域における河道網上のいくつかの観測点での観測流量をみると，河道の合流流下により，本川流量は下流に行くにしたがって増える．位数の概念と河道網分布の統計則に基づき，洪水のピーク流量およびその近傍の流量波形に注目して，河道による雨水の集水過程が扱われる場合もある[2]．最近では，支川流量を含め，河道網構造にしたがって雨水が流域を流下する過程をモデル化する方法，すなわち斜面から河道に供給された流出量を河道に沿って追跡計算し対象地点での河川流量を把握・予測するモデルが多数開発されている．分布型流出モデルをベースとする水文学的追跡法，キネマティックウェーブ法やダイナミックウェーブ法をベースにした水理学的追跡法などである．ダム貯水池の運用・操作ルールを組み入れた下流河道の流況シミュレーション法[3]もある．

(3) 河況係数

流況は流域形状や降雨特性，地質特性や土地利用特性などに依存するが，流況を相対的に特徴づける指標（パラメータ）に最大流量と最小流量の比，いわゆる**河況係数**がある．前述したような地文的，気候的要因を背景にして，わが国にあっては河況係数 100 以上の河川が多く，変動が大きい（欧米の河川のそれは 10 〜 100）．このことは，その変動をコントロールすることが相対的に難しいことに結びつくが，同時に洪水時の移動床現象の活発さと低水時の河床地形の露出など，多様な水域・陸域からなる豊かな景観構成にも寄与している．その他に流況を特徴づけるものに，**流況曲線**やある**リターンピリオド**をもつ最大流量がある．利水や流水の正常な機能維持などの問題を扱うときには日流量を対象に流況曲線を描き，その代表的流量としての豊水，平水，低水，渇水流量が提示される（ある年の河川流量を日単位で最大のものから順に最小のものに並べかえ，横軸に 1 から 365 日を，縦軸にそれぞれに対応する流量を描いたものを流況曲線といい，そのなかで 1 年のうち，95 日，185 日，275 日，355 日を下回らない流量をそれぞれ豊水，平水，低水，渇水流量と呼ぶ）．一方，洪水や攪乱を対象とする場合には，時間流量や日流量をもとに年最大流量やより大きなリターンピリオド（再帰年あるいは再現期間）で定義される大流量などが指標に用いられる（流量がある確率分布にしたがう確率変量であ

コラム1　河川流域の地形則

　河川流域地形の特性を定量的に把握・表現しようとする学問，すなわち計量地形学の分野では，出水現象との関係において重要なものとして，河道数，河道長，集水面積および河道勾配に関して，経験的に得られた四つの地形則がある[1)2)]．
　それらは河道位数の概念を基礎として得られたもので，それぞれ，以下の式で表せる．

河道数則　　$N_u = R_b^{k-u}$,　　$R_b = \dfrac{N_{u-1}}{N_u}$　$u=2,\cdots,k$

河道長則　　$\overline{L_u} = \overline{L_1} R_L^{u-1}$,　　$R_L = \dfrac{\overline{L_u}}{\overline{L_{u-1}}}$　$u=2,\cdots,k$

河道面積則　$\overline{A_u} = \overline{A_1} R_a^{u-1}$,　　$R_a = \dfrac{\overline{A_u}}{\overline{A_{u-1}}}$　$u=2,\cdots,k$

河道勾配則　$\overline{S_u} = \overline{S_1} R_s^{k-u}$,　　$R_s = \dfrac{\overline{S_{u-1}}}{\overline{S_u}}$　$u=2,\cdots,k$

ここで，N_u は位数 u の河道区分数，$\overline{L_u}$, $\overline{A_u}$, $\overline{S_u}$ はそれぞれ位数 u の河道区分の平均河道長，平均集水面積，平均河道勾配を表し，k は対象流域の最下流の河道区分の位数である．R_b, R_L, R_a, R_s はそれぞれ，分岐比，河道長比，集水面積比，河道勾配比と呼ばれ，その値は $R_b \cong 4$，$R_L \cong 2$，$R_a \cong 3\sim6$，$R_s \cong 2$ である．

　以上の地形則は経験的に得られたものであるが，石原ら[3)]は河道の形成過程のランダム性を仮定することによってこれらの理論的な導出を行うとともに，河道区分の合流に関する新たな地形則を見出している．

参照文献

1) Horton, R. E. (1945) Erosional development of streams and their drainage basins; hydrophysical approach to quantitative morphology. Bulletin of the Geological Society of America 56: 275–370.

2) Strahler, A. N. (1964) Quantitative geomorphology of drainage basins and channel networks. In: Handbook of Applied Hydrology (ed. V. T. Chow), pp. 43-46. McGraw-Hill.
3) 石原藤次郎・高棹琢馬・瀬能邦雄（1969）河道配列の統計則に関する基礎研究．京都大学防災研究所年報　12：345-365.

コラム2　流出モデルと河道流追跡法

　流出モデルの基本的な構成法は，流域をいくつかの構成要素に分割して，そこでの水文過程をモデル化し，それらを空間的に結合することによって全体の水循環を表現するものである．この形式のモデル構成法では，流域界によって定まる水文学的な分割流域を一つの計算単位とし，基本的にはそれらを一次元的に結合することで，全体の流れを追跡する．分割流域に適用する流出モデルとしては，キネマティックウェーブ法をはじめとして，貯留関数法やタンクモデルなどの集中型モデルを目的に応じて使用する．計算方法としては，通常，シミュレーション期間のすべての計算を上流の分割流域から行い，その結果をそれに接続する下流の分割流域の境界条件として与え，順次最下流の分割流域まで計算する方法をとる[1]．

キネマティックウェーブ法

　断面平均流量を $Q(t, x)$，通水断面積を $A(t, x)$，側方流入量を $q(t)$ とし，時刻を t，計算区間上端からの距離を x，とすると連続式は，

$$\frac{\partial A}{\partial t} + \frac{\partial Q}{\partial x} = q(t) \tag{1}$$

となる．一方，運動方程式は，

$$\frac{\partial Q}{\partial t} + \frac{\partial}{\partial x}\left(\frac{Q^2}{A}\right) + gA\frac{\partial h}{\partial x} = i_0 - I_f \tag{2}$$

である．ここで $h(t, x)$ は水深，i_0 は河床勾配，I_f は摩擦勾配である．勾

配が急な場合は,運動方程式 (2) の河床勾配と摩擦勾配の項が卓越するので,それら以外の項を無視することができ,

$$I_f = i_0 \tag{3}$$

となる.マニング式を用いると,n を粗度係数,R を径深として式 (3) は,

$$Q = \frac{\sqrt{i_0}}{n} A R^{2/3}$$

となり,一般に

$$Q = f(A) = aA^m \tag{4}$$

と書くことができる.式 (1) と式 (4) とがキネマティックウェーブモデルの基礎式である.キネマティックウェーブモデルは偏微分方程式で表現され,独立変数は時間 t と空間 x となる.この式は斜面流れと同様であり,数値解法は特性曲線法と差分法を用いる.

ダイナミックウェーブ法

キネマティックウェーブ法では,基本的には河道網の上流側から下流側に向けて順次計算を進める.しかし,低平地を流れる河川のように勾配が緩く,下流側の影響を直接考慮しなければならない場合は,ダイナミックウェーブモデルを用いる.このモデルでは,キネマティックウェーブ法で用いた式 (2) の左辺が無視できない.そのため,式 (1),式 (2) に下流の条件を入れながら水位・流量を計算する必要がある.ダイナミックウェーブモデルを数値的に解く手法としては,特性曲線法,有限差分法,有限要素法などがある.

河道網が複雑に接続する場合の計算は容易ではないが,工夫された手法が数多く提案されている[2].

参照文献

1) 池淵周一・椎葉充晴・宝馨・立川康人 (2006) エース　水文学.朝倉書店.
2) 市川温・村上将道・立川康人・椎葉充晴 (1998) グリッドをベースとした河道網系ダイナミックウェーブモデルの構築.水工学論文集　42:139-144.

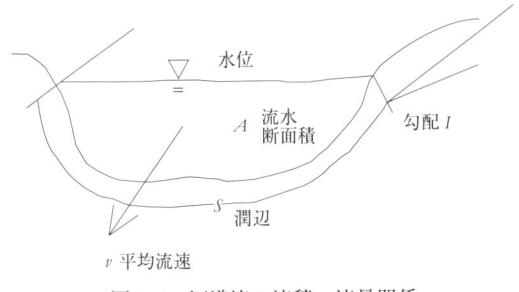

図1-4　河道流の流積・流量関係

るとみなし，その生起頻度を非超過確率といった概念で表現すると，流量のある値 x_p の非超過確率を P とするとき年最大流量を扱う場合，$T=1/1-P$ に対応する T をリターンピリオドあるいは再現期間と呼ぶ．平均すると T 年に一回生起する規模の流量を扱うことを意味する）．

(4) 流量と河川水位，流速

図1-4は河道のある断面を示している．河道のある断面での流量は

$$Q = A \cdot v$$

で与えられる．ここで平均流速 v は，**マニング（Manning）の流速公式**を用いると，粗度係数を n とするとき

$$v = \frac{1}{n} R^{2/3} I^{1/2}$$
$$R = \frac{A}{S} \quad \text{（径深）}$$

で与えられる．ここで，

- v ：平均流速
- A ：流水断面積
- I ：勾配
- S ：潤辺長
- n ：粗度係数（河床の粗さを表す係数．断面形の他に種々の因子が関係する）

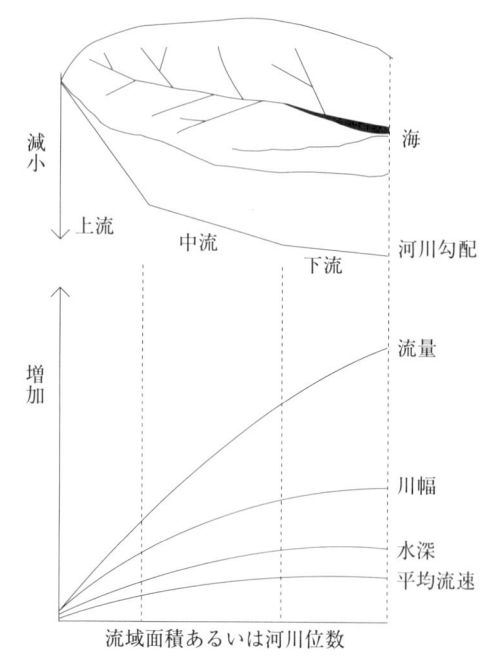

図 1-5 流域面積あるいは河川位数と流況にかかわる変数の関係

である.

したがって，河道流量と河川水位（河川水位と河床高の差を水深という），流速はこのような関係で結びつけられる．河川水位に注目してその変動をいうときには**位況**と呼ぶことがある．河道内の陸域・水域の区分や植生の冠水頻度などを見る場合には，この位況が用いられる．図 1-5 は流域面積あるいは河川位数の増加に伴い，流況にかかる変量がどのような変化を示すか，イメージしたものである．

1.3 流砂,土砂移動と河道の物理的形成

1.3.1 流れと土砂移動,河床形成の仕組み

　河川は水だけではなく,それによって運ばれる土砂(**流砂**)の通り道である.さらにいえば,水や土砂とともにさまざまな物質が川に沿って運ばれ,また川は生き物の通り道でもある.このように運ばれるものの単位時間あたりの通過量をフラックスと呼ぶが,水の場合これを流量,土砂の場合は流砂量と呼ぶ.先にも述べたように河川など表面をもつ流れでは,流量は水深と流速の二つの側面をもっており(水深と流速をかけたものが単位幅の流量),勾配が緩やかであるか粗度や抵抗が大きいと流速が遅く水深の大きな流れとなる.勾配と水深の積は流れの抵抗に比例し,平坦な河床では河床のせん断力に比例,これが大きいほど川底の土砂を巻き上げ輸送する能力が大きくなる.このせん断力が土砂を移動させているという意味でしばしば**掃流力**と呼ぶが,これには限界値(**限界掃流力**)が存在し,それ以下では水が流れていても土砂は運ばれなくなる.氾濫のあと水は引くが土砂堆積が取り残されるのはこのためである.限界掃流力は河床土砂の粒径によって異なり,そのため輸送過程において分級が生じる.また,単位幅流量と勾配を掛け合わせたものは流れのもつエネルギーに比例し,**ストリームパワー**と呼ばれることがある.流砂量は流れのなす仕事であると考えると,移動限界の考慮は必要だが,流砂量とストリームパワーの比例関係を想定することができる.流砂は,川底に沿ってつねに川底と接触しながら移動する**掃流砂**と,水深にわたって分布しほとんど水流と同じ速度で運ばれる**浮遊砂**に分けて扱われ,掃流状態で運ばれるか浮遊砂として運ばれるかは摩擦速度と土砂の沈降速度の比で決まる(摩擦速度は掃流力を水の密度で除したものの平方根で速度の次元をもつ).また,河底の土砂は川底材料と流砂が入れ替わりながら掃流力に応じた量が運ばれるが,山腹や川岸から供給される微細土砂などは供給量に応じて流砂量が決まる.後者を**ウォッシュロード**と呼び,しばしば,微細砂成分を意味する言葉として使われるが,貯水池や河川敷,植生のある場所以外,通常の流れの

ある場では堆積しない.

さて，ある場所に多くの土砂が流れ込んで，少ししか流れ出さなければその場所には土砂が堆積し，その逆なら侵食される．このように，侵食・堆積は流砂（水の流れによる川底材料と流砂の交換）のアンバランスに起因し，そうした侵食・堆積によって河床高さの時間的変化が生まれる．一方，前述したように，それが，粒径ごとに起きると，いわゆる分級が生じる．限界掃流力は小さい粒径のほうが小さいので，堆積傾向の場所では砂は細粒化し，侵食傾向の場所では粗粒化する．ダムの下流部に見られる粗粒化，いわゆる**アーマーコート**化や，孤立植生域下流部の細砂の**マウンド**が形成されるのはこうした分級によっている．分級は，均一粒径砂でそれが生じない場合に比べ河床高さの変化を抑制する．このように，土砂の移動は地形や地表状態（流れに対する粗度）の変化をもたらす（このプロセスを「**移動床過程**」fluvial process と呼ぶ）ので，流れに変化をもたらすことにつながる．このように，地形，流れ，流砂は相互作用系を形成している（移動床相互作用系）．実は，こうしたシステム（系）の不安定の結果として，川底のさまざまな波形形状（デューン（**砂堆**）やリップル（**砂漣**）と呼ばれる小規模河床波や，砂州の形成要因である中規模河床形態）が生まれる．こうした移動床相互作用系によって，河道にはさまざまな特徴をもった地形とそれに応じた流れの特性（水深や流速の空間分布）が現れる．

1.3.2 流路，河床形態の形成

河川は降水を源に，その流出過程を通してでてくる流況によって特徴づけられるとともに，水だけでなく土砂の輸送を担っていることは先に述べた．土砂についても多くは水源山地から補給される．多くの場合，地震・豪雨などによる山腹崩壊などで表層地質が離散化された粒状体（このような状況になることを**土砂生産**と呼ぶ）として渓床堆積物が準備され，それが洪水で流下して河道に分散される（沖積層の形成）．大洪水で形成された河道・河床（沖積層）が，その後の日常的な流砂源になる．もちろん流下過程においても流域からの補給があるが，それらは下流に向かって減る．砂防に関連する分野では，前述した Strahler の方法と異なり水源を 0 次として河川（谷）の次数を数

第1章　川の姿の成り立ちと仕組み

表1-1　各セグメントとその特徴

	セグメントM	セグメント1	セグメント2 2-1	セグメント2 2-2	セグメント3
地形区分	←山間地→	←扇状地→ ←谷底平野→ ←自然堤防帯→			←デルタ→
河床材料の代表粒径 d_R	さまざま	2cm以上	3cm〜1cm	1cm〜0.3cm	0.3cm以下
河岸構成物質	河床河岸に岩が出ていることが多い.	表層に砂,シルトが乗ることがあるが薄く,河床材料と同一物質が占める.	下層は河床材料と同一,中層は中・細砂,表層は細砂,シルト,粘土の混合物.		シルト・粘土
勾配の目安	さまざま	1/60〜1/400	1/400〜1/5000		1/5000〜水平
蛇行程度	さまざま	曲りが少ない	蛇行が激しいが,川幅水深比が大きい所では8字蛇行または島の発生		蛇行が大きいものもあるが小さいものもある.
河岸侵食程度	非常に激しい	非常に激しい	中,河床材料が大きいほうが水路はよく動く.		弱,ほとんど水路の位置は動かない.
低水路の平均深さ	さまざま	0.5〜3m	2〜8m		3〜8m

えるが,低次谷ほど,その小流域の地質が大きな影響を与え,次数が増えるにしたがって,上流からの貢献が多くなっている．それぞれの河川の土砂生産源の地質特性(粒状体化されたときの粒度分布,その後の摩擦特性など)に依存して,その河川の特徴が左右されることは多い．

　川の上流から下流まで眺めるとき,例えば,渓流,山地河道,谷底平野河道,扇状地河道,自然堤防帯河道,三角州河道,あるいは礫河道,砂河川などのようにおおくくりに分類すると,それぞれの特徴(流路形態や河床形態)が明らかになる．主に,こうした区分は河床材料と勾配でなされる．しばし

図1-6 河川縦断形状と流域地質

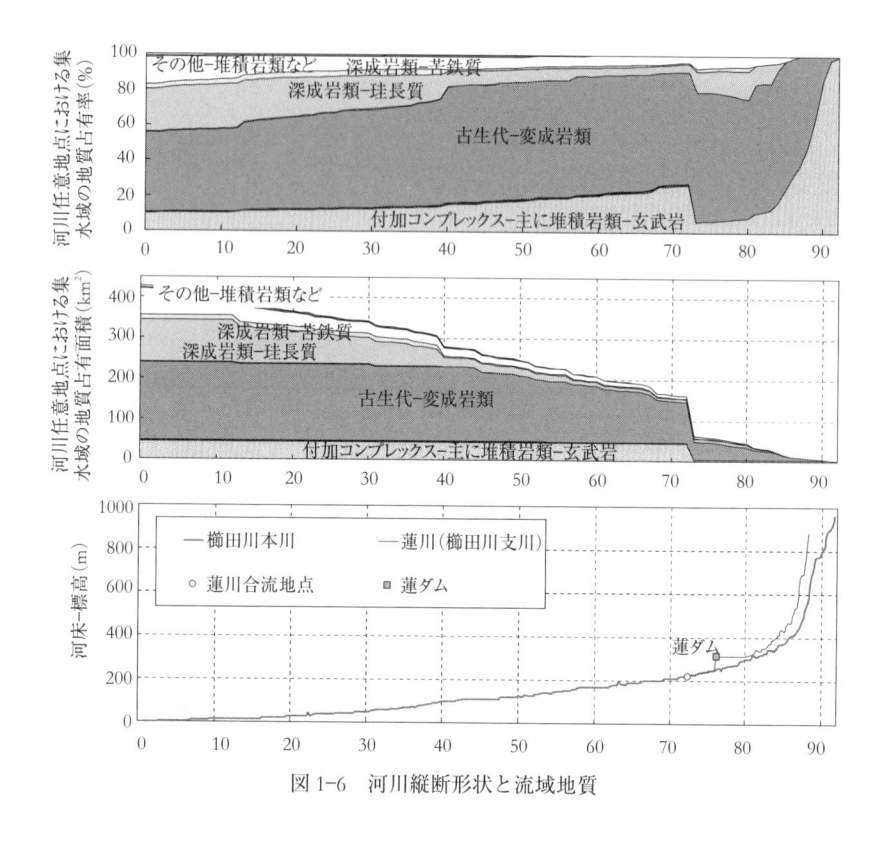

ば,「**セグメント**」分割と呼ばれ,山本[4]は以下の分割をしている.

- セグメントM:山間部の渓谷.この辺りは川幅が狭く勾配がきつく,速い水流は岩をも流すので河床は巨石に覆われている.
- セグメント1:川の流速が山間部に比べて遅くなるために砂礫が堆積してできる扇状地.山間部に比べて勾配は緩く,川幅も広い.
- セグメント2:扇状地を過ぎてから下流域までの中間地帯.ここでは川は蛇行し川のなかに交互に砂州が現れる.
- セグメント3:下流域から河口域の三角州.下流の勾配が緩い区間は潮の干満の影響を受ける感潮区間となる.

さらに，山本[4]は表1-1を掲げ，各セグメントと地形区分との関係，また各セグメントと河床材料，河岸物質，勾配，蛇行程度，河岸侵食程度，低水路の平均深さとの概略の関係を示している．

こうした分割にあっても，例えば，土砂生産源地域に風化花崗岩質が卓越すると砂河川セグメント区間（上記のセグメント2）が水系のなかでかなりの部分を占めるし，そうでないときには砂河川セグメント区間が特別に短縮されるなど，流域表層地質はセグメント占有率ひいては流域地形に大きく影響している（図1-6に示すように，河川の縦断形状の特性は流域地質と関連し，異なる風化花崗岩を流域に占めるか否かで砂河川セグメントの流路延長に占める割合が異なる）．

1.3.3 セグメントの時・空間スケールによる構造化 ── ストラクチャー，テクスチャー，デュレーション

セグメントが特徴をもってひとくくりにできるのは，勾配や河床材料特性が河道・河床形状を大きく支配するからである．その意味で砂河川や礫河川などの特徴は河床材料だけでなく勾配も規定し，そこでの流況に応じて流路・河床形状などの基盤環境ができる．これは個々のセグメントの景観の「構造」であり，ここでは「**ストラクチャー**」と呼ぶこととしよう．ストラクチャーを規定するのは，洪水時に形成される中規模河床形態で，交互砂州や複列砂州がそれである．こうした河床形状が，平常時に一部水面上に露出して，いわゆる寄州や中州が形成される．この意味で，景観のストラクチャーを形成するのは中規模河床形態を規定する洪水流量とともに，どこで陸域・水域が区分されるかを規定する普段の流量ということになる．先述の河況係数はその意味で重要なパラメータであることがわかる．図1-7は，京都府を流れる木津川下流部の写真であるが，交互砂州を伴う砂河川のセグメントの構造性が認められる．セグメントが流路の勾配と河床材料に強く規定されると述べたが，それを特徴づける構造としての砂州などのパターンやスケールには，さらに洪水時（数年に一度程度の規模）の水深や川幅が影響する．このようなセグメントを特徴づける砂州などの「ユニット」を1ペア含むスケールをリーチスケールと呼ぶ．

コラム3　河床変動解析

　河川における土砂の輸送形態は図 C3-1 のように描かれる．河床変動解析にあっては河床近傍で掃流力によって輸送される掃流砂，流れの全層で乱流によって輸送される浮遊砂が以下のような掃流砂式および浮遊砂式で表現され，ウォッシュロードは極微細粒子として浮遊砂と同様の扱いとしている．そして，河床の高さ，すなわち河床変動はこれら全流砂の移動量の収支によって決まるとしている．

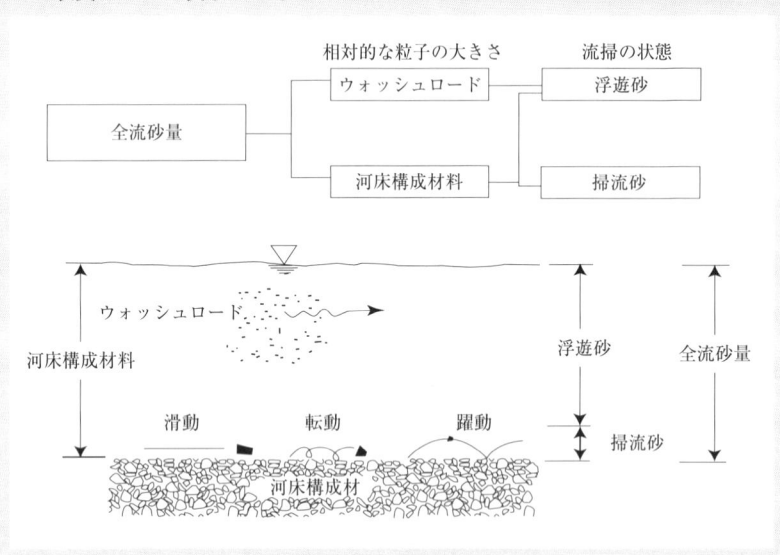

図 C3-1　土砂の輸送形態

以下に一次元河床変動モデルの概要を述べる[1]．

流れの基礎式：

$$\frac{\partial A}{\partial t}+\frac{\partial Q}{\partial x}=q$$

$$\frac{\partial Q}{\partial t}+\frac{\partial}{\partial x}\left(\frac{Q^2}{A}\right)+gA\frac{\partial(Z_b+h)}{\partial x}+S_f=0$$

ここに，Q：流量，q：流入量，g：重力加速度，A：流水断面積，Z_b：河床高，h：水深，S_f：損失

掃流砂式（芦田・道上式[2]）：

$$\frac{q_{bk}}{\sqrt{sgd_k^3}}=17P_{bk}\,\tau_{*ek}^{3/2}\left(1-\frac{U_{*ck}}{U_*}\right)\left(1-\frac{\tau_{*ck}}{\tau_{*k}}\right)$$

ここに，k：粒径区分番号，q_{bk}：粒径区分の掃流砂量，s：砂の水中比重，P_{bk}：粒径区分の含有率，d_k：粒径区分の粒径，τ_{*k}，τ_{*ck}，τ_{*ek}：粒径区分の無次元掃流力，限界掃流力，有効掃流力

なお，限界掃流力は Egiazaroff（芦田・道上による修正）による[2]

$$\frac{U_{*ck}^2}{U_{*cm}^2}=\begin{cases}0.85 & ;d_k/d_m<0.4\\ \dfrac{1.64}{[\lg(19d_k/d_m)]^2}\dfrac{d_k}{d_m} & ;d_k/d_m\geq 0.4\end{cases}$$

ここに，U_*：摩擦速度，d_m：平均粒径

浮遊砂式：沈降，浮上を考慮した移流拡散

$$\frac{\partial}{\partial t}(AC)=\frac{\partial}{\partial x}\left[A\left(\varepsilon_x\frac{\partial C}{\partial x}\right)-UC\right]+B_s(E-D)$$

ここに，C：浮遊砂濃度，U：平均流速，t：時間，ε_x：x 方向の拡散係数，B_s：河床変動幅，E：侵食フラックス，D：堆積フラックス

なお，ウォッシュロードの扱いであるが，粒径を 0.1mm 以下の土砂をウォッシュロードとし，計算では，浮遊砂と同様に扱う．

河床変動式：

$$\frac{\partial Z_b}{\partial t}+\frac{1}{1-\lambda_b}\frac{\partial q_b}{\partial x}+\frac{E-D}{1-\lambda_s}=0$$

ここに，λ_b，λ_s：掃流砂および浮遊砂の間隙率

こうした一連のモデル式を図 C3-2 に示すような計算フローにしたがっ

て，時・空間的に，例えば，MacCormack 法で解析していくことになる．

　以上は，一次元河床変動解析モデルであったが，河岸際の洗掘や河岸侵食，澪筋変動などその詳細は一次元では説明できず，河床変動機構に応じたモデル解析が必要である．例えば，平面二次元河床変動モデルがあるが，より多くのパラメータを内蔵した形で構成され，計算量ははるかに大きくなる．

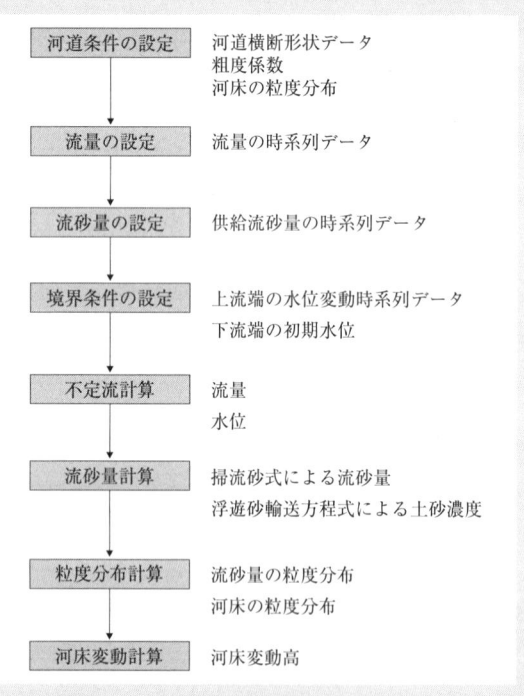

```
河道条件の設定   河道横断形状データ
                粗度係数
                河床の粒度分布
      ↓
流量の設定       流量の時系列データ
      ↓
流砂量の設定     供給流砂量の時系列データ
      ↓
境界条件の設定   上流端の水位変動時系列データ
                下流端の初期水位
      ↓
不定流計算       流量
                水位
      ↓
流砂量計算       掃流砂式による流砂量
                浮遊砂輸送方程式による土砂濃度
      ↓
粒度分布計算     流砂量の粒度分布
                河床の粒度分布
      ↓
河床変動計算     河床変動高
```

図 C3-2　一次元河床変動解析の計算フロー

参照文献

1）芦田和男・高橋保・道上正規（1983）河川の土砂災害と対策 —— 流砂・土石流・ダム堆砂・河床変動．森北出版．
2）芦田和男・道上正規（1972）移動床流れの抵抗と掃流砂量に関する基礎的研究．土木学会論文報告集　206：59-69.

第1章　川の姿の成り立ちと仕組み

```
ストラクチャー(セグメントの基本的構造)
  年一度から数年に一度の洪水で形成・維持
    砂州の形状→瀬・淵構造
          砂州構成材料
```

河床勾配，河道断面，年最大流量→砂州波長，波高

図1-7　木津川砂河川の交互砂州セグメント

　上記のように，セグメントに応じて洪水時に形成される中規模の河床形態が景観の構造（**ストラクチャー**）を形成するが，普段の景観は低水時の水際で区分される陸域・水域で特徴づけられる．水域には瀬（早瀬，平瀬）や淵があり，陸域にはさまざまに微地形や分級による表層の特性が刻まれている．こうしたストラクチャーをリーチスケールやユニットスケールまでクローズアップした場合の景観要素を**テクスチャー**と呼ぶことがある（口絵1）．微地形とその推移に支配される一時水域（ワンドやたまり）もこの範疇である．場合によっては砂州よりも小さいスケールであるので，サブ砂州スケール（あるいはサブユニットスケール）と呼ばれる．こうしたテクスチャーは数年以上

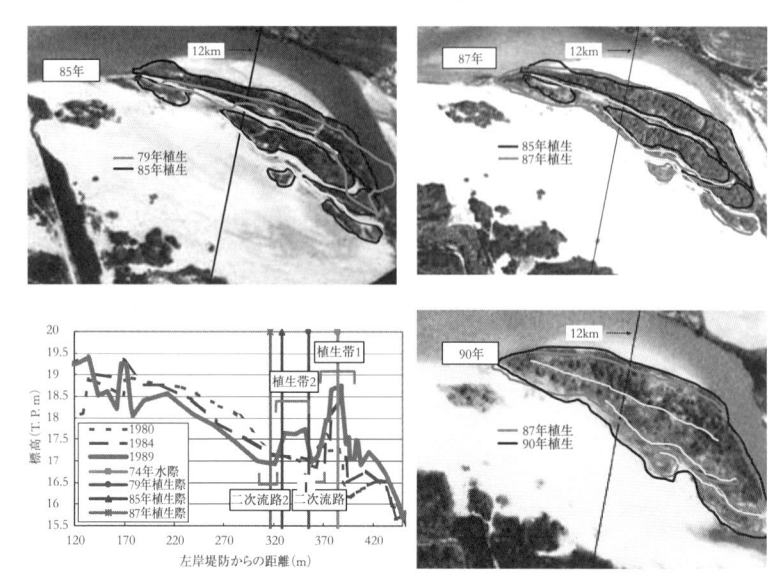

図 1-8　木津川砂州景観の変遷（航空写真と横断測量結果）

に一度の大洪水時だけでなく年に数度の中小洪水でも部分的に更新，変形されるものである．その意味でテクスチャーは空間スケールだけでなく時間スケールの面でもストラクチャーに比べて小規模のものである．時間スケールは景観の寿命や更新期間にかかわるもので，**デュレーション**と呼ぶことにする．

1.3.4　植生の役割

上述の河川の景観の構造性は，勾配，河床材料という河道の基本特性のうえでの洪水時の流砂に伴う移動床過程として，構成されるものである．ダムの建設などで水系の流況や土砂供給条件が変化すると，上述のストラクチャー，テクスチャーやデュレーションが影響を受ける．こうした景観の変遷は，過去の航空写真や河床定期横断測量資料からうかがい知れる．図 1-8 は，口絵 1 に示した木津川の一つの砂州での景観変遷を航空写真と横断測量結果の重ね書きで見たもので，当初単純だった交互砂州の形状が，徐々に畝

図1-9 移動床作用系

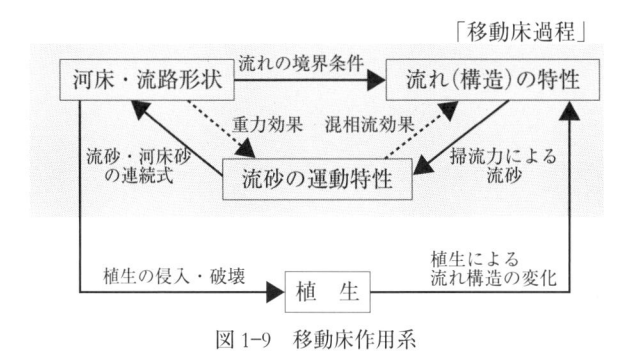

構造と植生帯を増大させて複雑化しているのが見てとれる．これらが，テクスチャーを生み出している．この例からも水流，流砂，移動床過程に植生の影響が絡んだ複雑な相互作用系が想起される．

さらに植生は，流れにとっては離散的な障害物の集合体（あるいは透過流速が動水勾配に比例するような透過帯）であって，植生周辺の流れの構造を変化させる．それが，洪水時の流砂挙動を介して移動床過程を活発化して，地形や表層粒度の変化をもたらす．後者は，しばしば低水時の植生の侵攻に有利に働き，植生の拡大はさらに植生侵攻に有利に働くことが多い．一方，洪水時の流れは，しばしば，植物体を倒壊・流失させ，また植生基盤ごと流出させる場合もある．こうした相互作用の仕組みを図1-9でフローチャートにまとめた．河川の景観の構造を議論するうえで，植生が大きな役割を果たしていることが理解できよう．

参照文献

1) Strahler, A.N. (1952) 'Hyposometoric' (area-altitude) analysis of erosional topography. Bulletin of the Geological Society of America 63: 1117-1142.
2) 金丸昭治・高棹琢馬 (1975) 水文学．朝倉書店．
3) 佐山敬弘・立川康人・賓馨・市川温 (2005) 広域分布型流出予測システムの開発とダム群治水効果の評価．土木学会論文集 803/II-73：13-27．
4) 山本晃一 (1994) 沖積河川学：堆積環境の視点から．山海堂．

第2章
川の姿（物理基盤）と生態系

　前章では，川の姿，本書でいう物理基盤が地形・流況・流砂の相互作用系で形成されるとともに，その形成過程において時・空間スケールに応じた階層構造をもつこと，それをストラクチャー，テクスチャー，デュレーションという形で表現できることを見てきた．本章では，これらを再整理するとともに，河川に生息する生物の群集構造とそれをとりまく環境要因との関係もスケールによって異なることに注目し，それを**生息場**という物理基盤に置き換えてその階層構造を明らかにする．

2.1　ストラクチャー，テクスチャー，デュレーション

　前章のおさらいになるが，今一度，河川の物理構造を概観しておこう．河川の姿，景観を見るとき，ストラクチャーという骨格的形状のうえに，冠水時の細砂の動態（細砂のマウンドはもちろんだが，粗粒化も細砂が洗い流されたと見れば，細砂の挙動に関連するといえる）と植生の動態に関連した表層のテクスチャーによって環境が規定されること，またこうした形状要素がさまざまな時間スケールをもっていること（個々の要素のかかわるデュレーション）も景観を議論するときの重要なキーワードである．

　このなかで，ストラクチャーは，流路満杯となるような洪水流量時（自然河道では年最大流量レベル）に形成されるような河床形状として存在するもので，大きく交互（単列）砂州，複列砂州（あるいはそのモード数）で分類される．

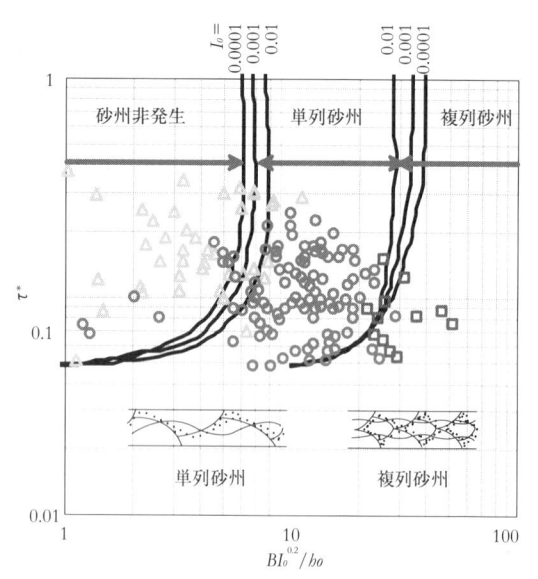

図 2-1 中規模河床形態区分.
△, ○, □は，それぞれ砂州非発生，単列砂州，複列砂州の発生事例を示す.

河道全体が水没するとともに，河床構成材料の粗粒部分も移動状態に入ることが条件である．今日では，洪水流量の減少や河床低下によってこれを規定する流量の再帰年は大きくなっている．そのためにストラクチャーが固定され，変質している例もある．図2-1に示すように洪水時の川幅・水深比 (B/h)，勾配 (I)，掃流力と限界掃流力の比がストラクチャーを決めていることがわかる（図2-1では縦軸には無次元化された掃流力を示しており，移動限界は約0.05）．砂州は主として掃流砂の移動によって形成され，前縁線と呼ばれる峰（それより上流は緩やかで上に凸な形状）で，前縁線を境に崩落面が安息角を形成する．洪水時の流れはこの前縁線に直行する．減水後も前縁線を横切る主流痕跡が流路として残る場合と，前縁線に沿った低い地形をつなぐ経路が流路となる場合がある（図2-2）．前者では，前縁線を横切るところが瀬となる．瀬では急流でしばしば白波が立ち，その前後の水位差が，砂州内部への伏流を誘起する．一般的な砂州では図2-3に示すような伏流経路が想定される．

第 2 章　川の姿（物理基盤）と生態系

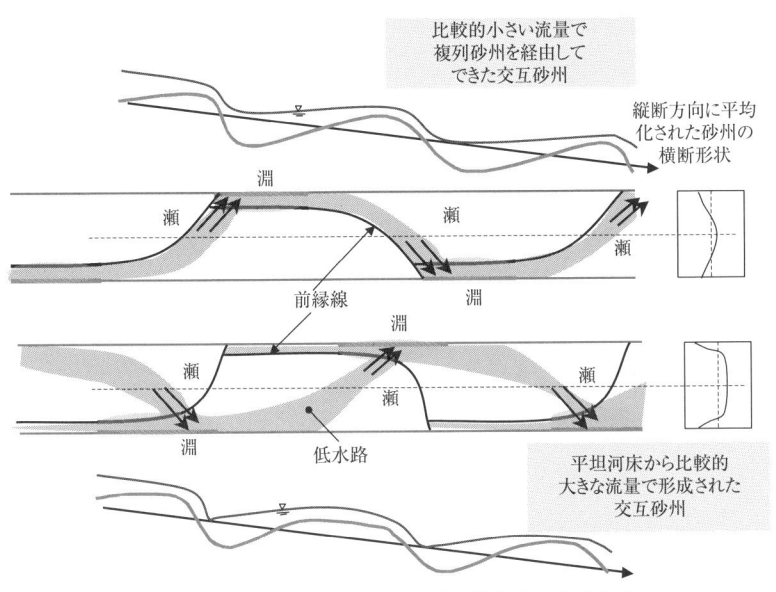

図 2-2　洪水時に形成される砂州と低水時の砂州景観

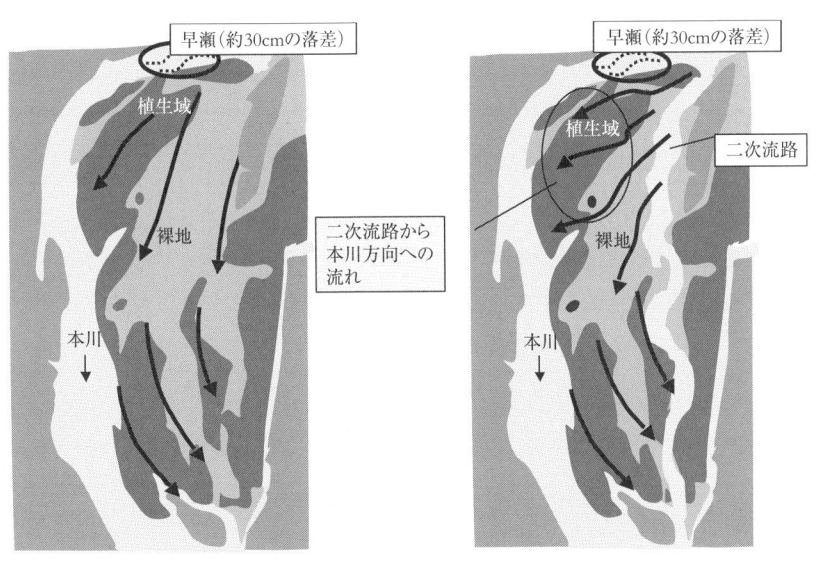

図 2-3　砂州への伏流．太矢印は伏流を表す．

27

浸透流速は粒径に依存する透水係数と水位差がつくる動水勾配の積に比例する．

一方，テクスチャーは，ふだん干陸化している部分が中小洪水で部分的に水没し，また河床材料の一部の細粒部分だけが移動状態に入った状況で形成される．表層での細粒成分の動態や，それにかかわる植生の侵入特性が規定する微地形や分級がテクスチャーを形成し，そのうちある部分は一時水域となる．テクスチャーのデュレーションをその形成・更新にかかわる時間スケールとして定義すると，中小洪水の生起間隔となるが，一時水域の場合は水域としての寿命時間でも定義される．それは，本流との連続が断絶する条件の場合と，伏流補給が蒸発を上回って干上がる条件の場合もある．

2.2 セグメント固有の景観

ストラクチャーによって規定される場での流れは，地形とともに瀬の急流や淵の緩流といった変化をもたらす．これらに応じて水深や流速の空間分布のパターンが決まり，また砂州内や川底への伏流量の分布も決まる．セグメントはこうした砂州，瀬・淵の性質に特徴づけられて類型化される．

それをさらにクローズアップすると，より詳細な形状が見出される．例えば，微地形，表層粒度や，植生分布などで，これが前述したようにテクスチャーと呼ばれるものである．とくに平常時の砂州の表層に着目すると，さまざまな微地形が存在する．木津川の砂州のクローズアップ写真を口絵1に示したが，砂河川畝状の構造や，マウンド状の構造，二次流路，ワンドやたまり（列）などが認められる．河川の流量は時間とともに変化するが，その水位によって，それぞれの場所が水域となるか陸域となるか（本流と接続しているか否か）が決まる．このようにして一時的に水域になる部分は「一時水域」と呼ばれる．一時水域が水域になる時間スケールはその比高による．またさまざまな地形にはそれぞれ寿命時間がある．これがやはり前述したデュレーションで，ストラクチャー，テクスチャーとあわせた三つの要素（STD）が，砂州景観を構成していることがわかる．

微地形のほか，表層粒度のパターンもテクスチャーの一つである．流送土砂量のアンバランスが地形変化を生むが，粒度クラスごとに移動特性が異なるので，移動床過程に伴って分級が生じるためである．瀬の部分の粗粒化や孤立植生背後の細砂マウンドなどがそれである．さらに，植生そのものもテクスチャーを構成する．すなわち裸地，草地，潅木域，樹林などと分類されるテクスチャーがある．干陸頻度が高くなる（冠水頻度が低くなる）と植生域化することが多く，流況の人工的制御や河道の整正に伴って，河道内植生域が増大する傾向にあるといわれている．

先に述べたように（図 1-8 参照），河川景観の変遷を見ると，植生の侵入とともに地形の複雑化が起きていることがわかる．こうした変化には，河川そのものや流域への人間活動のインパクトが影響している．インパクト・レスポンスについては後述するとして，ここでは変化のプロセスとしてみてみよう．植生が侵入する前からの地形は，交互砂州の特徴を示すきわめて単純なものであるが，流況と関連して水際から帯状の植生化が進み，自然堤防帯形成と同じような畝構造の形成・発達とあいまって進行し，さらに，こうした畝構造は順次砂州の内陸側まで複列化し，地形の複列化が進んでいる．こうした複列化が，さまざまなスケールや形状の一時水域を形成する要因ともなっている．

2.3 河川の物理環境のもつ生態的機能

これまで述べてきたさまざまな場（景観要素）が，河川の生物の**生息場（ハビタット）**となり，それに応じて河川生態系が形成されている．例えば，セグメントに固有な生物種が生息するのは，そのセグメントがもつさまざまなテクスチャーがその種の**生息適性**に合致していると考える．生物の生息というとき，それは生活史（環）が保障され，成長でき，また世代交代できることである．すなわち生活史上さまざまなステージで必要となる場が，セグメントレベルの空間で確保されることである．ある魚であれば，産卵・孵化場，仔稚魚の養育場，採餌場，さらに洪水時や旱魃時の避難場などが，提供され

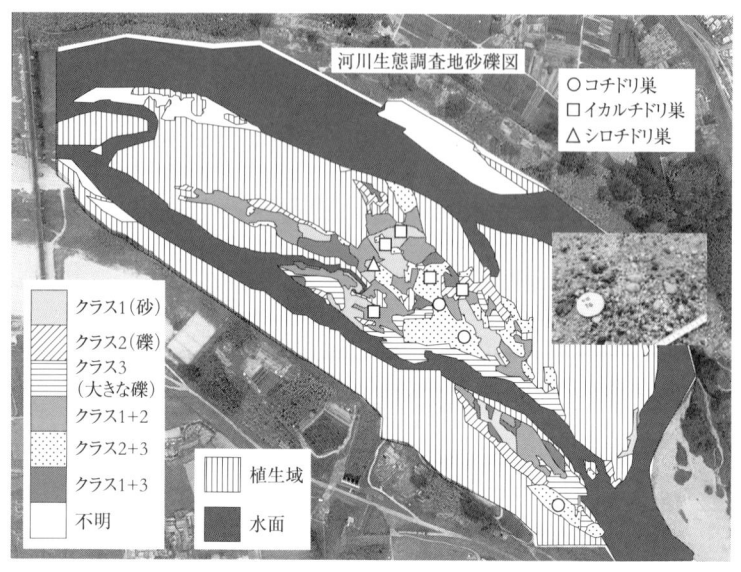

図 2-4 チドリ類の営巣場と砂州のテクスチャー区分.
3種のチドリは,営巣場として,裸地のテクスチャーを使い分けている.採餌場は共通(競争はあまりない＝餌が豊富).

ているということである.

　セグメントにある種の生物が生息するのは,こうした場がそのセグメントの特徴としてテクスチャーに含まれていることといってよい.これは,ストラクチャー,テクスチャー,デュレーションといった要素で構成される河川の物理環境のもつ生態的機能といってよい.例えば,一時水域は洪水時の避難場として,またある種の魚の産卵場や仔稚魚の養育場として,生態的機能を有する.すなわちテクスチャーのもつ物理性質(水域でいえば,流速,水深や底質,陸域では構成材料(粒径や土壌水分特性),比高あるいは,冠水頻度など)が,生態的機能を担保する条件を満たしている.必ずしも水中の生物(魚類や底生生物)だけでなく,陸域での鳥類・昆虫などの産卵場(営巣場)や採餌場,植物の生育場所なども種子漂着,発芽,生長などの生態的機能が担保される物理場(テクスチャー)である.例えば,砂河川であって礫が卓越する領域をチドリ類が営巣に用いており(図2-4参照,さらに3種が礫面テクスチャー

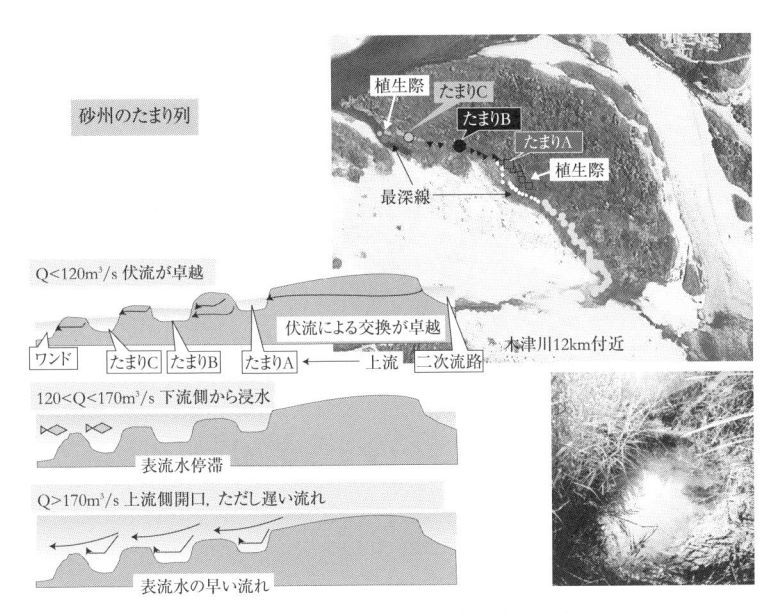

図 2-5 洪水時のたまり列の水理状況の変化

の違いを使い分けている），一方，砂マウンドにはアリジゴクが営巣している．水際のフレッシュな州を餌場とするチドリ類にとって，営巣場と餌場の導線を遮る植生帯のように，生息性にとってネガティブなテクスチャーにも留意すべきである．また，こうしたテクスチャーには寿命時間があり，また生物の生活史におけるタイミングとの兼ね合いという視点で，デュレーションを考えるべきである．普段はたまり列が伏流によって維持され，洪水の際には下流から本川とつながって魚類の避難や産卵を促すことができる（図 2-5．上流から接続するたまり列をつなぐ流路は最初から強い流速域になって降水期の避難場として機能し難い）．

2.4 瀬・淵の河床単位と微生息場所

ストラクチャーをリーチスケールやユニットスケール，さらに微地形にま

でクローズアップしたものをテクスチャーと呼んできたが，水域生態にあってはこのスケールにある瀬・淵といった**河床単位**，それより小さいスケールでみる生息場，**微生息場**が重視される．河床の凹凸とそれに対応した河床材料，粒度分布や堆積構造は，水生昆虫，魚類，水辺の植生などの空間特性を規定する重要な要素である．凹部は平水時において水深が大きく流れが緩や

コラム4　河川の生態学的な区分

　河川地形学や河川生態学においては従前，それぞれの瀬や淵は河道を構成する基本的な構造単位（河床単位と呼ばれる）とされ，このような河床形態は，配列が統計的に均質で，流路方向に周期性を有するとの考えで河川生態学的な区分が描かれてきた．その分け方は以下のようである[1]．

　河床形態はその形によって大きく3種類に分けることができ，さらに中間の2種類を区分に入れることで5種類に分けることができる．

　一般的に河川の上流部では一つの蛇行のなかに，多数の瀬と淵が交互に出現するのに対し，中・下流部では瀬と淵が一つずつしかない．まず前者のような地形的特徴はA型，後者はB型と呼ばれている．さらに細かい区分として，瀬から淵への流れ方に関して3通りに分けられている．上流の滝のように落ち込むもの（a型），中・下流の落ち込まずなめらかに流れこむもののうち中流の波立っているタイプ（b型）と下流のほとんど波立たないタイプ（c型）である．この2種類の特徴は関連しており，A型はa型と，B型はb型とc型にみられるので，両者を組み合わせてAa型・Bb型・Bc型という3種類を区分できる（図C4-1）．さらに，川の勾配は連続的に変化するので，二つの河川形態の間には，中間的な型が存在する．Aa型とBb型の間に見られる中間型はAa-Bb型，Bb型とBc型の間に見られる中間型はBb-Bc型と呼ばれている（図C4-2）．またAa型については，蛇行点の淵も直線部の淵もほぼ同形同大である源流型をAa（I）型，そうでない渓流型をAa（II）型に区分できる．

かな部分であり，「淵」と呼ばれている．一方，凸部は浅く流れの速い「瀬」と呼ばれる部分である．河川地形学や河川生態学において，それぞれの瀬や淵は河道を構成する基本的な構造単位（河床単位）とされる．このような河床形態は，配列統計的に均質で，流路方向に周期性を有する．リーチはこうした河床単位を一対以上含む河道区間のことを指す．瀬や淵といった河床単

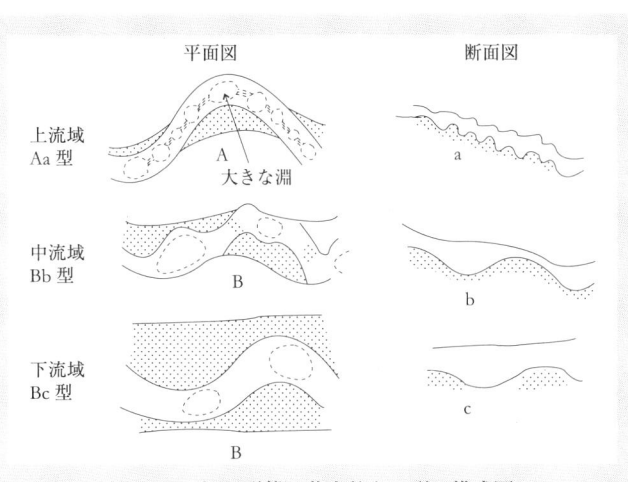

図 C4-1 河川形態の基本的な 3 型の模式図

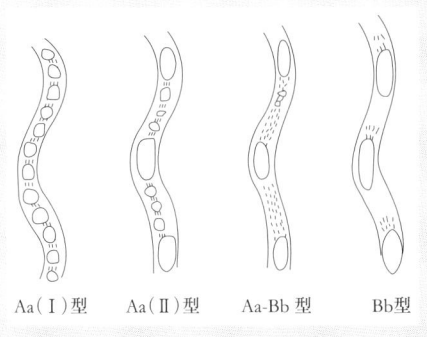

図 C4-2 河川形態型

参照文献

1) 可児藤吉 (1978) 普及版可児藤吉全集．思索社．（初出は 1944 年）

位もさらに微視的に見れば，互いに特性の異なるいくつかの微生息場所に分類することができる．微生息場所スケールでは，明瞭な境界による区分は困難な場合が多い．しかし，このスケールでの構造的特性は，**底生動物**や魚類の生息場所を表す際に必要となることが多く，「淵尻の瀬頭」，「淵のかけ上がり」，「落葉パッチ」，「岩盤面」等，必要に応じてさまざまな分類がなされている[1]．

瀬-淵構造（リーチ）についてみると，上流では小規模河床波に分類されるステッププール，下流では中規模河床波（砂礫堆）と呼ばれる瀬-淵構造が存在する．一方，ステッププールが形成される上流部と砂礫堆が卓越する扇状地の中間は，小規模河床波と中規模河床波の両方が形成され，複雑な状況を呈する．砂礫堆が形成されるところでは，その前縁部には大礫が積み重なった急勾配斜面をつくり，非常に激しい流れが形成される．砂礫堆本体のうえには波長の小さな堆積構造（ステップほど落差はもたず，河道を横断するように礫が連続して配列するような構造など）が形成される．水生昆虫が生活史を通じて利用している場所条件や，生物群集における作用中心（生物同士が捕食被食や競争などの関係を起こしやすい場所）として，淵尻の瀬頭・淵への流れ込み・礫底の岸際，サイドプールなどのように，瀬-淵構造のなかで特定の部位が重要となる例が報告されている[2]．また，一部の水生昆虫にとっては重要な，岩盤・岩盤に生えた苔・大きな石・特定の粒度の底質などの微環境要素についても，瀬-淵の河床単位における配置を見るならば特定の場所に分布する傾向がある[3]．このように，微生息場所の配置様式は瀬-淵構造内での空間的位置と密接に関係しているため，微生息場所の形成機構についても，流水・土砂による攪乱様式の空間的変異として追究する必要があるが，いまだ実証的研究に基づく体系的記述はなされていない．その理由としては，攪乱が生息場所に及ぼす作用が攪乱様式や対象要因によってさまざまであること，いくつかの異なる時間・空間スケールの事象が同時にかかわっていることにより問題が多様化・複雑化していることなどが挙げられる．

2.5 攪乱と生物多様性

生物多様性の維持機構として，**攪乱**の果たす役割は重要である．陸域・淡水域・海域のさまざまな生物群集において，ある程度の攪乱がある方が種多様性が高まる例が報告されている．このような中程度の攪乱が種の多様性維持に結びつく過程として，これまで中規模攪乱説が有力視されてきた．この説は，生物群集のなかで種間競争や捕食が起こりきった平衡状態が，増水や嵐などの攪乱によって，生物間相互作用がまだ反映しきっていない非平衡状態になることを前提としている．つまり，それまで優勢を誇っていた種が攪乱でダメージを受ける結果，種間競争で劣る種の生存機会が増えるという考え方である[4]．この仮説でよければ，攪乱が大きすぎたり多すぎたりすると絶滅する種が多くなるため種多様性が減少するが，攪乱が小さすぎたり少なすぎるときも，種間競争や捕食関係などの生物間相互作用によって，種多様性が減少することになる．これまで渓流の水生昆虫や底生動物群集について，中規模攪乱説を支持する例も報告されてきた．しかし，中程度の攪乱によりもっとも種多様性が高まるという事実だけでは，この仮説を証明したことにはならない．例えば，中程度の攪乱が生息場所の多様性を維持するため種多様性が増大すると考えることもできる．多くの河川生物にとって重要な瀬-淵構造そのものも，石礫が移動する程度の攪乱や砂泥が移動する程度の攪乱の組み合わせによって形成維持されていると考えられる[5]．もし生息場所構造の多様性が中程度の攪乱体制下で高まるのであれば，群集構成種のランダムな移入過程を想定しても（つまり競争排他の過程を想定しなくても）種多様性が高まる結果が得られるであろう．この仮説は，生息場所多様化説と呼ばれる[6]．とくに，平水時においても群集が非平衡状態にあるような河川生態系では，生息場所多様化説の重要性が高いと考えられる．

このように，攪乱を伴う土砂供給・侵食・堆積の過程は生物の生息場所を形成する重要な要素であり，土砂挙動を生息場所構造と関連させて定量化することが必要である．生息場所の構造は複数の空間スケールにまたがっており，それぞれのスケールに対応して空間変動の現象規模が異なっている．し

かも,対象生物ごとに考慮すべき生息場所条件の空間スケールが異なるので,生息場所構造の保全にはさまざまな空間スケールの構造を複眼的に考慮する必要がある.

2.6 河川生態系の生産起源と連続体仮説

　河川生態系の最大の特徴は,媒体となる水や基質となる土砂が上流から下流へ流れることであり,そこでの生息場所や物質循環を規定する要因として,河川生態系の物質・エネルギー源である粒状有機物の分布様式はきわめて重要となる.流域と河川のつながり,上流域と下流域のつながりを考慮に入れた,河川生態系と河川生物群集の特性を理解する枠組みとして,**河川連続体仮説**（River Continuum Concept）がよく知られている[7].

　河川連続体仮説によると,底生動物群集の摂食機能群組成は,次のように変化するものととらえられている.上流域では,河畔林が発達し河道が樹冠で覆われるため,藻類による一次生産は小さいが,河畔林から落葉枝等の粗大有機物が大量に供給される.このため上流域では,主に粗大有機物を摂食する植物分解者である破砕食者が多く,石面付着物をこそげとって食べる刈取食者は少ない.中流域では,川幅が広がり河床への日射量が高まることによって河床表面の付着藻類の生産が増えるために刈取食者が多くなり,破砕食者は少なくなる.また,上流域で落葉枝が分解されて生じた微細有機物が流送されてくるため,それらを摂食する堆積物収集食者や**濾過食者**も多い.下流域では,水深の増加によって河川水の透明度が低下し,藻類の一次生産は再び低下する.ここでは,上流側からの流下有機物に依存するため,堆積物収集食者がもっとも多くなる.

　このように,底生動物は粒状有機物の粒径別分布特性やその生産起源に強く依存しており,粒状有機物は生息場所条件を特徴づける重要な要素となっていることはよく知られている.また,流下有機物は,河川地形によって捕捉されやすさが異なることから,生産起源の変化は河床地形の影響を強く受けると考えられる.各流程の特性が波及する距離や,それに対応した底生動

物分布の変動様式については近年ようやく実証的研究が行われつつある[8].

2.7 河川連続体仮説 —— 高時川を事例として

河川連続体仮説は上流域が森林で覆われている欧米の河川でいわれている河川の様相である．わが国の河川は，同じく上流が森林域に覆われているが，河川の規模や，勾配，流路延長は大きく異なるし，実際の河川では支川などでの合流点で環境は変化する．ここでは，淀川水系高時川を事例に各種物理環境と底生動物群集との相互関係を流程とあわせて考察する[9].

滋賀県東北部を流れる淀川水系の高時川にはダム計画があるが，現時点では建設されておらず，比較的自然状態の河川と見なせる．図2-6に流域の概況と調査地点を示す．St. 1 〜 St. 7 までが本川，St. 8 〜 St. 12 が支川であり，図中には位数と一年を通して現地調査で確認された底生動物の種類数を示してある．位数と河床形態の関係からみると，調査区間は上流域から中流域の様相を呈している．また，位数による種類数の変化にはきわだった傾向を読み取ることはできないが，同位数では本川の方が多いようである．図2-7は各摂食機能群の個体数（一年を通して現地調査で確認された底生動物の種ごとの数）の割合を示したものである．全体的に捕食者が多い傾向にあるが，下流側の位数(5)の地区では収集食者が優占的であり，上流側の地区と比較すると破砕食者が少ない傾向があった．

12地点の底生動物群集の各種変数（種類数，個体数，現存量など）と，調査地点の物理環境条件（河岸植被度，水面植被度，浮石割合，勾配など）との相関分析を行うと同時に，上流に遡った物理環境の影響がどの程度かを分析し，その結果を環境要因の調査地点からの距離に基づいて整理すると，以下のようなことがいえる．すなわち，調査地点近傍よりも上流の物理条件により強く影響を受ける事例が多いが，破砕食者の現存量，収集食者の現存量，捕食者の種類数については，上流の環境よりも生息している場所の環境条件に左右される傾向にあり，収集食者の種類数，捕食者の現存量はより長距離の上流区間の環境条件の影響を受けることが示唆された．ただし，近年の安定

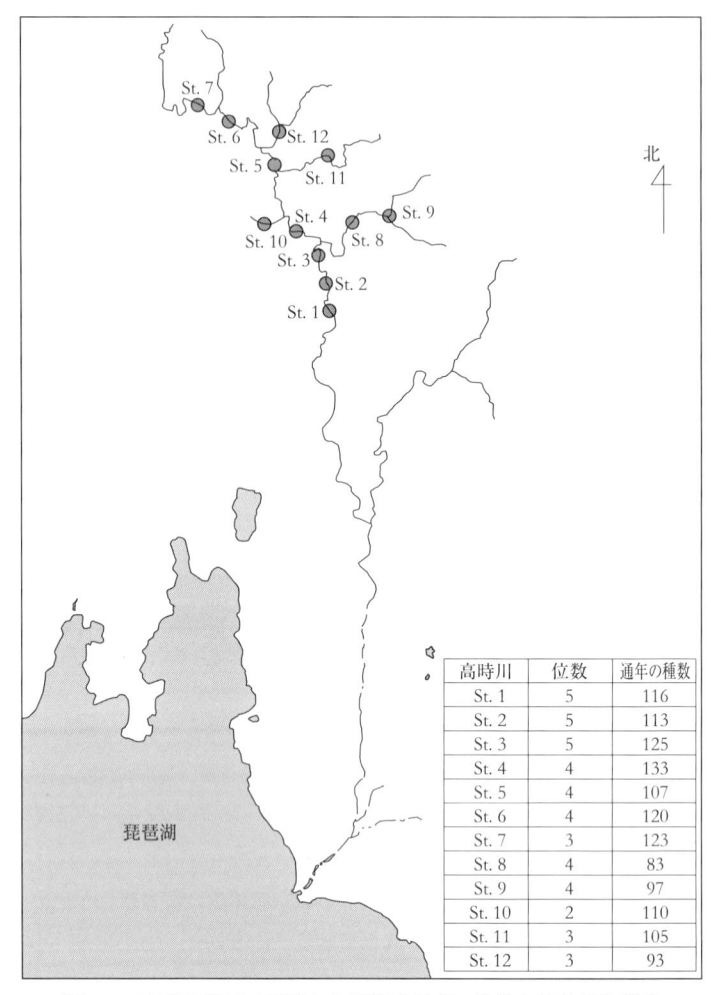

高時川	位数	通年の種数
St. 1	5	116
St. 2	5	113
St. 3	5	125
St. 4	4	133
St. 5	4	107
St. 6	4	120
St. 7	3	123
St. 8	4	83
St. 9	4	97
St. 10	2	110
St. 11	3	105
St. 12	3	93

図 2-6　高時川流域の概略および調査地点の位数と底生動物種数

同位体比を用いて餌起源を推定した研究から，水面を樹冠が覆うことによって直下に生息する濾過食者の餌起源に占める陸上由来の有機物の寄与度が増加するものの，その影響は 2 〜 300m の距離で解消することがわかっている[10]．

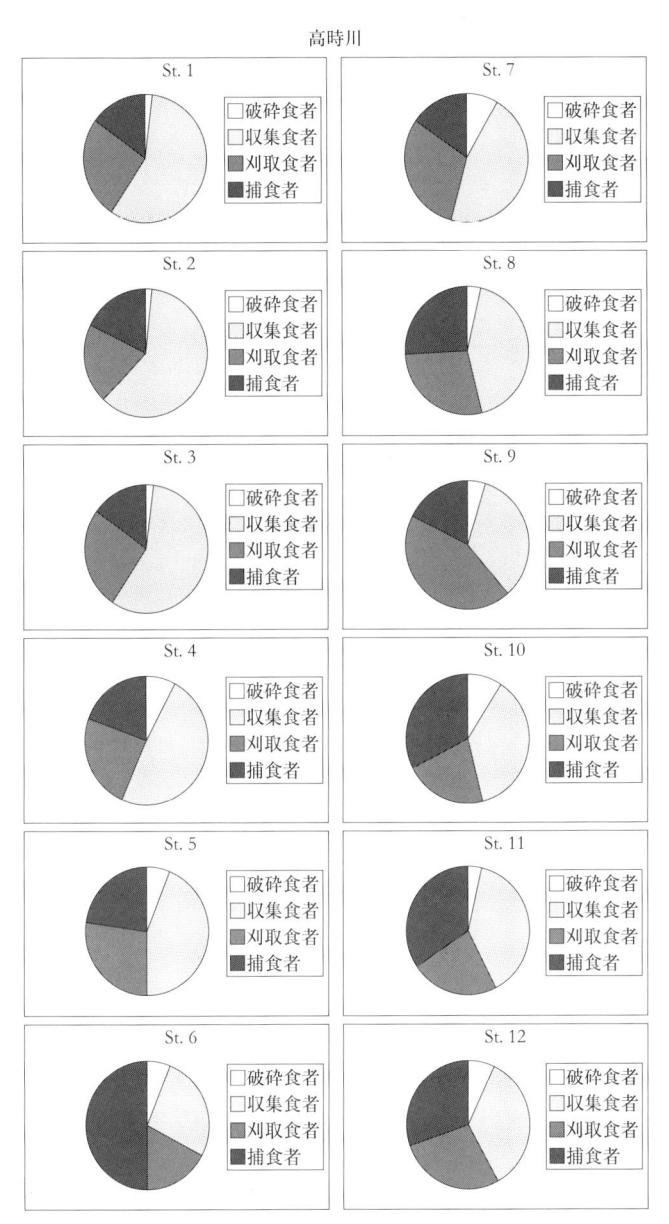

図 2-7　高時川各調査地点における各摂食機能群の個体数の割合

高時川を含め，わが国の18の河川（米代川，最上川，芦田川，大淀川など）について位数を算出するとともに，平成6年度から平成10年度までの河川

コラム5　底生動物の特性と分類

　生息場の特性が異なれば，そこに生息する生物の種，個体数，現存量，群集構造も異なってくる．逆に，それらの生物の違いは生息場の違いの指標にもなる．河川生態系の評価に際して，底生動物を取り上げることが多いのは，生息場の変化に敏感な底生動物の特性による．底生動物を指標に用いることには，以下のような利点が考えられる．

1) 魚類，とくに遊泳魚では移動が頻繁であり，特定の区間の河川環境を直接反映しにくいのに対し，底生動物は移動性の低さのため，微生息場など物理環境の影響を受けやすく，その場の環境の健全性を評価するのに有効である．
2) 魚類などでは，種の多様性評価の対象となる種数が少ないのに対し，底生動物は種数が多く，種の多様性を評価しやすい．
3) 底生動物は，魚類で問題となる放流や捕獲などの人為的撹乱を受けずにすむため，環境変動以外のノイズが少ないと考えられる．
4) 底生動物の多くは年に複数回の生活環を持ち，時間的に環境変動に対して反応が早く鋭敏である．
5) 底生動物は，水域生態系の中で基礎生産者から高次の捕食者につなぐ重要な役割を果たすなど，物質循環にとって重要なグループである．

　ところで，底生動物群集を種の多様性の観点から分析することも重要であるが，生活様式や採餌方法を示すグループに着目して評価することも可能である．とくに生息環境の特性を評価するためには，以下のような生活型や摂食機能群を考慮して分析することが有効である．

水辺の国勢調査年鑑から底生動物について種類数・個体数を取り出し，両者の関係を調べると，各河川で調査された年度が違うことや各調査地点におい

生活型による分類

　生活型とは，底生動物の生息場所や河床構造，流れ環境条件と適応した体型や生活様式を反映した類型であり，物理構造を検討する際の指標として有効である．竹門[1)]に従うと以下の 10 グループの生活型に分類できる．

1) 遊泳型：コカゲロウ科，フタオカゲロウ科に代表されるように，移動の際に主として遊泳しながら動く底生動物群
2) 固着型：アミカ科，ブユ科などに代表されるように，強い吸着器官または鉤着器官をもって他物に固着している底生動物群
3) 造網型：シマトビケラ科，ヒゲナガカワトビケラ科に代表される，分泌糸を用いて捕獲網を作る底生動物群
4) 滑行型：ヒラタカゲロウ科などに代表される，特に瀬において河床表面をすばやく移動する底生動物群
5) 粘液匍匐型：ナミウズムシやカワニナなどのように，繊毛や粘液で這うように移動する底生動物群
6) 匍匐型：マダラカゲロウ科，カワゲラ科，ナガレトビケラ科，ヘビトンボ科などに代表される，河床などを脚で匍匐して移動する底生動物群
7) 携巣型：ヒメトビケラ科，ヤマトビケラ科，ニンギョウトビケラ科，エグリトビケラ科などに代表される巣に入って生活する底生動物群．運動方法は匍匐型と同じであるが，筒巣を持つ点を考慮して，匍匐型とは別に扱う．
8) 滑行掘潜型：トビイロカゲロウ科，カワカゲロウ科に代表される，はまり石や載り石の砂底との隙間に入り込み，石表面と隙間で生活する底生動物群
9) 自由掘潜型：モンカゲロウ科，サナエトンボ科，ガガンボ科などに代表されるような，砂または泥の中に潜って生活する底生動物群

ても定性採集の場所や数,定量採集の方法の違いがあることに留意しなければならないが,以下のような特性がうかびあがってくる.

10) 造巣掘潜型:シロイロカゲロウ科,イワトビケラ科,ヒゲユスリカ属,ユスリカ属などに代表される,細かい砂や泥,あるいは付着層の内部に分泌絹糸を巻き付けて巣をつくり生活する底生動物群

摂食機能群による分類

摂食機能群とは餌の種類と採餌方法による類型であり,物質循環を検討する際の指標として有効である.Cummins[2]に従うと,以下の5グループに分類できる.

1) 刈取食者(グレーザー,スクレーパー):主に付着藻類を刈り取って食べる方法で栄養を得ている底生動物群
2) 収集食者(コレクター):堆積した微細粒状有機物(FPOM)等を集める方法で栄養を得ている底生動物群
3) 破砕食者(シュレッダー):リター(落葉)などを粉砕して食べる方法で栄養を得ている底生動物群
4) 捕食者(プレデター):他の動物を食する底生動物群
5) 濾過食者(フィルタラー):流れてくる有機物を網や体毛などで濾過する方法で栄養を得ている底生動物群.収集食者の一部とすることもある.

参照文献

1) 竹門康弘 (2005) 底生動物の生活型と摂食機能群による河川生態系評価.日本生態学会誌 55: 189-197.
2) Cummins, K.W. (1973) Trophic relations of aquatic insects. Annual Review of Entomology 8: 183-206.

1) 位数と摂食機能群の組成比との関係

　定性的には，わが国の位数(3)〜(6)の摂食機能群の組成と，欧米でいわれている河川連続体仮説での位数(6)〜(10)の中流域から下流域の間のそれとが対応関係にあり，位数(3)〜(6)では摂食機能群の組成の変化がほとんどなく，収集食者が優占的であった．位数(1)〜(2)の源流域ならびに位数(6)〜(10)の下流域を欠いていることが摂食機能群の変化が現れにくい理由かもしれない．一方，同じ位数の地点間にも種数に大きなバラツキがあり，各種機能群の分布が直上流や同地点の河床形態の影響を受けていた．

2) 位数による種類数の変化

　変化のパターンには位数(3)〜(6)の間で種類数が，最大をとるもの，位数とともに種類数が増えるもの，位数が増えると種類数が減少するものがあった．本川にあるものと支川にあるものに分けて同じ位数のものを比べてみると，この両者では種類数にバラツキが見られた．

3) わが国の河川に関して，大半は位数(3)または(4)から河口部の位数(5)(6)の間で，底生動物の種類数の変化は小さかった．

4) 位数よりも河床形態の方が，底生動物の分布により強い影響を与えていた．

　ただし，ここで用いたデータには位数(1)や(2)の調査区域が入っておらず，その意味では位数による明確な変化をとらえることができなかったことはいなめない．

2.8　水質環境と生態系

　河川は流水，流砂を流しているが，その他にも流域から流入してくる有機物や栄養塩，さらには汚濁物も流している．それらは流水，流砂とからみながら物理的，化学的および生物的なさまざまの作用を受けて移動・変換されながら流れ下っている．物理的な作用には移流，分散，拡散，沈殿，付着，吸着などが，化学的な作用には，溶解，吸脱着，酸化，還元などが，生物的

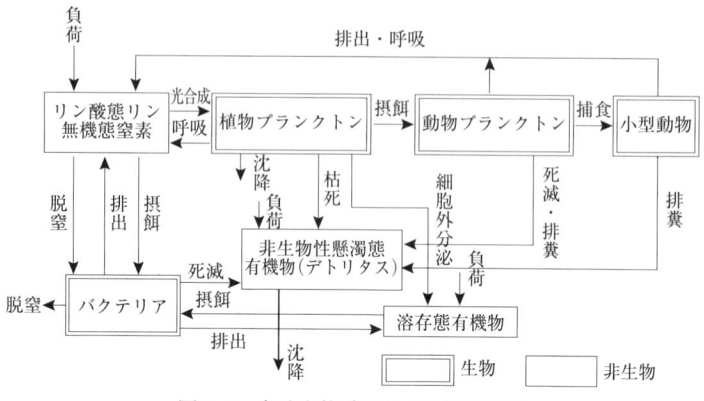

図 2-8 水域生態系における物質輸送

コラム 6　生態系サービス

　人間に対して生態系から供給される便益は，生態系サービスと呼ばれる．国連ミレニアムエコシステム評価[1)]では，生態系サービスとして，食料・水・木材・繊維・薬品・遺伝子資源などを供給するサービス，大気・気候・洪水・疾病の蔓延などを調整するサービス，教育基盤・審美眼的享受・精神的充足感などの文化的サービスを挙げ，さらに，それらの生態系サービスの生産の根幹となる一次生産・物質や水の循環といった基盤サービスを挙げている．

　水が循環し，河川からつねに淡水を得ることができるのは，生態系のサービスであるが，ここでは，河道・河川の生態系から直接的にもたらされるサービスを考えたい．供給サービスとしては，アユやヤマメなどの魚類，エビ・カニ類，淡水性の海苔などの食物の生産がある．調整サービスとして大きなものには，水の浄化が挙げられるだろう．汚濁源となる水中の有機物は，河川の生物体に取り込まれたり，生物により分解されて無機化されたりすることで減少する．美的な満足をもたらす河川景観やレクリエーションの場としての河川は，生態系の文化的サービスである．

　ダムが建設された場合，その下流河道におけるこれらの生態系サービスがどのように変化をするかは必ずしも明確ではないが，一部に関しては生

な作用には光合成,生物分解,増殖,死滅などがある.なかでも,生態系にとっては沈降,吸脱着,光合成,呼吸,分解作用が共通するが,河川生態系では移流,剥離,巻き上げなどの物理現象の役割が大きいことが特徴的である.

図 2-8 は生物(動植物プランクトン,バクテリア)と,溶存態有機物,溶存態栄養塩(リン酸態リン,無機態窒素),懸濁態物質(非生物性懸濁態有機物)などの非生物が相互作用していることを示したもので,これらについて,水質・生態系モデルが構成されている[11].

物質の濃度 C は,通常,次式のように表される.

態系サービスを低下させる可能性がある.例えば,水の浄化に関しては,河床の物理的な変化に由来する底生動物の各生態的機能群(摂食機能群;例えば,刈取食者や濾過食者など)の量の変化によって(この変化については,第 6 章を参照),有機物を無機化する機能が低下する可能性がある.河川景観の美しさの印象にとっては,河床表面付着物が少ないことが重要であるらしい[2,3].後の第 6 章でみるように,ダム下流では付着層が発達することがあり,それは景観やレクリエーションの場としての質の低下をもたらすかもしれない.いずれにしても,河川生態系の機能やサービスを定量化することと,それを用いてダム建設の影響および影響緩和策を評価することは,今後の必要な課題である.

参照文献

1) World Resource Institute, Millennium Ecosystem Assessment (2005) Ecosystems and Human Well-being: Synthesis. Island Press. 横浜国立大学 21 世紀 COE 翻訳委員会責任翻訳 (2007) 国連ミレニアムエコシステム評価:生態系サービスと人類の将来.オーム社.
2) 皆川朋子・福嶋悟・萱場祐一 (2006) 河床付着物の視覚的評価 —— 河川流量管理にむけて ——.土木技術資料 48:58-63.
3) 皆川朋子・福嶋悟・萱場祐一 (2005) 河川流量管理のための河床付着物の視覚的評価に関する研究.河川技術論文集 11:553-558.

$$\frac{\partial C}{\partial t} = (移流項) + (分散・拡散項) + (発生・消滅項)$$

$$= -u\frac{\partial C}{\partial x} - v\frac{\partial C}{\partial y} - w\frac{\partial C}{\partial z}$$

$$+ \frac{\partial}{\partial x}\left(D_x \frac{\partial C}{\partial x}\right) + \frac{\partial}{\partial y}\left(D_y \frac{\partial C}{\partial y}\right) + \frac{\partial}{\partial z}\left(D_z \frac{\partial C}{\partial z}\right)$$

$$+ \left(\frac{\partial C}{\partial t}\right)^*$$

ここに, x, y, z は座標, u, v, w はそれぞれの流速, D_x, D_y, D_z はそれぞれの分散係数である. $\left(\frac{\partial C}{\partial t}\right)^*$ は発生・消滅項であるが, 例えば図の植物プランクトンを x_p とすると,

$$\left(\frac{\partial x_p}{\partial t}\right)^* = (光合成による増殖) - (細胞外分泌) - (呼吸)$$
$$- (動物プランクトンによる摂餌) - (枯死) - (沈降)$$

となり, それぞれの項は x_p に増殖速度や呼吸係数などを乗ずることによって表現される. もちろん増殖速度には栄養塩濃度, 光強度, 温度などの効果を含ませた種々の反応関数のモデル化がなされており, 他の速度や係数についても関連する因子の効果をそれぞれ関数表現している.

さらに植物プランクトンを細分化し, 植物プランクトンと付着藻類に, また, 動物プランクトンを懸濁物食者と堆積物食者に分離することも可能である. 付着藻類については後述する (5.1.2).

水質に関しては生物分解による水質浄化はもとより, 水質悪化による生物へのストレスとして水温, 栄養塩, 溶存酸素 DO, 濁度などの振る舞いも注目する必要がある.

ここでは河川における熱輸送をみておく.

河川のように浅く移流が大きい場合は, 鉛直方向の混合が卓越し, 移流, 分散, 水面と水底面での熱交換およびその水域に出入する熱量が支配的で, 表現式としては通常以下のものが考えられる.

$$\frac{\partial T}{\partial t} + u\frac{\partial T}{\partial x} = k_x \frac{\partial^2 T}{\partial x^2} + \frac{Q_n + Q_o - Q_g}{\rho_w C_p h}$$

ここに，T：水温，u：x方向の流速，k_x：x方向の熱伝導係数，Q_n，Q_o，Q_g：それぞれ移流拡散，横からの分合流，底面，での熱輸送量，ρ_w：水の密度，C_p：水の比熱，h：水深である．

地形，河床形態の変化といったやや時間的スケールの長い形での変化に比べると水質などの生態環境へのかかわりは時間的スケールの短い変動といえるが，河川のある断面，時間にあっては両者が同期していることを留意すべきである．

2.9 生息適性の評価

こうした物理基盤としてのそれぞれのスケールの生息場と，そこでの流速や水深などの物理指標とを用いて，生息場適性の評価が試みられている．生物の生息・生育・繁殖環境を生息場という場の分布・形態でとらえ，流水・流砂という物理環境のある種の制御変数との関係で見出そうとするものである．そのことは生息場の空間管理，ひいては河川環境の整備・保全方策とその効果を定量的に評価することを試行するものである．ここでは，**HEP**（Habitat Evaluation Procedure）で用いられる HSI モデル（Habitat Suitability Index Model）や **IFIM**（Instream Flow Incremental Methodology）で用いられる **PHABSIM**（Physical Habitat Simulation Model）と呼ばれる手法をとりあげる[12]．それを標準化して示すと以下の通りである．

まず，(1) 対象とする生物の種を選ぶ．生活史上のステージを特定することもある．次に，(2) 対象となる種・群集の生息環境を支配する物理指標 ξ_j を選び，(3) ξ_{jk} を作成する（添字 k は空間の位置を特定）．地図，水深コンター図や流速コンターなどがこれにあたる．一方，(4) 対象種・群集あるいは対象とする生活史上のステージを選定して（添字 i）生息選好曲線を作成する．これは，**生息適性**（Habitat Suitability）を (0，1) でランク付けするもので，各指標別に関数化される（$\eta_{ij} = f_{ij}(\xi_j)$）．作成にあたっては，①現地調査資料か

ら作成，②基礎実験によって作成，③文献・図鑑的知識より概成する方法が用いられる．そうすると，(5) 物理指標の値の空間分布と選好曲線とから各指標から観た生息適正分布 η_{ijk} が描け，さらに，(6) 指標ごとの評価を総合化して合成適性を求める．

$$\Xi_{ik} = \prod_{j=1}^{ } \eta_{ijk}^{\gamma_{ij}} = \prod_{j=1}^{ } \left[f_{ij}(\xi_{jk}) \right]^{\gamma_{ij}}, \quad \sum_{j=1}^{ } \gamma_{ij} = 1$$

ここに γ_{ij}：種・群集あるいはステージ i に対する物理指標 j の相対的重みである．(7) より大きな空間での空間平均生息適性値 (Normalized Weighted Usable Area) は分割空間を ΔA として次式で与えられる．

$$WUA^* = \frac{\sum_{k=1} (\Xi_{ik} \Delta A_k)}{\sum_{k=1} \Delta A_k}$$

上式の分子は WUA (Weighted Usable Area) と呼ばれ，しばしば生息環境評価指標として使われる．

　一つの事例を見てみたい．石田ら[13]は淀川水系の鞍馬川（京都市北部）で，砂防堰堤の直上流の堆積卓越区間（平均勾配 1/100），背水が増水時のみに波及する移行区間（勾配 12/100），背水の影響がない侵食卓越区間（勾配 13/100）の 3 区間をとりあげ，河道内地形，水深，流速，底質などを測定するとともに，底生魚のなかで優占種であったカワヨシノボリを対象にそれらの選好性を現地調査によって検討した．なお，カワヨシノボリは全長 3.0cm 以上を成魚，それより小さいものを稚魚に分類している．まず，対象とする河道区間を平面的に区切ってセルを設定し，各セルの環境を測定し，水深，流速，底質などの物理環境指標のある値のセル数を Bi，次に成魚と稚魚に区別した上で，Bi と同じ値の魚の生息場所数を Si として選好度 SI を Si/Bi で与え，最大の SI を 1 とすることで基準化している．水深，底質，60％水深流速に対する SI をグラフ化したものを選好曲線とした．図 2-9 はこれらの物理環境指標のうち，水深に対する選好性を示したものであるが，稚魚は成魚より浅い場所を選好しているというように発育段階によって，あるいは成魚であっても秋にはやや浅い場所を選好しているというように季節によって，選好性は異なっていることがわかる．石田らはさらにこれらの選好曲線を利用し，合成

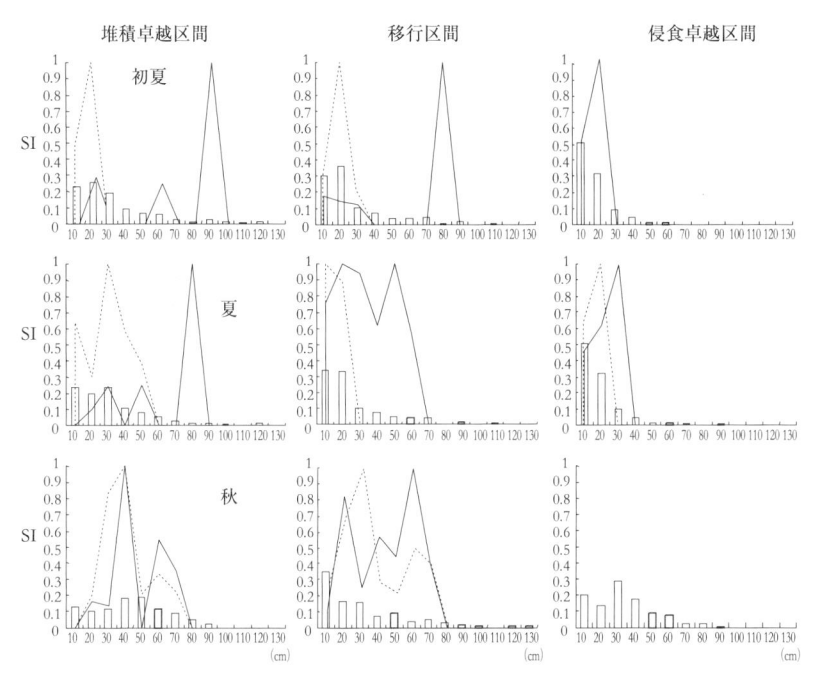

図2-9 カワヨシノボリの成魚と稚魚の水深に対する選好性．棒グラフは河道全体の環境に対する出現率．実線は成魚，破線は稚魚の選好性を示す．

適性を算出し，その分布を面的に表した．口絵2は移行区間における合成適性の分布であるが，季節によって，あるいは発育段階によって，好適生息場所の分布が変化することがわかる．全季節，場所，発育段階の合成適性の分布を概観すると，三つの区間のカワヨシノボリの好適生息場所は，増水時は成魚・稚魚ともに流れの緩やかな深場の礫底や砂利底（堆積区・移行区），平水時の稚魚は流れのある浅場の砂利・礫底（堆積区・移行区），平水時の成魚は瀬の礫底（侵食区・移行区）と淵の岩盤（堆積区）のように分かれ，季節・流量により好適場所が変化していた．

こうした生息適性評価により，その好適生息場所の量や分布のパターンを検討することが可能である．また，河川内にあるさまざまな景観がさまざまな生物生息を支え，その集合体として構成される「生態系」の一側面を把握できる．またそれゆえに，さまざまなインパクトで河川・河道の景観要素が

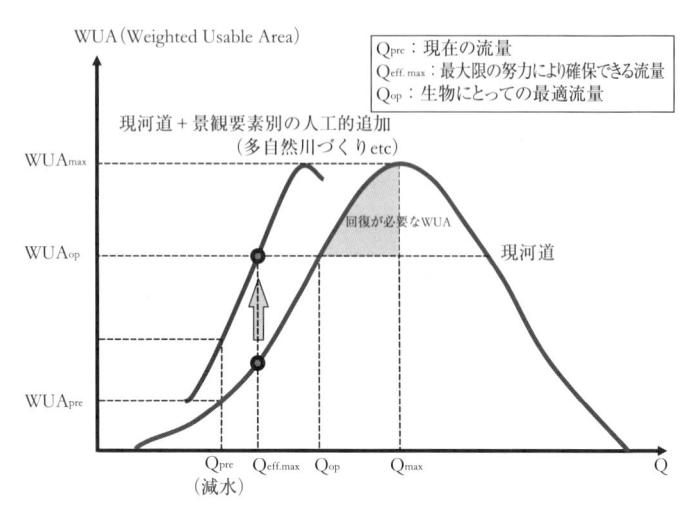

図 2-10 IFIM の利用による生息環境改善

変化したとき，生態系の質変化の一面をこの手法で具体的に見ることができる．例えば，河川改修や多自然型の河川工事，また流況変化の影響・効果の一側面を定量化できる．流量を変化させた影響をこの手法を介在させて評価する方法が IFIM であり，欧米で適用例も積み重ねられている．とくに対象魚種について既述の WUA 値が流量によってどう変化するかを調べて，環境流量設定の参考にされる．また，十分な環境流量の確保ができない場合には，河道環境（景観要素の配列）など人工的な手を加えて，対象とする区間で対象とする種の WUA を増加させる試みを議論することができる（図 2-10）．

参照文献

1) 竹門康弘 (2007) 土と基礎の生態学 6. 砂州の生息場機能. 土と基礎 55(2): 37-45.
2) 竹門康弘 (1991) 動物の眼から見た河川のあり方. 関西自然保護機構会報 No. 13: 5-18.
3) 竹門康弘 (1999) 水生昆虫の生活と渓流環境. 渓流生態砂防学（太田猛彦・高橋剛一郎編）. pp. 65-89. 東京大学出版会.

4) Connell, J. H. (1978) Diversity in tropical rainforests and coral reefs. Science 199: 1302-1310.
5) 竹門康弘・谷田一三・玉置昭夫・向井宏・川端善一郎 (1995) 棲み場所の生態学. シリーズ共生の生態学 7. 平凡社.
6) Takemon, Y. (1997) Management of biodiversity in aquatic ecosystems: dynamic aspects of habitat complexity in stream ecosystems. In: Biodiversity: An Ecological Perspective (eds. Abe, T., Levin, S. and Higashi, S.), pp. 259–275. Springer.
7) Vannote, R. L., Minshall, G. W., Cummins, K. W., Sedell, J. R. and Cushing, C. E. (1980) The river continuum concept. Canadian Journal of Fisheries and Aquatic Sciences 37: 130–137.
8) Takemon, Y., Imai, Y., Kohzu, A., Nagata, T. and Ikebuchi, S. (2008) Spatial distribution patterns of allochtonous and autochtonous benthic particulate organic matter on the riverbed of a mountain stream in Kyoto, Japan. Water Down Under 2008: 2393–2403.
9) 太田太一・竹門康弘・池淵周一 (2003) 河道の局所的環境条件が底生動物群集に与える影響 —— 砂礫堆と樹林の影響を把握する. 京都大学防災研究所年報 46B: 841-850.
10) Doi, H., Takemon, Y., Ohta, T., Ishida, Y. and Kikuchi, E. (2007) Effect of reach scale canopy cover on trophic pathways of caddisfly larvae in a Japanese mountain stream. Marine and Freshwater Research 58: 811–817.
11) 楠田哲也 (2002) 水域生態系のコンパートメントモデル. 生態系とシミュレーション (楠田哲也・巌佐庸編), pp. 10-30. 朝倉書店.
12) U.S. Fish and Wildlife Service. (1981) Standards for the development of habitat suitability index models for use in the Habitat Evaluation Procedures, U.S. Fish and Wildlife Service. Division of Ecological Services. ESM 103.
13) 石田裕子・竹門康弘・池淵周一 (2005) 河川の浸食-堆積傾向と流量変動による底生魚の生息場所選好性の変化. 京都大学防災研究所年報 48B: 935-943.

補遺　物理基盤と生態系における時・空間スケール

　ものごとは見る空間スケールの大きさにより検討する現象や事象が異なってくる．対象とする現象や事象をある大きな区分あるいは空間スケールでとらえ，そこで生起する現象を全体的あるいは平均的な特性として見る一方，そのスケールのなかで生起するそれより小さい区分あるいは空間スケールでの振る舞いの集合体で構成されていると見ることも可能である．ものによってはスケール間で階層構造をなしているといえる．このとき，大きな空間スケールの変化は寿命が長く（まれにしか起こらず），一般的に空間スケールと時間スケールは正の相関をすることが多い．

　河川の場合には階層性が明確であり，本書で扱う河川の物理環境とそれに対応する生物の生息にあっても，こうした時・空間スケールと階層性は，両者の関係をとらえる現象把握においても，またそれらの関係をモデル化し，施策や制御シナリオの導入効果を定量化しようとするツール開発においても有用な捉え方であり，逆に，あらゆる場面で時・空間スケールを意識する必要がある．ここでは再度，時・空間スケールについて補遺という形でとりあげる．

　まず，物理的環境から整理してみよう．流域スケールでみると，そこを流れる河川の骨格は大地のエネルギーや風化といった外的・内的営力を受けながら相当な年数をかけて形成されてきたであろう．そうした河川であるがゆえに，河川ごとでみても，上流・中流・下流といった区域スケールで異なる景観をもつ．蛇行，河床形態，河畔の植生，まわりの風景，そこに棲んでいる生物など，異なる空間スケールの物理環境とその空間から醸し出される川の感じ方の違いから景観の差異を認識するのであろう．

　すでに1.3.2で述べたところであるが，川の上流から下流まで眺めたとき，渓流，山地河道，谷底平野河道，扇状地河道，自然堤防帯河道，三角州河道，あるいは礫河道，砂河道といった流路形態や河床形態という物理環境から大きく区分することができる．こうした区分は主として河川の河床材料と勾配

の違いでみることができ，セグメントスケールでの河道区分，分割でみてきた．一方，コラム4でとりあげた河川の生態的区分にあっては瀬や淵が河道を構成する基本的な構造単位（河床単位）とされ，この河床単位を一対以上含む河道区間をリーチスケールと呼んでいる．また瀬や淵といった河床単位をさらに微視的に見た微生息場スケールを描いている．

これらセグメントスケールやそれに含まれるリーチスケール，河床単位スケールにあっても，相対的に上流から下流に向かうにしたがって，スケール長は長くなり，そのスケール長に応じて，下位のスケールの長短もでてくる．

ここでとりあげたストラクチャー，テクスチャー，デュレーションは上記の区分スケールを踏まえつつも，流域地形や流域地質，洪水の規模や頻度などに関連して形成される河川の縦横断形状の特徴を反映する形で，セグメントおよびセグメント内の時・空間スケールを構造化した区分である．そこでは河道内の水域，水際域，陸域も含めた区分をとっている．

セグメントは流路の勾配と河床材料に強く規定されるが，それを特徴づける構造としての砂州などのパターンやスケールには洪水時（一年から数年に一度程度の規模）の水深や川幅が影響する．セグメントに応じて洪水時に形成される中規模の河道形態でストラクチャーを形成し，ふだんの川の姿は低水時の水際で区分される陸域・水域で特徴づけられる．水域には瀬や淵があり，陸域にはさまざまな微地形とその遷移に支配される一時水域も取り込まれ，これらを含めてテクスチャーという区分スケールにしている．こうしたテクスチャーは一年に数度の中小洪水でも部分的に更新・変形されるものであり，時間スケールの面でもストラクチャーに比べて規模が小さいものである．中規模河床形態には，交互砂州，複列砂州などが含まれ，生態学的区分でいうB型の河床形態に相当するし，小規模河床形態は河川上流に見られるA型河床形態に相当するともいえる．微生息場スケールには，瀬・淵スケール，砂州スケール内の微生息場，微地形変化があることがあり，さらに時・空間スケールが小規模になる．

次にこうしたスケールと階層性はモデル化にあっては，どのようにアプローチするのであろうか．モデル化とは複雑な現象を定量的に記述するにあ

たって，枠組み，あるいはシステムを構築するとともに，主要な相関や因果関係を数式で定量化するものであり，時・空間の境界設定とそこでの主幹機能を目的に応じて取り出し，数量的に表すものである．そして，そこに未知のパラメータや制御可能な変数，パラメータを内蔵させ，感度分析を行い，関連要因の強弱を探り，モデルの構造を高めることや，シミュレーションなどを行うことで施策の導入効果や設定目標の達成度などを評価することに用いられる．

　まず，河川のもつ物理的・化学的環境については以下のようなモデル化が考えられる．河川流域は斜面と河道網から構成されており，降水の時・空間分布を受けて斜面流出し，河道網に沿って合流流下し，河道流の流量，水位，流速といった物理量を生み出す．そしてそれら物理量は流出モデルで，また河道区間内は河道水理モデルで追跡する．河川流量は一方向的に流れるので，河道をいくつかの区間に区分し，あるスケールの系ではそれより大きい系で規定されるものを境界条件として次元を高度化した河道モデル，例えば二次元あるいは三次元モデルで高い時・空間分解能の値を算出するというものである．水質にあっても水質負荷の流出，河道内での水質汚濁解析と水温，流量を連動したモデル構築になるがスケールとその変動のとらえ方は似かよっていよう．土砂供給と河道内での土砂収支，侵食・堆積などの河床変動，河床構成材料や粒度組成の変化などは，流況変動とともに，河道区分されたセグメントをベースに，それより小さいスケールではスケールの大きさに応じて，一次元，二次元，三次元河床変動モデルが活用できるのではないかと考えられる．これらモデル化にあたっては，高次化するにつれてパラメータの数や時・空間スケールが細かくなるので，計算格子が飛躍的に増加し，計算時間が爆発することがある．スケールの大きい場で一次元でとらえた値を境界値，初期値にして，それより下位のスケールでより高次のモデルを実行するというスケールダウンが実用的なモデルの構築になるであろう．

　生物や生態系についてはどうであろうか．流速や水深，水質，水温，粒状有機物，生息場の基盤となる河床材料などと対応させ，ある種の生息環境として評価したり，その場に成立する群集を予測するためにモデルをつくるこ

とはしばしば行われる．この場合もスケールは重要な意味をもつ．例えば，魚類の採餌や隠れ場，産卵といったある時期に（または生活史のある一側面で）利用するハビタットを小さなスケールとして認識することができる．スケールを変えていくと（スケールを大きくして，巨視的にしていくと），生息空間の違った側面が見えてくるだろう．例えば，流れがゆるい場所に定位し，流れてくる水生昆虫を捕食するような場合，その場所が単に流れがゆるい場所であるとともに，やや巨視的にみて隣に速い流れがあるという空間の構造を意識する必要がでてくる．

　もう少し大きな空間スケールを考えてみたい．淵に生息する移動性が低い魚類では，一生をほとんど一つの淵で完結し，淵ごとの集団がかなり隔離されている場合もある．このような場合，その一つの淵が生活史を完結し，集団（個体群）が維持される単位となる．複数の淵を含むリーチやセグメントは，個体群間が何個体かの移動する個体で連結されているメタ個体群として維持される単位ととらえることができるだろう．これらについても，微生息場所と同様，スケールを離散的に大きくするだけでなく，連続的に大きくして解析することも可能である．例えば，ある種の魚類では，河川の河床勾配でみたとき，小さなスケールでは（例えば100mや200mごとに区切って，それごとに平均河床勾配を算出した場合には），河床勾配が小さく0％に近いほど，生息する確率が高くなる．それを徐々にスケールを大きくして区切る単位を大きくすると（例えば800mで平均河床勾配を算出すると），生息確率は河床勾配が2％で最大になる．勾配がゆるくても急になっても生息確率は低下する[1]．つまり，スケールを大きくすると2％，小さくすると0％の場所に生息していることになる．このことは，巨視的に見て平均2％の場所で，勾配がゆるい場所と急な場所があり，そのなかのゆるい場所にこの魚は生息していることになる．生物では，しばしばこのような環境の変異性やモザイク性が重要なことがある（この場合には，たぶん直接的にではなく，勾配の急な場所が勾配のゆるい場所のなかの河床の構造に間接的に影響しているためにそのような生息分布になると思われる）．

　生物の生息場所をモデル化しようとした場合，違うスケールで評価して組み合わせていくか（最初から階層的に組むこともありうる），例えばPHABSIM

におけるHSIを累積したWUAのように(2.9参照)，小スケールで評価した生息場の適性を累積することで，それより大きなスケールの評価をすることがしばしばある．いわゆるスケールアップである．上で述べたスケールを変えると見える現象が異なるということは，単純な小スケールの累積のみによるスケールアップでは，大きなスケールをうまく評価できないことを示している．PHABSIMでも，WUAと個体数の関係が見られない場合は往々にしてある[2]．一般には，流速や水深，底質，水質などの変数と比較して，競争や捕食などの生物種間の相互作用は，大きなスケールよりも，小さなスケールでの影響が強い場合が多い[3]．逆に考えると，小スケールの累積で説明できない部分が大きなスケールで影響してくる要因（または小スケールでは影響度が大きくなかった要因）として考えることもできるだろう．

　もちろん，単に空間的なことがらだけでなく，時間的な変動も考慮する必要がある．現在観察できる生息環境やその生物との対応は，過去の一連の変動のうえのある断片でしかない．6.4.1で述べる底生動物の各種の密度に対して過去の流量が影響していることや，5.1.3で述べる藻類の密度にロジスティック型の増殖をあてはめた例は，それぞれの場所の個体数や量が過去の影響を引きずっているという意味で，時間を無視できないことの現れである．例えば，先に述べた淵で生活史を完結できる生物の場合は，その繁殖率や生残率などの変動をいれ，集団の存続性を検討できるだろう．局所的な生息場の継続性や変動は集団の動態や存続性に影響するだろう．スケールを大きくして，複数の淵のメタ個体群として扱う場合には，単に，局所集団の変動だけではなく，その局所集団間の変動の同調性（それは生息場の同調性に関連する）や淵間の移動性（それは空間的な生息場の連結性に関連する）を入れた動態モデルになるだろう．

　さて，これらさまざまな事象のモデルを河川生態系の保全に利用可能なように統合することができるだろうか．とくに往々にしてスケールダウンが行われ，局所的な予測が難しい，河川の物理的環境（生物や生態系の基盤的な環境変量）と，往々にしてスケールアップで行われる生物学的な事象の融合はどのように展開できるのであろうか．

必ずしも，各空間・時間スケールのモデルはスケールアップ，スケールダウンで積み上げなければならないものではないし，ある部分は大雑把に，重要だと考えられる部分は具体的定量的に，評価したいターゲットのスケールにあわせて関連することがらのスケールをそろえることによって結合することが現状での対応になるだろう．言葉を変えれば，さまざまなスケールをつなぎ合わせた完璧なモデルを作成するという非現実的な行為は断念し，河川生態系を管理していく上で直接的ではない一部のプロセスはブラックボックスのまま，モデルが不確実なことを認識しつつ順応的に管理するのが現実的かつ生産的な行為となるだろう．

参照文献

1) 一柳英隆・森誠一・渡辺勝敏 (2005) ネコギギ (ナマズ目ギギ科) の生息地評価：環境要因の構成と他種との関係を含めて生息地を評価する試み．応用生態工学研究会第9回大会講演要旨集．pp. 213-216.
2) Angermeier, P. L., Krueger, K. L. and Dolloff, C. A. (2002) Discontinuity in stream-fish distributions: implications for assessing and prediction species occurrence. In: Predicting Species Occurrence (eds. Scott, J. M., Heglund, P. J., Morrison, M. L., Haufler, J. B., Raphael, M. G., Wall, W. A. and Samson, F. B.), pp. 519-527. Island Press.
3) Scott, D. and Shirvell, S. C. (1987) A critique of the instream flow incremental methodology and observations on flow determination in New Zealand. In: Regulated Streams: Advances in Ecology (eds. Craig, J. F. and Kemper, J. B.), pp. 27-43. Plenum Press.

第3章
ダムと貯水池

3.1 流水環境と人間活動

　本章では，前章で述べた地文的，気象・水文的要因によって形成されてきた河川形状および流況・流砂からなる流水環境と，土地利用，生活，産業，経済といった人文的，社会的要因からくる人間活動の需要，ニーズとのかかわりについて述べる．とりわけ明治以降のそれぞれの時代にあって，主に河川に対して働きかけられてきた治水，利水という社会的ニーズと，そのニーズをかなえるための一つの施設としてダムが位置づけられ配置されてきたことについて述べる．さらに，ダムは河川のどのような場所にどのような形で計画・建設されてきたか，ダムの諸元と治水，利水機能の発現の仕方についても述べる．

　ところで，ダムは河川の流水・流砂環境を貯水・滞留環境に変える．そのため，ダム貯水池にあっては水，物質循環とその分布挙動は変化し，生態環境にも何らかの影響を及ぼす．ダム貯水池内での物理的，化学的，生態的環境とその変化は，ダムが下流に与える影響を論じるうえで重要である．ダム貯水池内での貯水変換を受けた流水，流砂がゲートなどから放流されることから，下流河川にとってはそれが境界流入量および給砂量の一つとなる．その意味で，ここでは貯水池内での水環境変化，とりわけ水と土砂の流動と堆積，冷・温水と濁水，富栄養化と水質について，それらの変換・変化内容を概述する．

ダムは，河川にあっては大規模横断工作物であることから，治水，利水機能に果たす役割は大きいものの，貯水池内での水環境変化，さらには，水量，水質，土砂制御に伴って下流河川環境へも相当に影響する．そのため，ダムを新たに建設することに対しては，その必要性の説明責任はもとより，環境面から厳しい社会の問いかけにも対応していかなければならない．

3.2 社会ニーズとダム建設の推移

わが国では，温暖湿潤な気候条件を活かして，その特性に適した土地利用として水田稲作農業が営まれ，水田に特有な灌漑排水技術と水管理のもと，稲作が食糧生産を高め，経済と人口を支えてきた．稲作農業の展開とともに，灌漑は小河川の自流を利用した自然流入方式から固定堰によって水位を確保した取水へと発展し，さらに稲作に必要な水量が確保されにくい地域を開田した場合などは，「ため池」に貯留した水による灌漑供給がなされた．そして江戸時代には，大河川中流に頭首工を設け，用水路による大規模河川灌漑網が形成された．その結果，江戸期には国土に3,000万人の人口を支えるまでになった．

明治になって西欧の近代技術が導入されたが，その一つがダムである．わが国初のコンクリートダムは衛生目的の水道用ダムであったが，明治以降，取水量の増加への対応から農業用ダムが，さらに水道用ダムと発電ダムの建設が近代土木技術を活用して進められるようになり，生産，生活両面で大いに貢献した．

20世紀初期，アメリカでは経済恐慌に対処するためTVA（Tennessee Valley Authority）計画がたてられ，**多目的ダム**の建設によって就業を確保し，ダムによる発電，灌漑，洪水調節で工業，農業を発展させようと目論まれ，経済的に大きな成功をおさめた．わが国でも，1945年第二次世界大戦が終結すると，戦後復興の一つの柱として，洪水調節による治水対策，電力増強，食糧増産を目指す灌漑用水の確保が求められた．アメリカのTVAをモデルにした多目的ダムの建設は，戦後の国土総合開発の中核的事業となり，電源開

第 3 章 ダムと貯水池

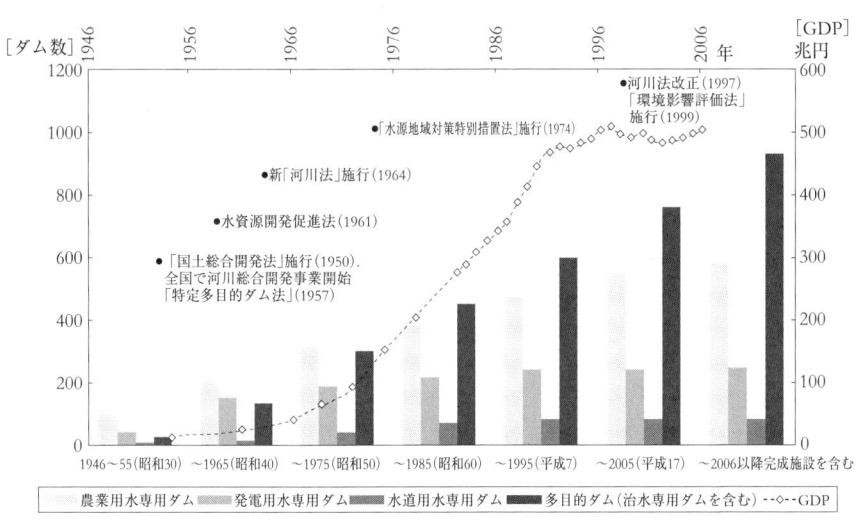

図 3-1 GDP（国内総生産〔名目〕）の変遷と戦後のダム整備状況〔1946 年以降累計〕．

発促進とともに大いに推進された[1]．

図 3-1 は，この間のダムの目的別，時期別の建設数の推移であり，GDP およびダム整備を支える法制度も併記している．1950 年代後半からの高度成長時代から安定成長の時代にかけて，社会の要請に応えるべく，主として洪水調節，都市用水および電力の確保のため，多目的ダムおよび水力発電ダム（揚水発電ダムを含む）の建設が続けられ，かつ，ダムは大規模化していった．

3.3 ダムの配置と諸元

ダムは広義には川の流れを堰とめ，水位を上昇させたり貯水するための堤状の構造物をいうが，わが国では河川法上，基礎地盤から堤頂までの高さ，いわゆる堤高が 15m 以上のものをダムといっている（口絵 3）．**ダム型式**には堤体に使用される材料の違いにより，コンクリートダムと土や岩石を盛り上げてつくるフィルダムの二つに大別される．また，ダムの目的には，治水，

利水，河川の機能維持，発電その他があるが，社会ニーズにあわせ，それぞれ目的をもってダムの建設がなされてきた．ダム建設にあっては最小の費用で最大の効果が得られるよう，多くの候補地点について，技術的，社会経済的ならびに環境的側面から，代替案を含めて広範な調査を行い，比較検討のうえ，配置を定めることとなる．目的によりダムの位置や型式など，その選定にあたっての考え方が異なってくるが，ダムの配置特性としては概して以下のようなことがいえる．

すなわち，ダムそのものは都市域および人口集中地域の直上流の支川に数多く配置されている．発電専用ダムは，時代的に早くから建設され，放流，貯留・調整そして水の再利用という有効活用の面から，本川沿いに連続して配置される場合が多い．工業用水専用ダムは太平洋側に多い．概していえば集水面積が大きくなるにつれて年間総流入量が増加し，それに応じて有効貯水容量が増加する傾向にある．

ここではわが国で1945年以降多く建設されていった多目的ダムをとりあげ，その主要目的となる治水・利水計画に焦点をあて，それぞれで定める容量に**堆砂容量**を加えた貯水池容量等，多目的ダムの諸元について概述する．

3.3.1　治水容量と洪水調節

(1) 基本高水と計画高水流量

治水計画の基準として，それぞれの河川では，基準地点の流量時間曲線（ハイドログラフという），いわゆる**基本高水**が定められている．基本高水を決定するには，既往洪水，治水安全における河川の重要度，事業の経済効果などから総合的に判断することになるが，図3-2のフローに準じて定めることが多い．そしてこの基本高水が，河道流量およびダム等による洪水調節流量に配分されることになる．河道にあっては配分された河道流量を**計画高水流量**として安全に流下できるよう河道断面等を計画することになる[2]．

(2) ダムによる洪水調節と洪水調節容量

ダムによる洪水調節は河道で分担できる洪水流量を調節するものであるが，その調節は流域の大小や形状はもとより，その位置，降雨の形態等に

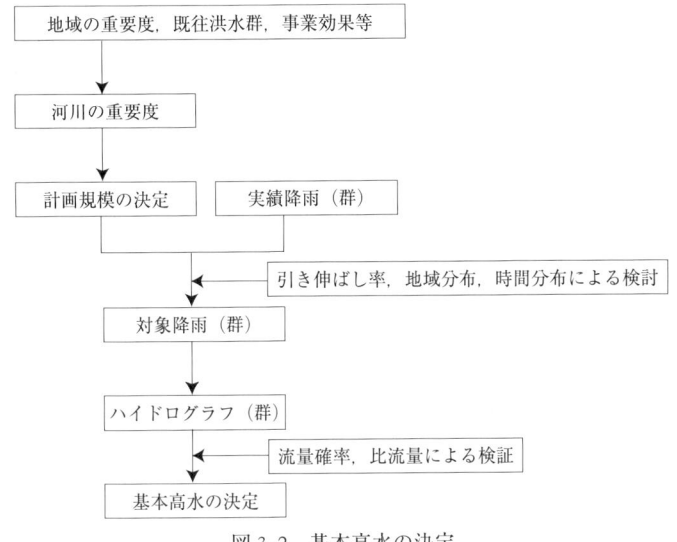

```
┌─────────────────────────────┐
│ 地域の重要度，既往洪水群，事業効果等 │
└──────────────┬──────────────┘
               ↓
      ┌────────────────┐
      │   河川の重要度   │
      └────────┬───────┘
               ↓
   ┌────────────────┐  ┌────────────────┐
   │  計画規模の決定  │  │  実績降雨（群） │
   └────────┬───────┘  └────────┬───────┘
            ↓                    │
            ←──┤引き伸ばし率，地域分布，時間分布による検討│
            ↓
      ┌────────────────┐
      │  対象降雨（群） │
      └────────┬───────┘
               ↓
      ┌────────────────┐
      │ ハイドログラフ（群） │
      └────────┬───────┘
               ←──┤流量確率，比流量による検証│
               ↓
      ┌────────────────┐
      │  基本高水の決定 │
      └────────────────┘
```

図 3-2　基本高水の決定

よって効果が異なる．もちろんダムを配置する地点（ダム地点という）が災害を防止する区域に近いほど効果が大きいが，必ずしもダム地点はそればかりで決定されない．ダムによる洪水調節方式には大きく自然調節方式，一定量放流方式，一定率一定量放流方式等がある（図3-3）．一定率一定量放流方式は，洪水の流入量のうち洪水調節開始流量以上について，ピーク流量まで流入量に対して一定率で貯留を行い，ピーク以降は一定量を放流するもので，もっとも一般的な方式といえる．なお，このとき Q_p と $Q_{p'}$ において，$\dfrac{Q_p - Q_{p'}}{Q_p}$ を洪水ピーク流量カット率という．

ダム地点の計画高水流量と必要治水容量は，ダムに入ってくる流入量ハイドログラフを与え，以下のように定められる．

1) 代表洪水のダム地点のハイドログラフを作成する．これは，水系全体の所定の安全度を下流基準地点で与えた場合のダム地点の通過洪水である．
2) ダムの調節方式を選定する．

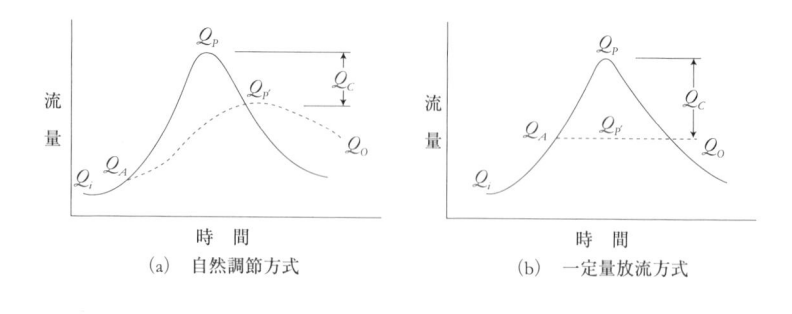

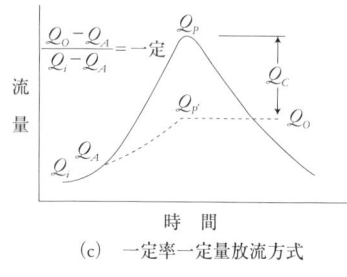

図 3-3 洪水調節方式

(a) 自然調節方式
(b) 一定量放流方式
(c) 一定率一定量放流方式

Q_i：流入量
Q_o：放流量
Q_p：調節前ピーク流量
$Q_{p'}$：調節後ピーク流量
Q_c：ダムカット流量
Q_A：調節開始流量

(c)図中： $\dfrac{Q_o - Q_A}{Q_i - Q_A} = $ 一定

3) 1)で求められたハイドログラフを調整し，下流基準地点のダム調節後のピーク流量が所定の河道計画におさまるか，ダム貯水量がダムサイト条件から許容範囲内にあるかをチェックして，ダム地点の調節量（図3-3のQ_c）を調整する．

4) 次に，ダム地点における所定の超過確率による代表洪水のハイドログラフを求める．このときの所定の超過確率とは，ダム地点上下流の河川の改修計画に用いる安全度である．

5) 4)で求められた流入波形を用いて前記2)で求められる調節方式により洪水調節を行い，必要貯留量，いわゆる治水容量を求める．なお，実際上は流入洪水の予測に関する不確実性や実操作制限による遅れなどを見込み，ここで求めた必要容量を1.2倍することにより洪水調節容量は設定されている．

(3) 洪水期間の設定

わが国では，梅雨性，台風性降雨による洪水の生起が多い．夏期の一定期間，洪水期制限水位を定め，この期間は洪水調節用の容量を確保しておき，必要な調節が可能であるようにしている．

わが国の多目的ダムの場合，このように設定された治水容量をダム集水面積で除した値，いわば相当雨量を算出し，流出率を考慮すると，150mm～400mm程度の雨を貯めるものが多い．

3.3.2 利水計画

(1) 河川維持流量と正常流量

わが国ではすでに明治以前に，渇水時においても利用可能な水量は農業水利によって専用化され，利用者間の長い相剋と調整の過程できわめて高度かつ合理的な水利秩序が形成されていた．したがって長い歴史のうえに培われた水利慣行が根強く定着しており，今日の水利権調整においても，こうした慣行を優先させざるを得ない．

水利権とは河川などから水を取り入れる権利をいうが，長年の慣行によって成立している慣行水利権と，河川法に基づく許可を得た許可水利権に分けられる．これらの水利権とは別に，水源となる水資源開発施設が完成していないため，河川流量が豊富なときのみ可能となる取水を不安定取水といい，安定的な水利用の阻害要因となっている．

こうした背景を踏まえ，新規開発水量，すなわち水資源開発施設の建設によって新たに河川から取水することが可能となる流量を算定する際には，現行の計画では**正常流量**を満たした上で新規開発水量を確保する施設計画が実施されている．正常流量とは，**維持流量**に既得の水利流量すなわち下流における流水の占用のために必要な流量を加えたものである．また維持流量とは，河川のもつ正常な機能を維持するために必要な流量であり，舟運，漁業，景観，塩害の防止，河口閉塞の防止，河川管理施設の保護，地下水位の維持，動・植物の保存，流水の清潔の保持等，総合的に考慮して渇水時において維持できるよう定めるものである．維持流量の設定については後述する(8.2.1)．

Part I 河川とダム

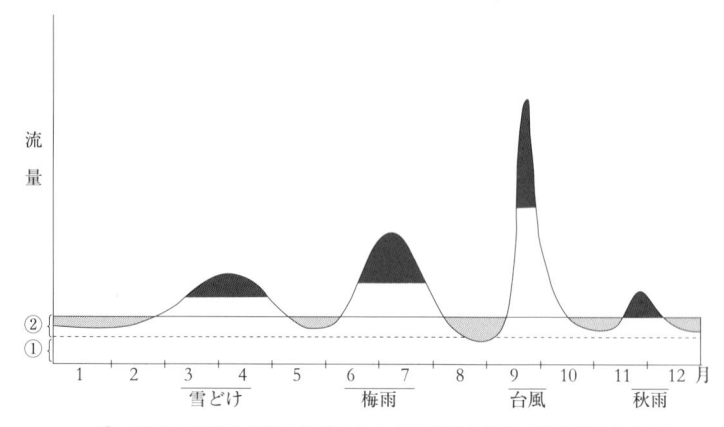

図 3-4 ダムによる水資源開発の概念図

① 流水の正常な機能を維持するために必要な流量（農業用水を含む）
② 新規水需要量
■ ダム貯留
▢ ダム補給

一方，既得の水利流量は許可水利権および慣行水利権の実態を十分に調査し，目的，水量，取水期間等を明らかにして算定しなければならない．このように，新規開発水量は基準点で正常流量を確保した後に確保することになる．利水計画ではこれらをあわせて確保流量といっている．

(2) 利水容量の算定

図 3-4 に示すように，ダムの利水計画および**利水容量**は，流量が多い時期にダムに貯めた水量を，流量が少ない時期に自然の流量に上乗せして放流することにより，安定して取水できる水量を増加させることによってたてられてきた．

まず，計画基準点が選定される．これは，既往の水文資料とりわけ流量データが十分に得られ，しかも低水に関する計画に密接な関係のある地点から選定される．次に開発水量の算定は，この基準点で図 3-4 の①＋②の流量を確保するとしたときの貯留施設での水収支計算によって行われる．ちなみに，①の流水の正常な機能を維持するために必要な流量は，下流河川環境に資す

図3-5 単一ダム・単一基準点系

るべき流量とも考えられる．もっとも基本となる単一ダム，単一基準点の場合（図3-5）について具体的に計算手法を述べると以下のようになる[3]．なお，計算は，通常，半旬（5日）単位で行われる．

いま，ダム流入量 Q_1，基準点流量 Q_2，確保流量 Q_k，必要容量 V（ただし初期値 = 0.0msd（m^3/s/day）とすると，

基準点不足流量：$Q_3 = Q_k - Q_2 \geq 0.0$
基準点余剰流量：$Q_4 = Q_2 - Q_k \geq 0.0$
ダム必要補給量：$Q_5 = Q_3$
ダム貯留可能量：$Q_6 = Q_4$ と Q_1 のどちらか小さい方（なぜなら，貯留可能な流量は，基準点の余剰流量に制約されるとともに，ダム流入量の範囲内という制約を受けるからである）

として

ダム必要容量：$V = VB + (Q_5 - Q_6) \times N \geq 0$

ここに，VB は前半旬の必要容量，N は半旬の日数，必要容量の単位は msd であり，これに 86,400 秒をかけると「m^3」単位となる．

以上の水収支計算にしたがって計算を実施し，計算対象期間が10か年であれば第1位の必要容量を，20か年であれば第2位の必要容量をもってダム容量（利水容量）を決定する（図3-6）．

すでに既設ダムがあるところに新規ダムを計画する場合，そのダム容量の設定は幾分複雑になるが，同様に計算することができる．

3.3.3 堆砂容量

ダムの**堆砂容量**は，付近にあるダムや砂防ダムの実測値の他，流域の地質，

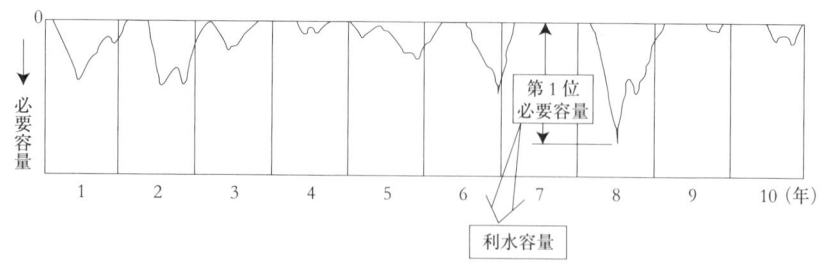

図 3-6 利水計算結果の一例（10 か年の場合）

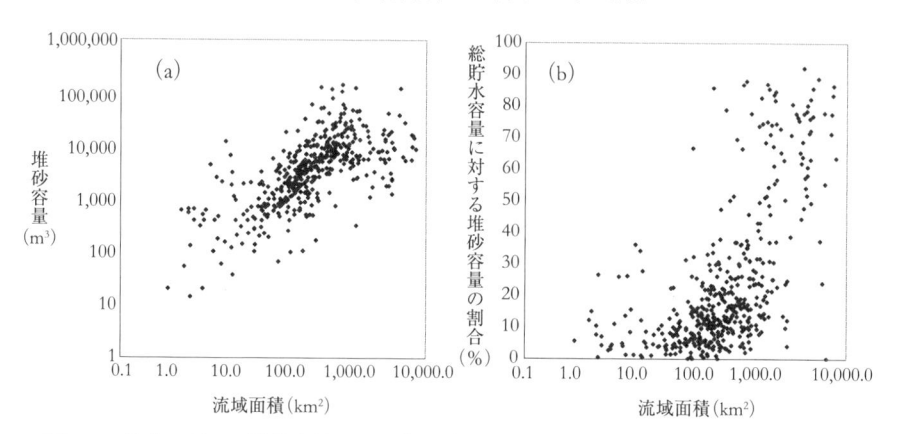

図 3-7 日本のダムの堆砂容量．2005 年以前に竣工したダムのうち，湛水面積 50ha 以上の 468 ダムを流域面積に対してプロットした．

林相，崩壊状況，降雨等を考慮して，年平均流出土砂量の 100 年分をとるのが通例である．この 100 年というのは，ダムの耐用年数を考慮して定められたものである．

図 3-7a はわが国のダムの堆砂容量を流域面積とともに示したものである．流域面積の増加とともに，堆砂容量は増えている．図 3-7b は同じく，総貯水容量に占める堆砂容量の割合を示している．

3.3.4 ダムの諸元

以上のように定められる**治水容量（洪水調節容量）**と利水容量および堆砂容量を加えたものがダムの総貯水容量である．また，治水容量と利水容量をあ

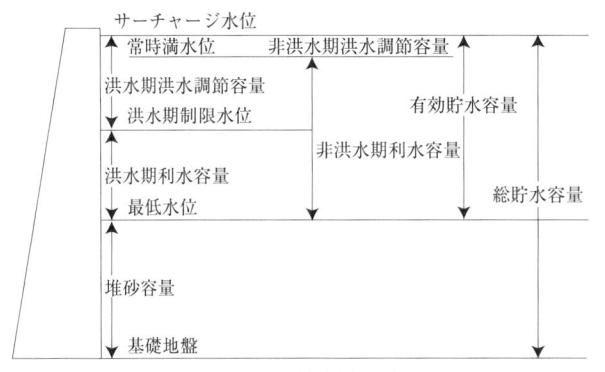

図 3-8 貯水池容量配分図

わせたものを有効貯水容量ともいう．洪水期間の設定を踏まえ，貯水池容量の**洪水期**，**非洪水期**の容量配分図の例を図 3-8 に示す．ダムの諸元にはこうした容量の他に，ダム型式（重力型コンクリートダム，アーチ型コンクリートダム，ロックフィル型ダムなど）やダム規模としての堤高，堤頂長，堤体積，ダムの湛水面積などがある．もちろん先に述べた調節方式や放流設備の大きさやその設備標高などもダムの諸元になる．

3.4 ダム貯水池（ダム湖）の水，物質挙動

河川の水は流域に降る雨水，地下浸透水の再流出，湧水などから成る．そこにはさまざまな流出経路をたどるプロセスの間に，さまざまな化学的組成を有する水が流下している．とけ込んでいる主なものは，粒状有機物，栄養塩などである．出水時には水量はもちろんであるが，こうした物質の量的変化も大きい．ダムの建設によって自然の河道に大規模な貯水池が出現すると，水と物質の流れが貯水，滞留することによって水理学的な変化が生じ，従前とは異なった水環境が生み出され，物理的，化学的，生物学的挙動の変化が生じる．それらの変化は，基礎となる物理的な要因，すなわち以下のような水理学的な特性から生まれる[4]．

1) 閉鎖性の強い水域を形成しやすい．
2) 水が一定時間滞留する．
3) 水深が比較的深い．
4) 流れが遅い．
5) 夏季に**水温躍層**が生じた場合は上下層の混合が生じにくい．

その結果生じる主な事象として，**堆砂・背砂**現象および水質変化がある．水質変化には，**冷・温水現象**，**濁水長期化現象**，**富栄養化現象**などがあるが，それらに複合して生物・生態的反応が見られる．こうした貯水池内の現象に対して，環境の保全や対応策を含めて変換された水質，水温，濁度，プランクトンなどの内容物をもった流量が，ゲート等から下流に放流されることになる．これがすなわちダム下流河川環境にとっての流砂量，栄養塩類供給などの流入量になるわけで，したがって，本来は下流河川とダムは一体としてとらえるべきである．ここでは下流河川環境にとって重要となる事項のみを概述する．

3.4.1 水と土砂の流動と堆積

貯水池内の水と土砂の流動状態は，その形態，流出入水量，貯水位の変動，取放水操作などに応じて複雑であるが，どの場合にも，大気との熱交換，溶存物質や浮遊，懸濁物質の存在などによって貯水池内に**密度成層**が発達し，これが貯水池内流動や水質，生態系の挙動に大きくかかわっている点は同じである．とくに濁質の流送は，いわゆる密度流現象を呈する．

一方，貯水池内の土砂の堆積は，土砂がダム貯水池に流入すると，貯水池のもつ堆積特性に応じて粒径ごとに分級された**堆砂デルタ**が形成される（堆砂のメカニズムについては，4.3.2で述べる）．

ダム貯水池の堆砂は，ダム貯水池における発電等取水口の土砂埋没，貯水池上流端河道における背砂による洪水氾濫の危険性の増大，治水・利水容量の減少，ダム下流河川への土砂供給の減少を引き起こす．下流への土砂供給の減少は，ダム直下のアーマーコート化や下流河道の河床変動，さらに河道部の砂利採取などが絡んだ河床低下や海岸侵食などの問題にもかかわってく

る.

3.4.2 冷・温水現象

貯水池面の熱交換や風などの気象要因によって,貯水池内には水温躍層が形成され,期別によって水温の鉛直分布がある.貯水池においてこの水温鉛直分布のどこから水をとるか,その取水口や放水口の位置によっては,ダム下流の河川水温が貯水池の出現する以前に比べて高くなったり低くなったりする.これを冷・温水現象という.冷・温水は農業や河川における生態系に影響を及ぼすことがある.

春から夏にかけて,太陽光の輻射が強くなると水表面より水温が上昇しはじめ,表層の暖かい水は密度が小さいため表層に留まり続けるとともに,風や夜間の冷却による鉛直混合によって次第にある程度の厚さのある暖かい水の層(表水層)が形成される.この層の下には水温の低い水の層(深水層)が存在し,表水層と深水層の間の水温が大きく変化する層を水温躍層(変水層)と呼んでいる.この水温躍層が形成されて成層状態になる時期を成層期とよび,この期は表水層と深水層との混合が起こりにくく,深さ方向の水質も水温躍層を境に大きく変化する(図3-9).

秋になり太陽光の輻射が弱まると,水表面の冷却が卓越するようになり,表水層は水温を低下させながら拡大し,成層が徐々に崩れて,最終的に鉛直方向に一様な水温となる.この時期を循環期とよび,この状態は通常は翌年春,再び成層がはじまるまで続く.

図3-10は水温の季節変化を貯水池内水温鉛直分布とあわせて例示したものである.

なお,貯水池の水理,水文的特徴を何らかのパラメータで表示し,それによって貯水池を分類しておくことは実用上有効である.水温成層の形態を年間総流入(出)量Qと,総貯水池内容量Vとの比,いわゆる平均年回転率a($=Q/V$)の大小によって表したものがある.それによると概ね次のような関係がある[5].

$a<10$:成層が形成される可能性が十分ある

Part I　河川とダム

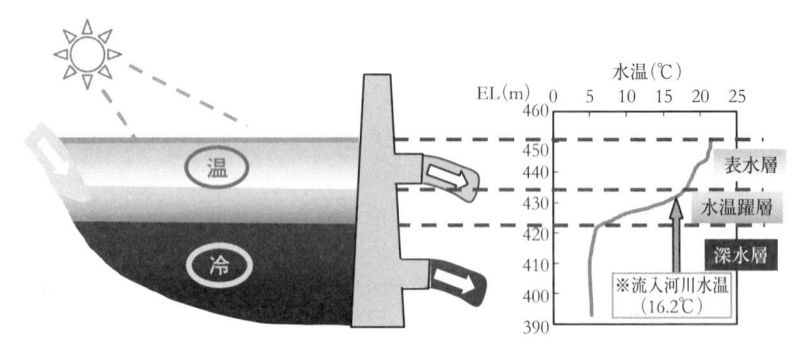

図 3-9　ダム貯水池の水温鉛直分布

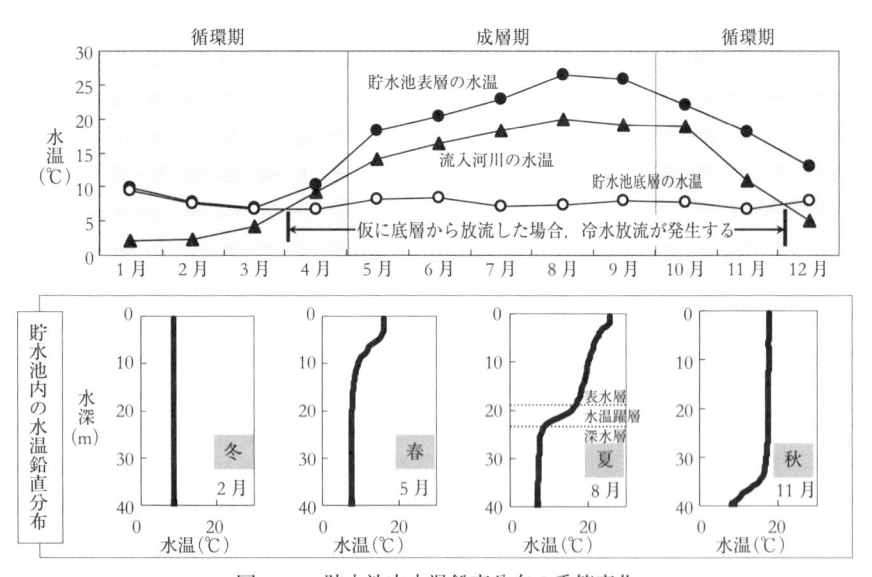

図 3-10　貯水池内水温鉛直分布の季節変化

　　　10＜a＜30：成層が形成される可能性がある程度ある
　　　30＜a：成層が形成される可能性がほとんどない

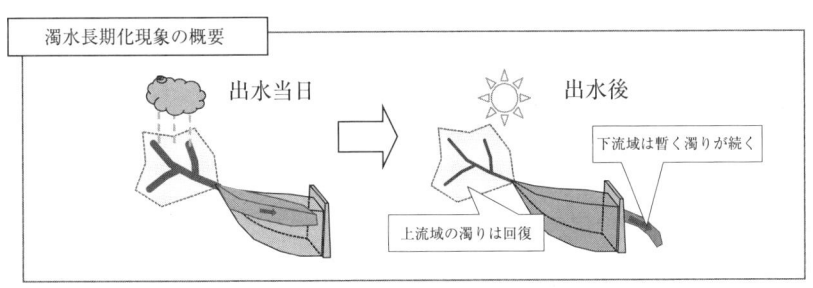

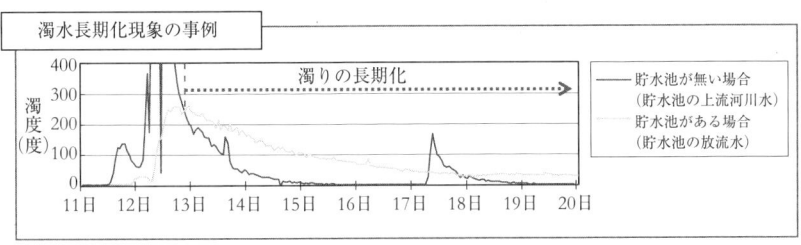

図 3-11　ダム貯水池における濁水長期化のメカニズムとその事例

3.4.3　濁水の長期化現象

貯水池の濁水長期化現象とは，一般的には洪水時に流入した濁水が貯水池内に混合貯留され，洪水後徐々に放流されることによって下流河川が長期にわたって高いレベルで濁水化することをいう．

図 3-11 は濁水長期化現象の事例である．出水による土壌の侵食などにより濁水が発生するが，貯水池の濁水の長期化の程度は濁水の沈降のしやすさ（粒子の大きさ，濁質の形状，電気化学的性質などが影響する）や貯水池の水の入れ替わりやすさなどによって異なる．とりわけ成層化しやすい貯水池の**回転率**の小さいダムでは**水温躍層**の変動が，濁水の挙動を左右する．図 3-12 は成層型貯水池の濁水長期化現象を出水規模に応じた挙動で示したものである．

3.4.4　水質の変化と富栄養化

貯水池の水質は先に述べた貯水池の水理学特性による影響を強く受ける．すなわち

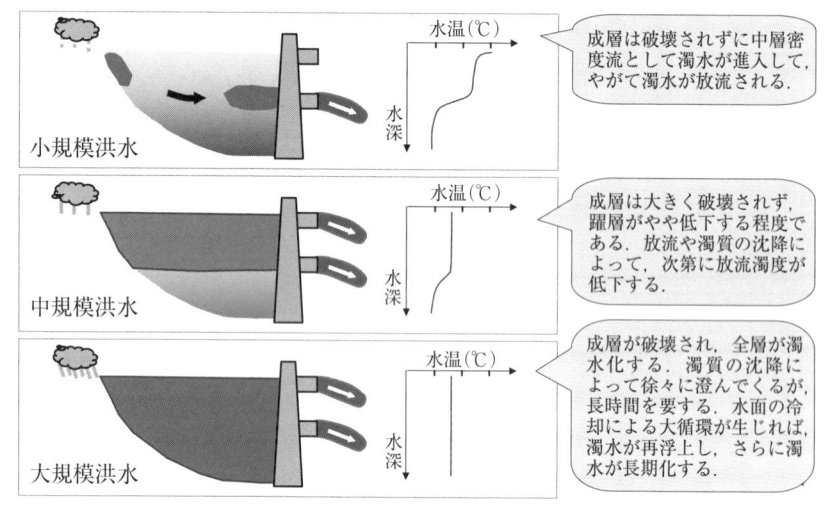

図3-12 成層型貯水池の出水規模に応じた濁水長期化現象の違い

（小規模洪水）成層は破壊されずに中層密度流として濁水が進入して、やがて濁水が放流される。

（中規模洪水）成層は大きく破壊されず、躍層がやや低下する程度である。放流や濁質の沈降によって、次第に放流濁度が低下する。

（大規模洪水）成層が破壊され、全層が濁水化する。濁質の沈降によって徐々に澄んでくるが、長時間を要する。水面の冷却による大循環が生じれば、濁水が再浮上し、さらに濁水が長期化する。

1) 懸濁性有機物の沈降，底質からの栄養塩類の溶出などによって，水質は平面的にも鉛直方向にも変化する．
2) 湖水に含まれる栄養塩類と光合成によって，内部生産（一次生産および二次生産）が生じる．
3) とくに夏季に水温躍層が生じた場合，栄養塩類を多く含む貯水池では上下層で水質が著しく異なる現象が生じる．
4) 貯水池に流入した懸濁性有機物は沈殿して底質を形成したり，溶存態として水中に存在する．また，光合成反応による植物プランクトンの増殖，細菌による有機物の分解，動物プランクトンの魚類による捕食などの諸現象と水理現象が絡み合って，貯水池の水質は変化する．

富栄養化現象は水域内の窒素，リンといった栄養塩の濃度が高まり，さらに水温，日射量，滞留時間などの条件が整った際に発生する現象であるが，わが国において，栄養塩類濃度がある程度高い貯水池では，水の滞留時間が5日間程度以上になると，植物プランクトンの増殖（一次生産）が顕著となり，これと関係の深いとされる植物プランクトンの異常増殖という形で富栄養化現象がとりあげられることが多い．

ある特定の藍藻類や鞭毛藻類などの異常増殖が起こると水面は着色現象を呈す．いわゆる**淡水赤潮**と**水の華**（**アオコ**）というものである．淡水赤潮は，その多くが鞭毛藻類のペリディニウムによるもので，早春あるいは秋にかけて貯水池の末端付近から発生する例が多い．水の華は珪藻類，緑藻類，藍藻類の各種の植物プランクトンの異常発生によるもので，主に夏季を中心に発生する場合が多い．富栄養化に関係する主な栄養塩類はリンおよび窒素といわれているが，富栄養化そのものの発生機構にはリン，窒素の栄養塩類の他に水温，日射，流速などの影響も大きく，植物プランクトンの発生状況も年によって異なっている．

ダム貯水池では，表水層での富栄養化にあわせ，成層期に入ると深水層での溶存酸素濃度の低下が見られ，循環期に入ると回復するものの低酸素化が進めばダム貯水池に堆積している底泥や底質からリンや窒素，ときには鉄やマンガンなどが溶出し，深水層でも富栄養化が進んで，水質悪化につながる可能性がある．

これら増殖された植物プランクトンや低酸素濃度水の放流はダム下流の河川生態系に影響を及ぼす．

3.4.5 栄養塩負荷と富栄養化状態の指標

ダム貯水池の富栄養化に伴う水質予測にかかわって，概略的な予測により富栄養化現象の可能性の有無について判定することがある．わが国では，Vollenweider モデル[6]が多く用いられている．

Vollenweider モデルは，貯水池の全リン濃度を全リンの流入負荷量と水量の負荷量，沈降量の関係により求めたもので，次式が代表的なモデル式として用いられている．

$$[P] = \frac{L(P)}{v + H/T}$$

ここに，$[P]$は湖内の年間平均リン濃度 (mg/L)，$L(P)$は単位湖面積あたりの全リン負荷量 (g/m²/年)，vはリンのみかけの沈降速度で 10 (m/年)，Hは平均水深 (m)，Tは水の**滞留時間**（年）である．滞留時間の逆数 (1/T) は先に述べた回転率 a としても表すことができるので，上式は一般に，$L(P)$とH，

Part I 河川とダム

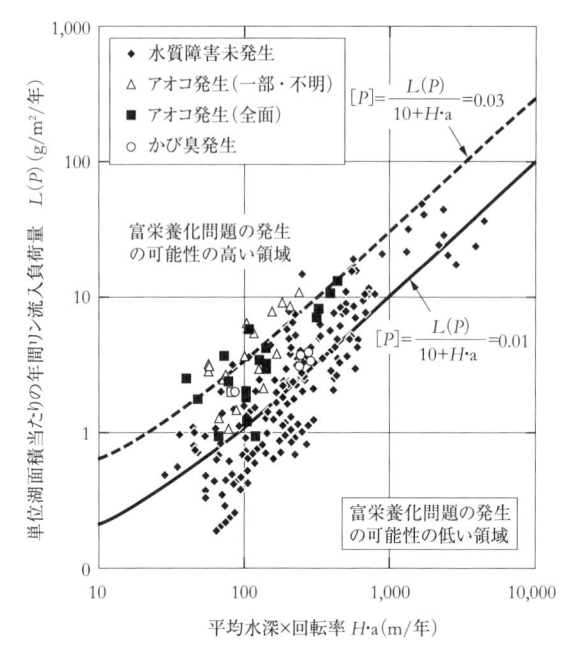

図 3-13 Vollenweider モデルによる予測結果と実際の富栄養化問題発生の有無

コラム7　WECモデル

　貯水池内および放流水の水質の時系列変化を予測する鉛直二次元モデル（通称 WEC モデル）について紹介したい．この鉛直二次元モデルには，水理流動モデルと生態系モデルが含まれている．

　水理流動モデルは，取り扱う物理量が一様とみなせる体積に貯水池を分割し，①水の連続式，②運動方程式，③水温収支則，④物質濃度収支則，を水理流動を支配する基本原理として利用して，流動を予測する．

　生態系モデルでは，水理流動モデルにより計算された流動結果をもとに，図 C7-1 に示すように植物プランクトンの消長を中心とした各種の生態系反応および生化学反応を考慮し，各水塊における水質変化を計算するものである．

a の相関図として利用されることが多い．

わが国のダム貯水池において，Vollenweider モデルによる富栄養化問題の発生の有無がどの程度かを見たものが図 3-13 である．$[P]$ が 0.03mg/L 以上の場合では富栄養化問題発生の可能性が高く，0.01mg/L 未満では富栄養化問題発生の可能性が低い．また，平均水深×回転率が 1,000 以上のときは，$[P]$ の値によらず富栄養化問題は発生していない．しかし，$[P]=0.01 \sim 0.03$mg/L となる場合には富栄養化問題発生の有無の判断が困難であることもわかる．とはいえ，このモデルは，貯水池の富栄養化メカニズムを定性的に説明するモデルとして，また，貯水池の平均リン濃度を予測するモデルとして有用である．

一方，ダム貯水池内で通常起こっている水理現象を再現，予測する数値モデルも展開されている．現象の再現性を高めるとともに，モデル展開にあっては水温成層と濁水長期化現象を予測する，水質を再現し富栄養化現象を予測する，といったことも目標にしている．この場合，わが国の貯水池形状が深く，細長い地形にあることから数値解析モデルは鉛直二次元モデルで構成される（コラム 7 参照）．

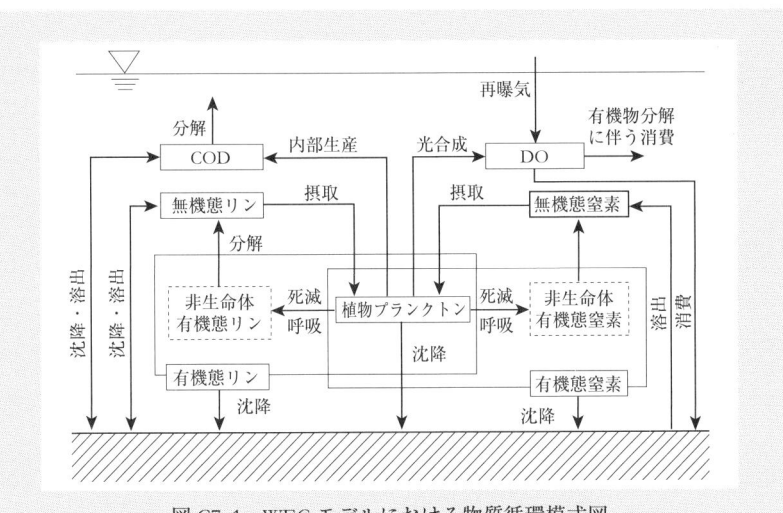

図 C7-1　WEC モデルにおける物質循環模式図

こうしたモデルを用いて，貯水池水質改善のための各種代替案の導入と，その効果を見ることができる．

参照文献

1) 豊田高司（編）（2006）にっぽんダム物語．山海堂．
2) 建設省河川局（監修）（1997）河川砂防技術基準（案）同解説　調査編．日本河川協会・山海堂．
3) 池淵周一（2000）水資源工学．森北出版．
4) ダム技術センター（編）（2005）多目的ダムの設計（全7巻）．ダム技術センター．
5) 小林正典・岩佐義朗・松尾直規（1980）わが国多目的貯水池の水理・水文的特徴とその評価．第24回水理講演会論文集，土木学会．pp. 245-250.
6) Vollenweider, R. A. (1979) Concept of nutrient load as a basis for the external control of the eutrophication process in lakes and reservoirs. Zeitschrift für Wasser- und Adwasser-Forschung 12: 46-56.

Part II

ダムと下流河川環境

第4章
ダムによる流況・流砂の変化

4.1 河川における「フィルタ」としてのダム

4.1.1 フィルタの基本的考え方

　ダムは，流入する水量や土砂量（濃度）の変動という波を変化させるフィルタである（口絵4）．フィルタの特性には，ダムの貯水容量，放流設備，ダムの運用ルールなどが影響するが，主にはダムの大きさとダム上流の流域面積との相対関係が重要となる．

　ダムによる水量の波の典型的な変化は，「減水」と「平滑化」である．減水により，下流河道の水質や水生生物の生息空間が変化し，また，平滑化により河道の**攪乱**機会が減少して，水質悪化，シルトの堆積や藻類の異常繁殖，さらには**河道内の樹林化**などの環境変化が生じている．

　一方，ダムによる流砂の波の典型的な変化は，「ダムの堆砂」と「濁水長期化」である．堆砂は貯水容量の減少を引き起こすほか，土砂供給量の減少により下流河道の河床低下や河床の粗粒化が生じ，また，河道内の樹林化との関連も指摘される．濁水長期化は，水利用や水生生物，景観への影響が課題である．

表 4-1 貯水ダムによる流況・流砂変動要因
(CAP:総貯水容量, MAR:平均年間総流入量, MAS:平均年間土砂流入量)

想定される影響要因	流況変化	流砂変化
CAP/MAR＝1/貯水池回転率	○	○
CAP/MAS＝1/土砂回転率（貯水池寿命）		○
洪水規模	○	△
季別（洪水期, 秋季, 春季など）	○	△
ダムの目的（多目的（治水を含む），利水）	○	△
洪水調節規模（洪水ピーク流量のカット率）	○	△
ダムの洪水吐標高 （高圧放流管，低圧オリフィス，クレストゲート）		○
選択取水設備の設置有無と運用ルール		△
ダム堆砂の進行レベル		○

4.1.2 フィルタの特性を規定するパラメータ（貯水池回転率, 土砂回転率など）

　貯水ダムが流況変動および流砂変動に及ぼす影響要因としては表 4-1 のようなものが想定される．まず，流況変動に影響する要因としては，フィルタの大きさに相当する水文的貯水池規模と呼ばれる CAP/MAR（貯水池回転率の逆数）およびダムの洪水調節に関連するダム運用ルール（洪水調節開始流量，洪水ピーク流量カット率など）が挙げられる．とくに，渇水時や洪水期から非洪水期への移行時などのように，貯水容量を回復させる場合に，影響がより大きくなると考えられる．

　河川においては一般に図 4-1 に示すような**流況曲線**を描くことができる．ここで，貯水ダムによる影響は，概ね年最大～30 日流量程度までの「流量の大きな部分」の洪水調節による影響と，平水流量程度以下の「流量の小さな部分」の利水補給による影響に大別される．したがって，ダムによる流況変動を評価する場合には，どの部分に着目しているかを明確にする必要がある．

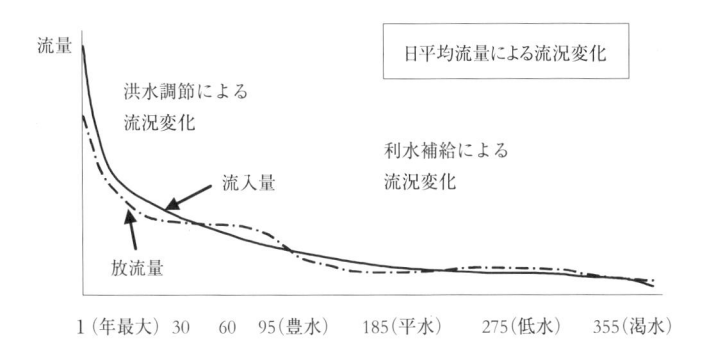

第4章　ダムによる流況・流砂の変化

図中テキスト：
- 流量
- 日平均流量による流況変化
- 洪水調節による流況変化
- 流入量
- 利水補給による流況変化
- 放流量
- 1（年最大）　30　60　95（豊水）　185（平水）　275（低水）　355（渇水）

図 4-1　河川の年間流況と貯水ダムによる変化

　一方，流砂変動に影響する要因としては，表 4-1 に示したように，CAP/MAR に加えて，CAP/MAS（貯水池土砂回転率の逆数＝**貯水池寿命**）およびダムの放流設備標高やダム堆砂の進行レベルなどが挙げられる．

　淀川水系の既存ダム群を対象に，粒度分布に着目して堆砂量調査データを整理し，ダムごと，粒径集団ごとの流入土砂量を推定し，貯水池モデルを用いて粒径集団ごとの捕捉率（流砂変動）を推定した．その結果，CAP/MAR が大きくなるにつれ，ダムによる土砂の捕捉率が大きくなることが確認された．これは既往の知見と概ね一致している．なお，実際の流砂変動には，ダムの運用方式や放流特性（放流設備など）の影響などが加わっている．

　ここで，流況変動と流砂変動に対する影響は相互に関係している．図 4-2 は先に示した CAP/MAR および CAP/MAS を横軸・縦軸にとってダムの特徴を大きく分類したものである．一般的に日本のダムはここに示す三つのグループに大別される．CAP/MAR および CAP/MAS の大きいダムは，一般に河川の上流域に位置する大貯水池が該当し，ダムのフィルタ特性が大きく作用して流況および流砂の変化が非常に大きい．図 4-3 に示すように揖斐川水系徳山ダム（CAP/MAR，CAP/MAS）＝（1.28，3,060）や九頭竜川水系真名川ダム（0.340，3,480），九頭竜ダム（0.451，4,840）などがこれに該当する．逆に，CAP/MAR および CAP/MAS の小さいダムは，河川の中流から下流域に位置する中・小の貯水池が該当し，ダムのフィルタ特性は小さく流況および流砂の変化は小さい．このようなダムの代表格は，定期的な排砂が行われ

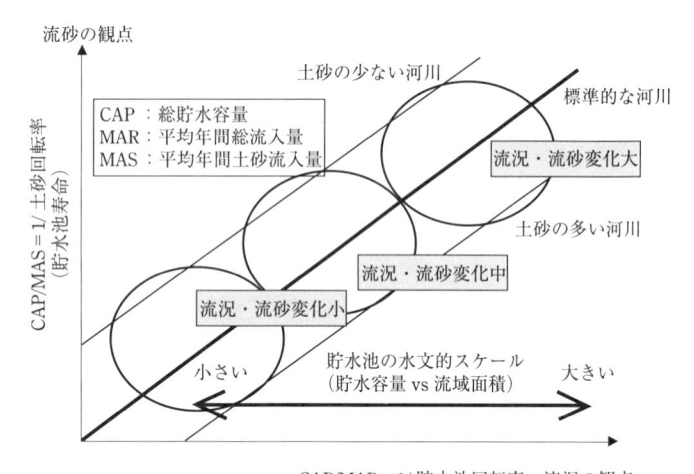

Part Ⅱ　ダムと下流河川環境

図 4-2　貯水池規模と流況・流砂変化の関係

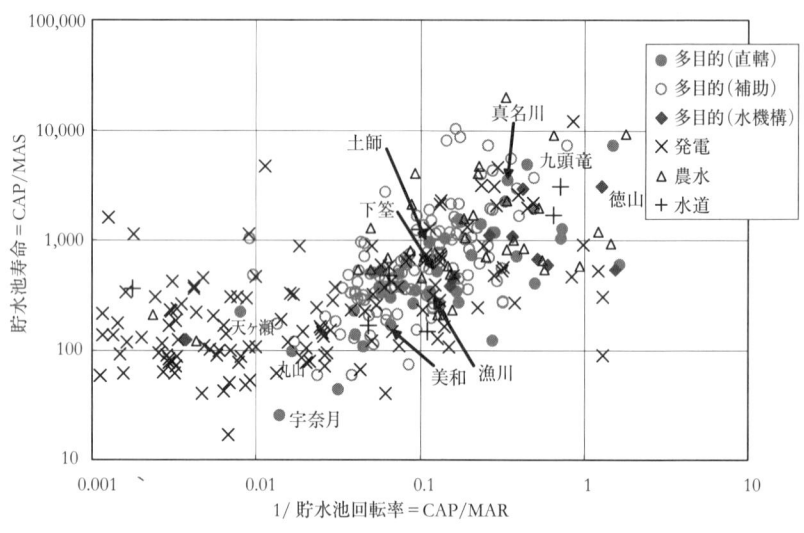

図 4-3　日本のダムの CAP/MAR および CAP/MAS

ている黒部川水系宇奈月ダム (0.014, 23) である．また，ダム地点の流域面積が非常に大きい場合には，例えば木曽川水系丸山ダム (0.0165, 97) や淀川水系天ヶ瀬ダム (0.0081, 220) のようにある程度のダム規模であってもこれらに該当する．これらの両極端なダムの間に日本の一般的なダムの多くが存在し，もっとも平均的な国土交通省直轄ダムは，例えば石狩川水系漁川ダム (0.0942, 340) や筑後川水系下筌ダム (0.128, 520) などである．

　流砂変動に関しては次の2点の注意が必要である．一つは，ダムが所在する河川の流砂量の大きさであり，もう一つはダムが建設されてからの経過年数である．例えば，中央アルプスを上流域にもち生産土砂量の多い天竜川水系美和ダム (0.0659, 170) と中国山地流域で生産土砂量の少ない江の川水系土師ダム (0.115, 950) では，同程度のCAP/MARでありながらCAP/MASは5倍もの差がある．これにはさらにもう一つの要素であるダム建設後の経過年数も影響する。比較的新しいダムは堆砂が進行していないために流入する土砂の多くを粒径にかかわらず捕捉するのに対して，流砂量の大きい河川のダムは年数の経過とともに見かけ上の貯水池容量が次第に減少し，建設当初に比べて実質的なCAP/MARが低下するとともに，細粒土砂から順次ダムを通過する（流砂変動が小さくなる）ようになってくる．流砂量が多くCAP/MARが小さいダムほど堆砂の進行速度が速く，このような変化が早期に訪れることになる．

4.1.3　フィルタによる下流河道への影響

　ダムのフィルタ特性によって流況および流砂の特性が変化することにより，河道および河床材料の変化が生じる．図4-4は九頭竜川水系真名川の1955年と2001年の河道変化であり，流況の安定と流砂量の減少により澪筋が固定化し河道内の樹林化が進行しており，砂礫による河原面積の減少が明瞭である．

　一方，流砂量の減少によって河床材料の粗粒化（アーマーコート化）が進行し，多少の中小出水では河床が動かない硬い河床に変化するとともに，水生昆虫などの生息場や魚類の産卵床としても重要な細かい空隙が減少している．口絵5はダムによる流砂の遮断によって，もともと流砂量の豊富な河川

図4-4 　九頭竜川水系真名川の河道変化

から細粒土砂のみがピックアップされて粗礫のみで構成されるようになってしまった河床の事例（滋賀県野洲川ダム）である．この図は上・下流の景観を見たものであるが，上流は粒径の小さい砂や礫が多いが，下流は大きな石だけが残り，河床材料の粗粒化が起こっている．また，石の表面には大量の有機物が付着する結果，水位が低下して乾燥すると白くなっている．河床間隙量の変化や有機物の流送・付着に伴う底生動物の変化については，後の第6章で詳しく述べる．

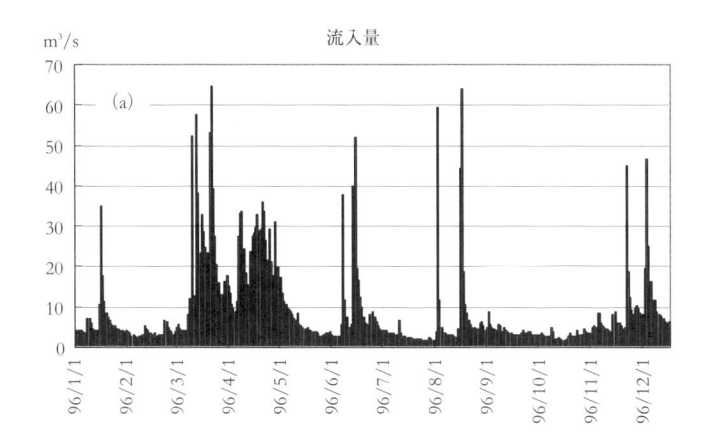

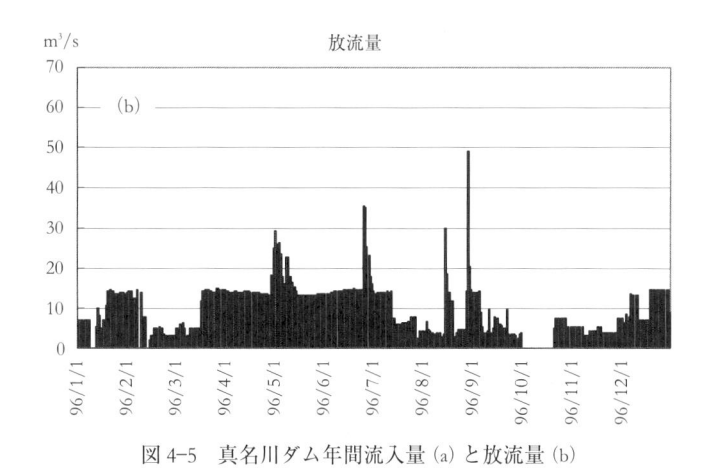

図 4-5　真名川ダム年間流入量 (a) と放流量 (b)

4.2 流況変化の計測

4.2.1　ダムに流入する洪水波形の特性

(1) 流入量と放流量の一般的変化

　ダムには，季節を通じて大小さまざまな洪水の波が流入している．図 4-

5a はその一例（真名川ダム（1996 年））である．これに対して，ダムは治水・利水を目的として流域から入ってくる河川流量を調節して放流するため，図4-5b のようにダム地点の流況が変化している．流況変化で特徴的なのは，12 ～ 3 月の冬季に発生した洪水はほとんどダムに貯留されて放流量に反映されず，代わりに 15m^3/s 程度の放流量が継続している．これは貯留水を用いた水力発電が行われているからであり，発電使用水量にこの流量が一致している．

これに対して，6 月の梅雨期や 8 ～ 9 月の台風期には，発生した洪水がピーク流量こそ低減しているもののある程度の洪水波形としてダムを通過していることがわかる．これは，この時期は大規模洪水に備えて貯水量を制限しているために見かけ上貯水池が小さくなっており，すなわち見かけ上の満水状態を維持しているために中小の洪水でもダムを通過し易くなっていると考えられる．

一方，水力発電専用ダムなどでは年間を通じた貯水位変動が比較的小さく，単純に貯水池と洪水規模の相対関係が洪水波形の変化に大きく影響するものと考えられる．

このように洪水波形の変形に着目した流況の変化には，表 4-1 に示したように，ダムの規模，目的，洪水が発生した時期，洪水の規模や直前の貯水池の状態（渇水なのか，満水なのか）などが大きく影響する．一方で，流入する洪水波形そのものにはダム流域の特徴が影響する．考えられる影響要因は流域面積，流域の地形および洪水発生の時期（融雪，梅雨，台風期など）などである．

(2) 代表ダムにおける洪水波形の整理

ここではこのような洪水波形の特徴を把握するために，近畿・中部地方の国土交通省および水資源機構管理の 8 ダム（真名川ダム・天ヶ瀬ダム・布目ダム・比奈知ダム・美和ダム・小渋ダム・横山ダム・丸山ダム）を抽出してその特性を整理する．ここで対象としたダムは，(1) 期別による変化が明確な地域のダムであること，(2) ダム上流の流域面積が 10km^2 以上であること，および，(3) 多目的ダムであること，を条件に選定したものである．

第4章　ダムによる流況・流砂の変化

表 4-2　洪水波形を検討したダムの諸元

	貯水池容量 V (万 m³)	流域面積 A (km²)	(貯水池容量 V)/(流域面積 A) (10^{-2}m)	比洪水量 Q/A (m³/s/km²)	足切り流量 Q (m³/s)
真名川ダム	11,500	223.7	51.41	0.224	50
天ヶ瀬ダム	2,628	4,200.0	0.63	0.224	80
布目ダム	1,730	75.0	23.07	0.224	20
比奈知ダム	2,080	75.5	27.55	0.224	15
美和ダム	3,475	311.0	11.17	0.224	70
小渋ダム	5,800	288.0	20.14	0.224	60
横山ダム	4,300	471.0	9.13	0.224	100
丸山ダム	7,952	2,409.0	3.30	0.224	500

表 4-2 に検討対象ダムの諸元を示す．これらのダムは，全国の国土交通省および水資源機構が管理する多目的ダムにおいて，流域面積としても，CAP/MAR としても，大きなものから小さなものまでを含み，それぞれを代表する特徴を有している．表 4-2 に示す足切り流量は，各ダムの約 10 年間 (1994〜2003) の実績流量 (時間平均および日平均流量) からそれぞれ有意な洪水を抽出するために，真名川ダムにおける有意な洪水ピーク流量と判断される 50m³/s の比流量 (流量を流域面積で割ったもの) を基準として，各ダムの流域面積にあわせて洪水ピーク流量を補正して求めたものである．以後，それぞれのダムにおいて生じた洪水において，時間平均データのピーク流入量が足切り流量を超過しているものを有意な洪水と定義する．

(3) 洪水波形の特性

まず各ダムの時間平均データを用いて，ピーク流入量が足切り流量の値を超える**洪水期** (3〜9月) の洪水を抽出し，それらを期別 (融雪期：3〜5月，梅雨期：6, 7月, 台風期：8, 9月) に分類する．続いて期別の全洪水に対してピーク流入量の発生時刻を 0 時とし，前後 12 時間における流入量のグラフを作成し，さらに，期ごとの全洪水についてピーク前後 12 時間の流入量を平均した期別平均のグラフを作成した．

真名川ダムの結果を図 4-6 に示す．これによれば融雪期＜梅雨期＜台風期

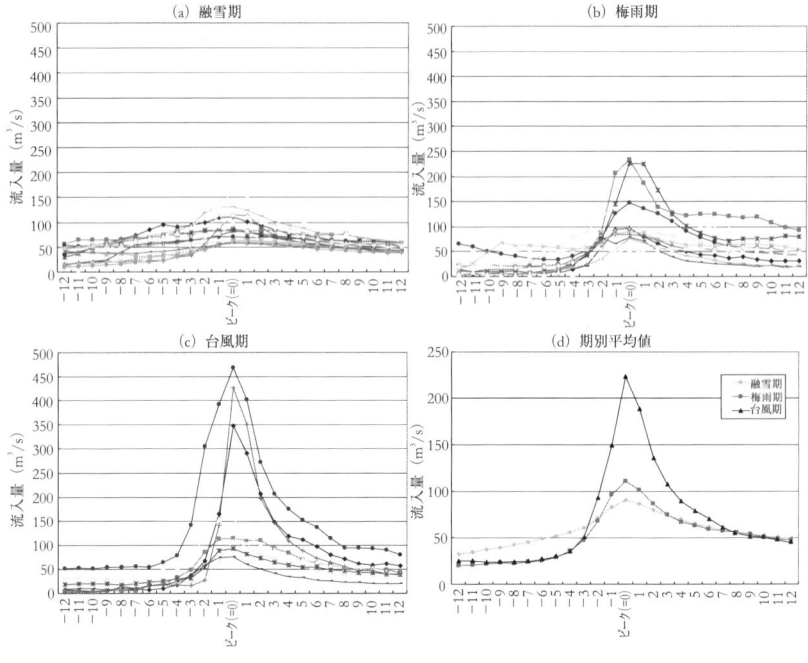

Part II　ダムと下流河川環境

図 4-6　真名川ダムの洪水波形

の順に洪水ピーク流量が大きくなり，また，各洪水のピーク流量のバラツキも大きくなっている．

　真名川ダムの所在する福井県山間部は豪雪地帯であり，ダム流入量は春季の融雪の影響を大きく受けている．この融雪期の洪水は80m³/s程度の洪水が数多く発生しており，期別平均値にも反映されている．融雪洪水のもう一つの特徴は，洪水ピークに至るまでの前期流量が他の時期の洪水に比べて大きく，結果として洪水継続時間が長いことが挙げられる．これは，融雪洪水の最大の特徴ともいえ，ある程度融雪の基底流量がある上に，降雨が重なった結果，洪水ピークが発生したものと考えられる．

　同様の分析を他の7ダムについても実施した結果，真名川ダムと同様に融雪期＜梅雨期＜台風期の順に洪水ピーク流量が大きくなるダムが多いことがわかった．ただし，天ヶ瀬，布目，小渋ダムは梅雨期が最大となっていた．

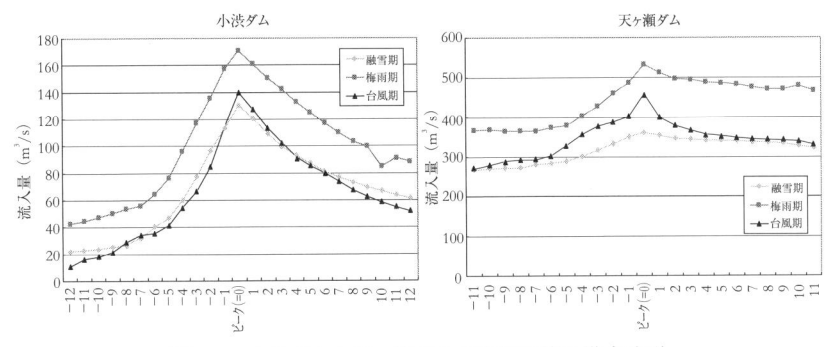

図 4-7 小渋ダムと天ヶ瀬ダムの期別平均の洪水波形

なかでも小渋ダム（図 4-7 左）は特徴的であり，台風期の洪水量が顕著に小さく，地形的に台風による降雨の影響を受けにくいことが想定される．一方，天ヶ瀬ダム（図 4-7 右）は上流に琵琶湖を抱えており，琵琶湖に流れ込む流入河川の春季の融雪洪水の影響の遅れに加えて，大流域であることから梅雨期の長雨の方が洪水流量を増大させている結果と考えられ，洪水継続時間も非常に長いのが特徴である．

4.2.2 流況変化のメカニズムとダムによる影響度の大小

ダムによる流況変化の傾向に関する研究はこれまでにも数多く行われている．例えば，大沼ら[1]は，ダムによる流況変化の基本特性を明らかにするために，全国におけるおよそ 100 か所の多目的ダムを対象に出水時の日平均ピーク流量の減少（攪乱の減少），平水時での流量の平滑化，短時間での大きな流量変動，季節ごとの流況の変化の観点から流況変化を詳細に分析しており，次のような整理を行っている．

1) 出水時のピーク流量の減少度合いの大小は，洪水調節開始流量に洪水流入量が達する頻度，洪水調節方式，利水放流施設の能力などの相違に因る．
2) 平水時の流量の平滑化が顕著なダムは有効貯水容量に対する都市用水容量の割合が高い．
3) 短時間での大きな流量変動が見られるダムは発電を目的に含んでいるこ

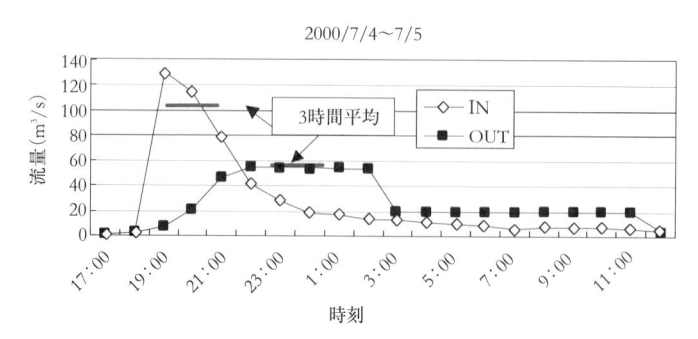

図 4-8　布目ダムの洪水波形と最大放流量／最大流入量の関係

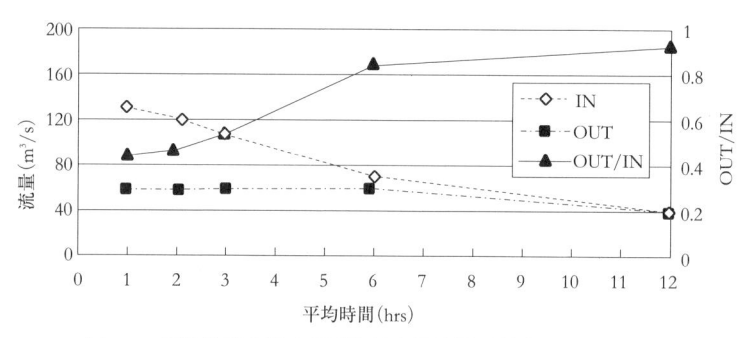

図 4-9　平均時間と洪水波形と最大放流量／最大流入量の関係

とが多い．

4) 月ごとの（最大放流量）/（最大流入量）の値は冬季および 6 月前後が高く，4 月および 10 月前後で低くなる傾向が見られる．

しかし，これらの評価をどのような単位時間データで行うかが問題である．一般に日本の河川における洪水継続時間はあまり長くなく，洪水調節による流況変化を評価する場合には日平均流量では不十分であり，一般には 1 時間平均流量程度まで遡って検討する必要がある．

図 4-8 は布目ダムの 2000 年 7 月の洪水調節波形をグラフにしたものであり，図 4-9 に示すように 1 時間，3 時間と平均時間が長くなるにしたがって，最大放流量（OUT）/ 最大流入量（IN）の比率が変化し，流況変化の実態を反

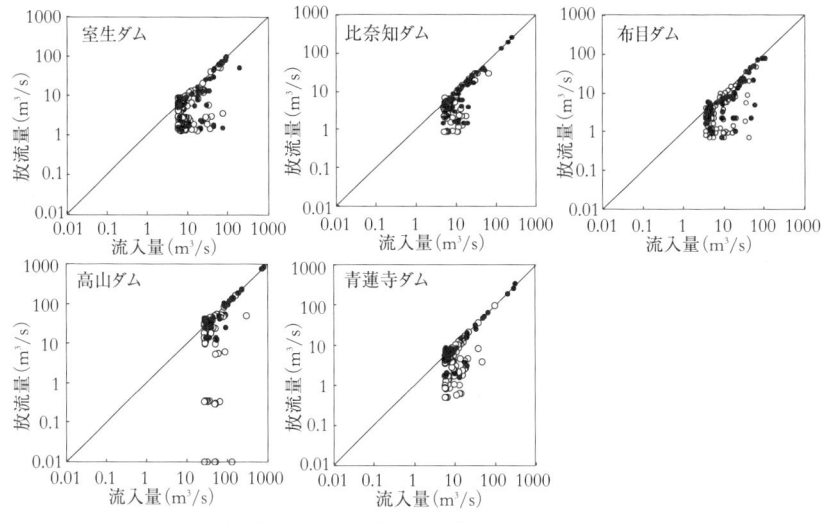

図4-10 淀川水系木津川ダム群の最大放流量／最大流入量の関係
洪水期（6〜9月）：●，非洪水期（10〜5月）：○

映しなくなることがわかる．これを一般的に行われる日平均流量（24時間平均）まで長く取ってしまうとほとんど流量変化がわからなくなってしまう．

次に，具体的な評価として淀川水系木津川流域のダム群（高山，青蓮寺，室生，比奈知，布目ダム）について流況変動の状況を検討した．対象としたのは2001年1月1日から2003年12月31日までの1時間平均流量のうち，流入量で上位10％以上の流量継続を1洪水イベントとし，イベント中の最大放流量／最大流入量を比較した．なお，季別の影響を把握するために，**洪水期**（6〜9月），と**非洪水期**（10〜5月）を区別している．この結果を図4-10に示すが，流況変動が大きいダムとして布目ダムおよび室生ダムが，また，季別では非洪水期の流況変動が比較的大きいことが明らかとなった．

さらに，比較的流況変動が大きいダムと判定された布目ダムについて，洪水流量規模および季別の変化を整理したものを図4-11（上）に示す．これによれば，流入量が布目ダムの洪水調節開始流量100m^3/sを超える場合に流況変化が生じている他，60〜40m^3/sの洪水でも変化が生じていることがわかる．

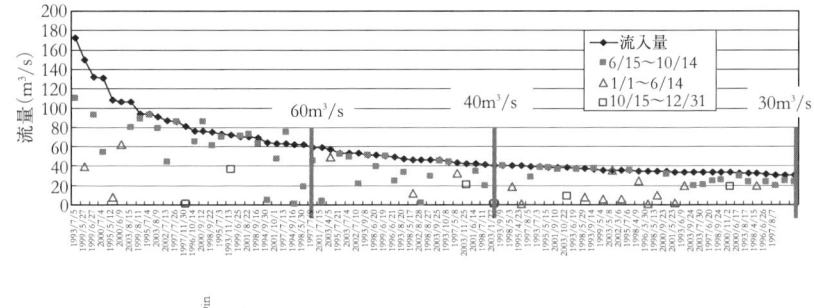

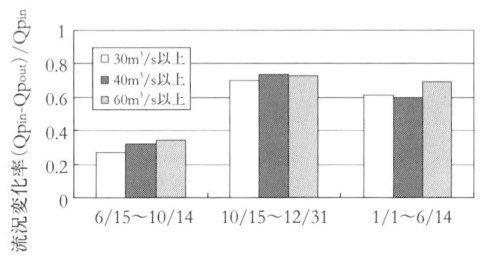

図 4-11　布目ダムの季別流況変化の関係

　いま，流況変化割合を「**流況変化率**：$(Qp_{in} - Qp_{out})/Qp_{in}$」と定義し，これを洪水規模別および季別に整理すれば図 4-11（下）となり，$Qp_{in} = 30$，40，$60 m^3/s$ 以上のいずれにおいても秋季（10/15～12/31）の流況変化率が大きい結果となった．この理由としては，年ごとの降雨状況などの相違があるものと考えられるが，概ね夏期制限水位から常時満水位への貯水時期に一致しているものと考えられる．

　次に，真名川ダムにおいても布目ダムと同様の整理を行った結果を図 4-12 に示す．これによれば，真名川ダムの出水頻度は，$100 m^3/s$ 以上が 1.5 回/年，$50 m^3/s$ 以上が 7.5 回/年程度であり，非洪水期の出水の大部分は $100 m^3/s$ 以下となっている．流入量に対する放流量の低下，すなわち流況変化が非常に大きいことが確認され，洪水期は流入量と同等な放流量が確保されている場合も散見されるが，とくに非洪水期の出水では放流量が $10 m^3/s$ 程度まで低下している場合が多い．

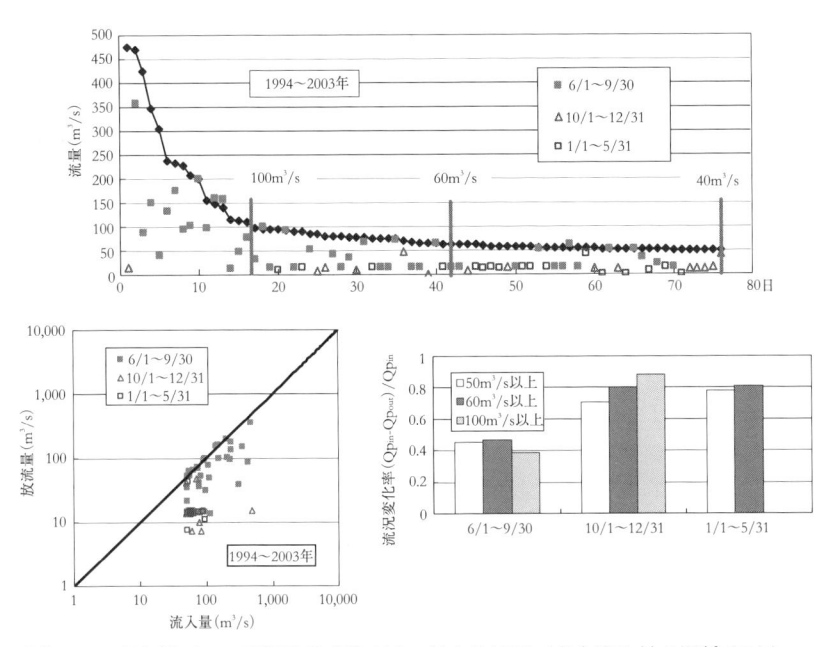

第4章　ダムによる流況・流砂の変化

図4-12　真名川ダムの季別流況変化（上），最大放流量／最大流入量の関係（下左），期別の流況変化率（下右）

4.2.3　影響度を時間軸で評価する

次に，先に示した近畿・中部地方の国土交通省管理の8ダムを対象に，ピーク流入量が足切り流量の値を超える洪水期（融雪期：3〜5月，梅雨期：6,7月，台風期：8,9月）の洪水のみを対象に，洪水波形の変動を詳細に検討する．

(1) 日平均流量と時間平均流量

これまでの研究では，多くのダムを長期間にわたって検討するために洪水波形の変動を各ダムの日平均流量を用いて分析してきた．しかしながら，日本のダム流域における洪水継続時間は一般に長くても2日程度であり，とくに中小の洪水波形ではさらに短いことが予想される．このような短時間波形を日平均で検討しても，ダムのフィルタとしての特性を十分に分析すること

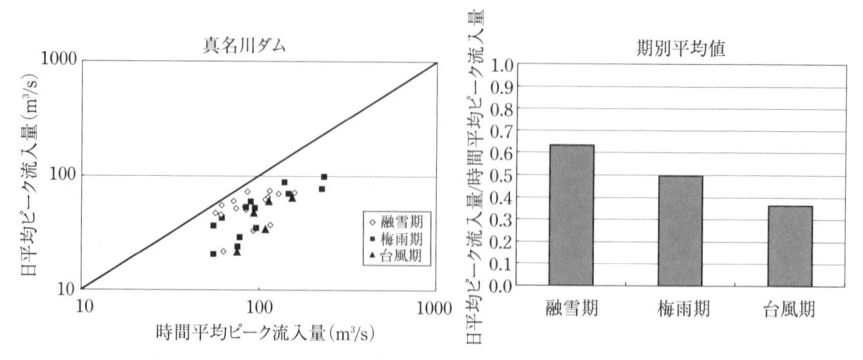

図4-13　真名川ダムにおける日平均ピーク流入量と時間平均ピーク流入量の相違

は難しい．そこで，①洪水波形，②これに基づく流況変動特性を日平均流量と時間平均流量の両者で整理することにより，とくに時間平均流量で議論すべきことの必要性を改めて示す．

　図4-13は，真名川ダムの洪水波形を対象に日平均ピーク流入量と時間平均ピーク流入量を比較したものである．左図中に示すように，日平均にしてしまうと洪水波形が非常に鈍ったものとなり，最終的な河川における攪乱現象を正確には反映できないことが予想される．日平均データでは，時間平均データよりもいずれも過少に評価されていることが明らかであり，これをさらに期別で平均したものを図4-13右に示す．この図を見ると，融雪期，梅雨期，台風期の順に低減が大きく，図4-6に示した洪水波形からも明らかなように洪水継続時間が短くシャープな波形ほど影響が大きい．

　その他ダムについても同様に解析した結果によれば，真名川ダムと同様な傾向を示すダムとして，融雪洪水の顕著な横山ダムが挙げられる．これら以外のダムは期別の差異は小さい．一方，年間を通じた全体的な低減率が大きい布目ダムと，逆に低減率が小さい天ヶ瀬ダムが特徴的で，他のダムはこれらの中間に位置する．流量はダム上流の流域面積に大きく依存しており，流域面積が小さいダムほど洪水継続時間が短いために日平均流量の低減が大きく，数百 km^2 以下の流域面積では0.5倍以下となってしまうのがその理由と考えられる．

以上のように,ダムの流域面積や期別の特性の相違はあるものの,日平均流量データでは通年で 0.4 ～ 0.6 倍に洪水ピーク流量が小さく評価されてしまうことが明らかとなった.

(2) 流況変化率

次に,ダムによる流況変動について,対象 8 ダムについて詳細に検討する.以下の検討はすべて時間平均データで行うこととし,先に示した「流況変化率:$(Qp_{in} - Qp_{out})/Qp_{in}$」を具体的に各ダムで算出した(図 4-14).まず,真名川ダムの結果によれば,梅雨期や台風期の平均低減率は 0.4-0.5 であり,洪水ごとのバラツキが大きい.融雪期は平均低減率 0.8 程度,すなわち洪水波形の大部分がダムのフィルタにより大きく変形され,また洪水ごとの低減率のバラツキも小さい.

融雪期はダムの貯水池運用上,次なる利水運用に備えて大きく貯留する時期にあたっており,梅雨期および台風期は洪水直前のダムの貯留状態により,洪水期制限水位までほぼ満水であれば洪水波形はあまり変化せずに(フィルタは効かずに)ダムを通過する一方,渇水傾向で洪水流入によって貯水位を回復する場合には洪水波形が大きく変化(フィルタが大きく効く)している.

他のダムを見ると,比較的流況変化の大きいダムとして,真名川,布目ダムに加えて,美和ダム,小渋ダムが挙げられる.ここで真名川ダムと美和ダムの傾向はよく一致しているのに対して,布目ダムは台風期の低減率が小さい.これは,台風期にはすでに満水になっている確率が高いか,洪水波形自体が大きく,ピークの低減も大きくないことが想定される.一方,小渋ダムは台風期の低減も大きく,その理由として,このダム流域はもともと台風による降雨の影響が小さく,洪水波形自体も比較的小さいことから貯留回復に回される確率が高いことが考えられる.

これらのダムに対して,流況変化の小さいダムとして,天ヶ瀬,丸山ダムが,中程度のダムとして,横山,比奈知ダムが挙げられる.これらは変化率でそれぞれ 0.1 以下および 0.2 程度となっている。天ヶ瀬,丸山ダムが小さくなる理由は,大流域を控えた本川ダムであり,圧倒的に洪水流入量が大きく,このようなダムは流況変化が小さいことを示している.このことは,貯

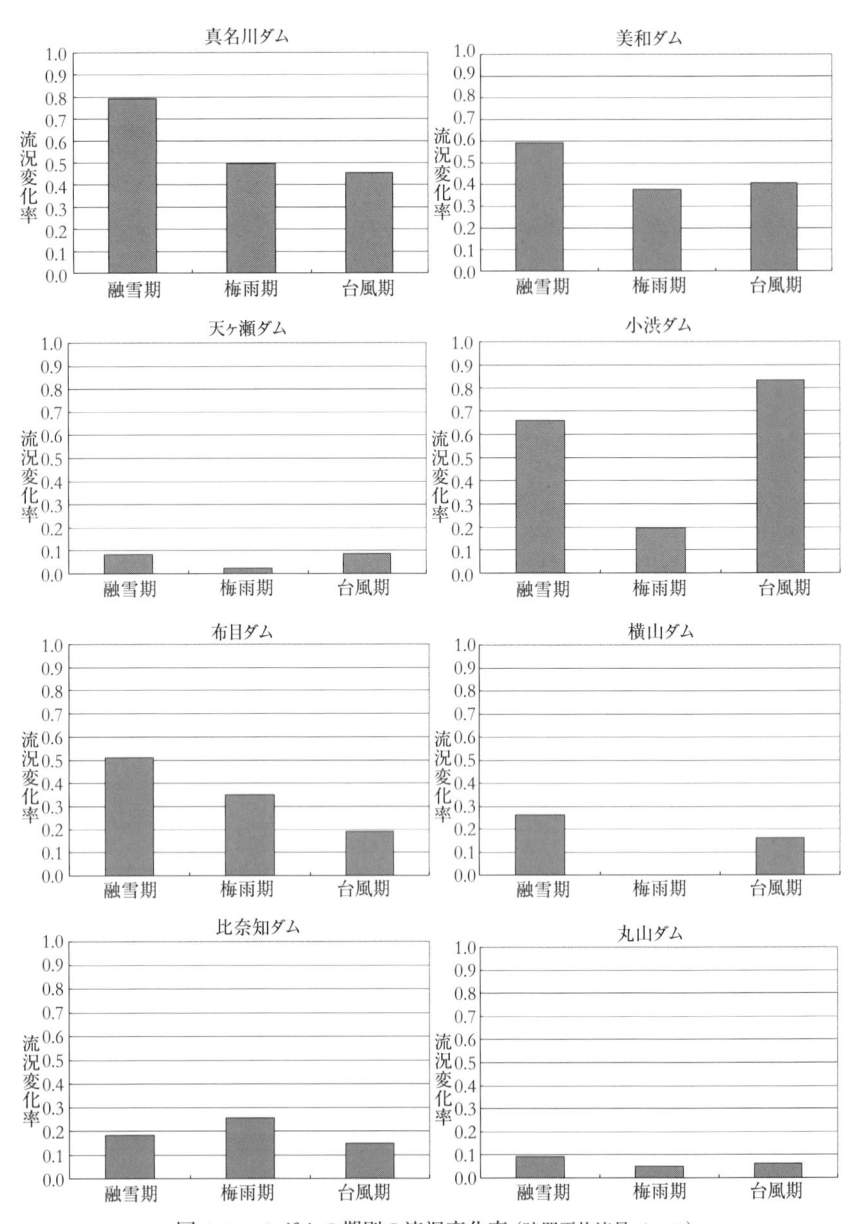

図 4-14　8 ダムの期別の流況変化率（時間平均流量ベース）

第4章 ダムによる流況・流砂の変化

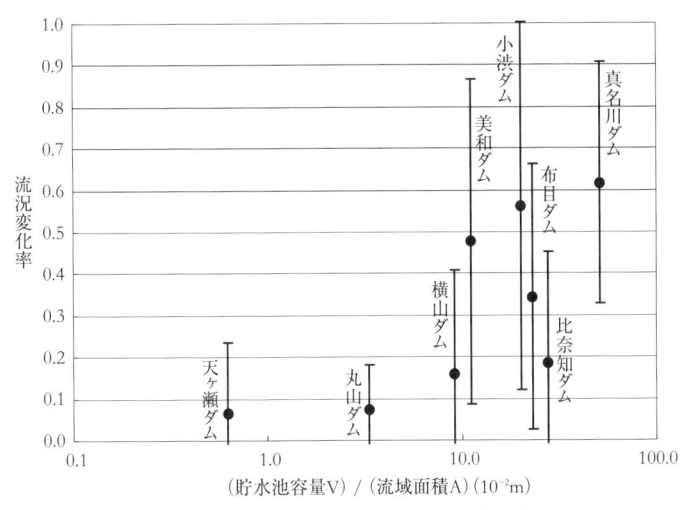

図 4-15 貯水池容量 / 流域面積に対する 8 ダムの流況変化率（時間平均流量ベース）

水池容量 (V)/流域面積 (A) と年間の流況変化率の関係で整理した図 4-15 でも明らかであり，V/A<10 では 0.1 〜 0.2 程度と流況変化が低いレベルに留まるのに対して，V/A>10 になると 0.4 〜 0.6 程度まで流況変化が増大している．

4.2.4 影響度を空間軸で評価する

これまでダム地点における洪水波形の変形を中心に流況の変化を見てきたが，この流況の変化が下流河川にどの程度影響しているかも関心事である．とくに，対象流域のなかにおけるダムの所在地に関する空間情報は，対象流域のなかでどの程度の割合の流域の流況をダムが変化させているのか，また，ダムによる流況変化の効果がダム下流における主要な支川や本川との合流によって，どのように薄まっていくのか，などを知る上で重要な要素となる．

日本の多くの多目的ダムは支川に建設される場合が多く，本川合流点までの区間に対する流況変化が環境上の問題となることが一般的である．なお，本川に建設されているダムも少なからずあるが，これらのダムの多くは本川の中・下流域に位置することから貯水容量に対してダム上流の流域面積が非

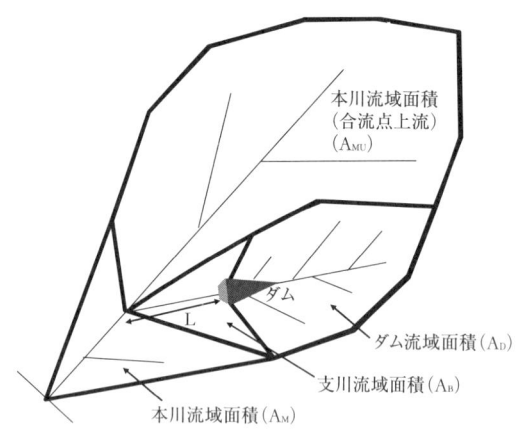

図4-16 ダムを含む，支川・本川流域の関係

常に大きくなり，図4-2で示したようにダム地点での流況変化は相対的に小さくなるものと考えられる．

そこで，支川に所在し，かつ，下流にダムのない国土交通省直轄，水資源機構管理の多目的ダム（45ダム）を対象に，図4-16に示す各パラメータを用いて，対象流域のなかにおけるダムの影響度について考察を行う．

A_D/A_B（支川流域面積に対するダム流域面積）とA_D/A_{MU}（本川合流点上流の流域面積に対するダム流域面積）の関係を図4-17aに示す．まず，A_D/A_Bを単独で見ると，支川流域の5割以上の支配面積を占めるダム（$A_D/A_B > 0.5$）が全体の7割程度あり，これらのダムにおいてはダム下流の支川区間に対するダムの流況変化の影響が大きいものと推定される．一方，A_D/A_BとA_D/A_{MU}の関係で見ると，ダムの所在する支川は本川合流点上流域全体の1/2〜1/3以下（ダム流域面積は本川合流点上流域全体の2割以下（$A_D/A_{MU} < 0.2$））が大部分であり，ダムによる流況変化は本川合流点まで下ってくるとかなり低減しているものと考えられる．参考までに，A_D/A_M（本川全体の流域面積に対するダム流域面積）で評価したものを図4-17bに示すが，ダムの所在する支川は本川全体の1/2程度の流域面積に相当する地点で本川と合流しており，ダム流域面積は本川全体の流域面積の1割以下（$A_D/A_M < 0.1$）が大部分であることがわかる．

第 4 章　ダムによる流況・流砂の変化

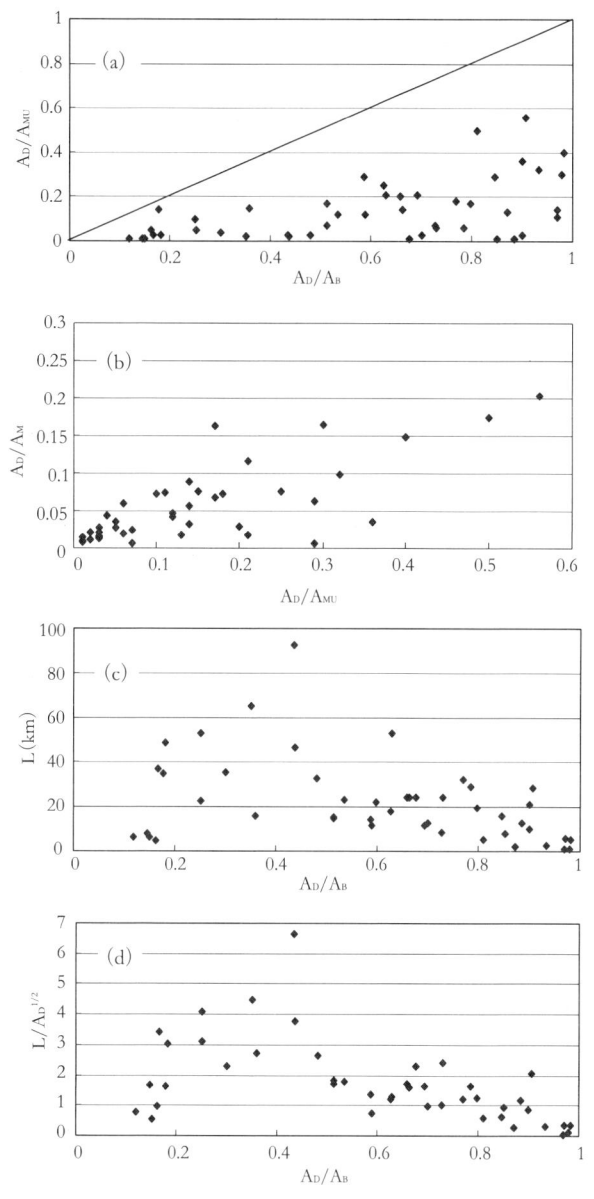

図 4-17　ダムを含む，支川・本川流域の関係

次に，このようなダムによる流況変化が顕著に影響すると考えられる区間の長さを，環境アセスメントで一般的に用いられるダムの流域面積の3倍までの区間（L）と仮定して，A_D/A_B との関係で整理したものを図 4-17c に示す．これによれば，A_D/A_B と L は概ね逆比例の関係であり，支川におけるダムの影響が大きくなるほど，影響を与える下流河道区間は短くなることがわかる．L をダム流域面積で規準化したものを図 4-17d に示すが，これを見ると，$A_D/A_B > 0.5$ かつ $L/A_D^{1/2} > 1.0$ に相当するダムでは，ダムによる流況変化を受ける区間が相対的に長いと考えられる．

4.3 流砂変化の計測

4.3.1 ダムに流入する流砂波形の特性

山地からの**土砂生産**の原因となる外力には，降雨・地震・火山活動などの他，凍結融解に伴う風化作用などがある．一方，土砂生産のプロセスには，山腹斜面における崩壊・地すべり，裸地侵食および渓岸・河岸侵食などがあり，さらに土砂流送のプロセスには，第 1 章で述べた**掃流砂**（Bed load）・**浮遊砂**（Suspended load）・**ウォッシュロード**（Wash load）の形態，および土石流（Debris flow）がある．粒径の小さいウォッシュロードは生産されると速やかにダム貯水池まで流送されるのに対して，掃流砂や浮遊砂は渓床や河床に一時貯留されながら時間遅れを伴って流送される．

これまで**流砂**に関する観測事例は数多く報告されているものの，主に，大河川下流域のものが多く，ダム流域レベルのものは，出水が早く人力による調査に限界があることから非常に限定されている．また，一般に，ウォッシュロードは採水調査などによりその傾向を把握することが可能であるが，とくにフィールドにおける掃流砂などの連続観測は手法として十分に確立されているとはいえず，流砂変動までを議論できるデータはないのが現状である．また，後述するように，ダム貯水池においては，土砂の堆積が相当程度進んだり，積極的に土砂を通過させる排砂などの措置を講じたりする場合を除い

て，河川における浮遊砂・掃流砂レベルの土砂はほぼ100%捕捉する（通過させない）ことが明らかとなっており，ここでは以下の議論をウォッシュロードを中心に進める．

従来の流砂観測によると，ウォッシュロード（以下，浮遊物質濃度としてSSで表記する）の粒径範囲についての流砂量Q_sあるいは断面平均濃度cと流量Qの間には次式のような関係が認められるとされている．

$$Q_s = \alpha Q^n \quad \text{あるいは} \quad c = \alpha Q^{n-1}$$

土木学会水理公式集[2]には，一地点におけるウォッシュロード量Q_s(m³/s)は河川流量Q(m³/s)の二乗にほぼ比例するとして次式が示されている．

$$Q_s = (4 \times 10^{-8} \sim 6 \times 10^{-6})Q^2$$

天竜川水系美和ダムおよび小渋ダムの流入地点における従来の観測ではnは2に近い値をとることが報告されており，また，土砂管理計画の策定においては次式のような土砂流入量が設定されている．

$$Q_s = 2 \times 10^{-5} Q^2$$

これは，土砂濃度（土砂量）と流量の関係が一対一対応し，土砂濃度は流量にのみ影響を受けることを仮定している．そのため，通常の土砂―流量曲線は対数表示で単純な直線回帰式で近似されているのが現状である．しかし，このような状態は一般的ではなく，多くの地域のデータでは流量と土砂量は対称性をもたない．

美和ダムの流入Q-SS特性は，図4-18に示すように時系列的に時計回りのループを描き，先行洪水と後続洪水では相対的に後続洪水が低くなることが報告されている[3]．この観測結果から一洪水中の流入SS濃度の時間変動特性が確認される．

これまでの研究で，流量-SS濃度関係のループの描き方はいろいろなタイプのものがあるものの，ほとんどの洪水で，経時的に時計回りのループを描くことが知られている．このパターンは，土砂濃度のピークが流量ピークよりも若干早いタイミングで起きるもので，その理由として，(1)流域内の侵

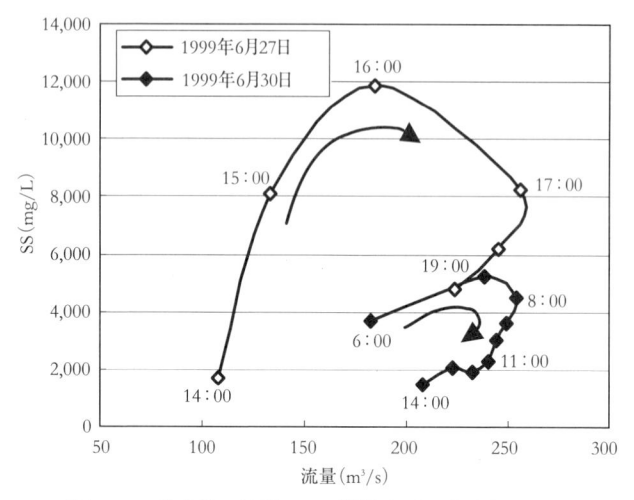

図 4-18　洪水時の流量-SS の関係（天竜川水系美和ダム）

食されやすい土砂や，以前の洪水で河道に堆積していた土砂などが流量ピークに達する前に流送され，洪水中に土砂が供給限界に達する，(2) アーマーコートの発達により，ピーク流量の前に河床からの土砂供給が限界になる，(3) 流域の降雨状況や崩壊しやすさによって，流域の下流端付近などの土砂生産性の高い地域からの土砂流出がハイドログラフの立ち上がり時に集中する，などが考えられる．

4.3.2　堆砂のメカニズムとダムによる影響度の大小

(1) 堆砂のメカニズム

日本の河川では，掃流砂・浮遊砂・ウォッシュロードの形態により土砂が輸送されており，これらの粒径別構成比は一般に礫：砂：シルト・粘土＝(0〜10%)：(35〜40%)：(50〜65%) 程度といわれている．河川中・上流部にダム貯水池が建設されると，河川を流下するこれらの土砂が流入し，図4-19 に示すように貯水池のもつ堆積特性に応じて粒径ごとに分級された堆砂デルタを形成する[4]．

貯水池内の堆砂領域は，①頂部堆積層 (Topset beds)，②前部堆積層 (Foreset

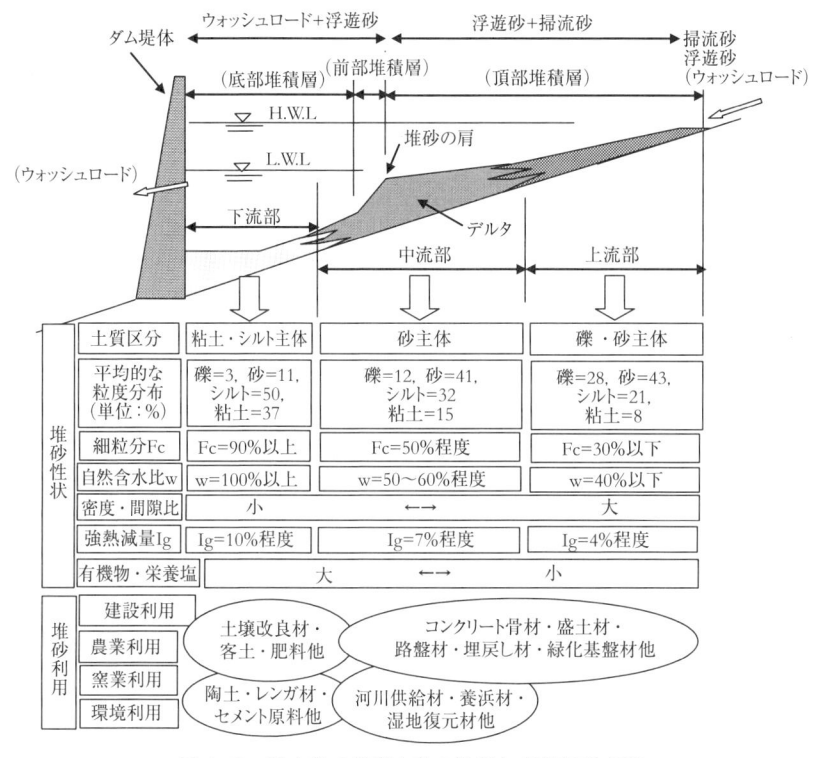

第4章　ダムによる流況・流砂の変化

図4-19　貯水池の堆積土砂の性状と有効利用方策

beds）および③底部堆積層（Bottomset beds）に大別され，デルタを構成する①および②には河床を転動してきた掃流砂および浮遊砂のうち粒径の比較的粗い部分（0.1〜0.2mm以上）が堆積している．このうち②はデルタの肩（Pivot point）を通過した掃流砂がその直下に堆積し，それに浮遊砂による影響が加わって形成される比較的勾配の急な部分である．

前述したように，デルタは一般に時間経過とともに前進すると同時に，その上流端は上流へ遡上していく．ダム直上流に水平に堆積した③の堆積物はほとんど粒径が0.1mm以下のウォッシュロードであり，主に濁水の密度差によって生じる「密度流」に起因するものである．なお，ウォッシュロードの一部は，放流設備を通じて水流とともに下流へ流出し，この境界粒径はダ

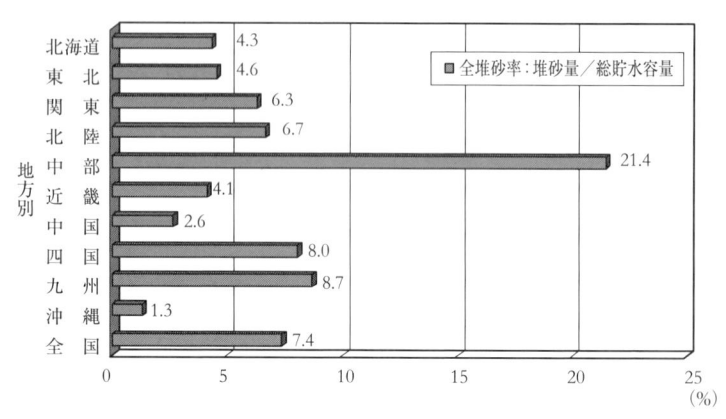

Part II　ダムと下流河川環境

図4-20　日本の地方別堆砂状況（2000年度末現在：100万 m³ 以上ダム）

地方別データ（全堆砂率：堆砂量／総貯水容量）：
- 北海道　4.3
- 東北　4.6
- 関東　6.3
- 北陸　6.7
- 中部　21.4
- 近畿　4.1
- 中国　2.6
- 四国　8.0
- 九州　8.7
- 沖縄　1.3
- 全国　7.4

ム貯水池規模や貯水池回転率などで異なるが，概ね 0.01mm 程度といわれる．

(2) ダム堆砂問題

　日本におけるダム貯水池の**堆砂問題**には，ダム貯水池における発電等取水口の土砂埋没問題，貯水池上流河道の背砂による洪水氾濫の危険性の増大，利水・治水容量の減少，ダムによる下流河川への土砂流出の減少と河道部の砂利採取が複合的に影響する河床低下や海岸侵食，などがある．

　日本では，堤高 15m 以上のダムが約 2,700 建設されている．国土交通省では，1977 年以来，貯水容量 100 万 m³ 以上の貯水池に対して堆砂状況などを継続的に調査しており，2003 年 3 月現在，日本全国 922 か所のダムの総貯水容量約 183 億 m³ に対する総堆砂量は約 13.5 億 m³ で，1 ダムあたりの総貯水容量に占める堆砂量の平均割合（全堆砂率）は約 7.4％ となっている（図 4-20）．これをダム完成後の年数で割ると年平均 0.24％ の速度（単純に求めれば寿命約 400 年）で貯水池容量が失われている計算となる．一方，新規のダム建設による容量増は今後それほど見込めず，土砂流出量の多い中部地方などでは堆砂による容量損失速度も全国平均の約 2 倍の値を示し深刻な状況である．

(3) 流砂系における土砂管理問題

　ここで，典型的な土砂問題を抱える天竜川の状況を俯瞰してみる．天竜川は長野県の諏訪湖に発し，静岡県浜松市東側で遠州灘にそそぐ流域面積約5,090km^2，幹川流路延長213kmの国が管理する一級河川である．流域平均年間降水量は2,000mmであり，1930年代半ばから水力発電などのダムが設置されてきている．一方，天竜川流域には，中央アルプス山系および南アルプス山系の3,000m級の山々が連なるとともに，中央構造線をはじめとする構造線が走っており，崩壊地も多く日本でも有数の土砂流出の多い地域である．流域内に建設された貯水15ダム（本川5ダム，支川10ダム）は，いずれも堆砂が進行しており，**排砂バイパス**（美和ダム，松川ダム，小渋ダム），**カーテンウォール付ゲートレス放流管**（片桐ダム），掘削・浚渫（佐久間ダム，秋葉ダムなど）などの日本を代表する堆砂対策が実施・計画されている．

　天竜川中流部に設置された発電ダムである佐久間ダムと，その下流に位置し逆調整機能をもつ秋葉ダムは，佐久間ダム上流の泰阜ダムおよび平岡ダムとともに，建設直後よりダム堆砂問題を課題としてきた．とくに，背水現象による貯水池末端部の洪水被害問題は，ダム堆砂対策の重要性を社会に提起する契機ともなった．

　一方，これらダムの堆積土砂を分析することにより，天竜川流砂系の流出土砂に関する基本情報を得ることができる．一例として図4-21に佐久間ダムの堆砂形状の変遷と堆積土砂の性状を示す[5]．1956年に完成した総貯水容量約3.3億m^{3}の佐久間貯水池の堆砂量は，建設後45年を経た2001年には約1.1億m^{3}となり堆砂率は約35％に達している．今後は出水規模による変動はあるものの，年間約180万m^{3}の土砂流入が予想されている．また堆積土砂の粒度分布は，デルタ上流部では砂礫，粗砂が多く，下流になるにしたがい細砂が卓越し，堆砂肩の先端ではシルトの割合が多いことがボーリング調査などから明らかとなっている．

4.3.3　洪水時の貯水池内土砂動態と放流形態

　ダム貯水池における堆砂メカニズムと実際の堆砂状況について佐久間ダムを事例に見てきた．ここで，ダムを流砂波形を変化させるフィルタとしてみ

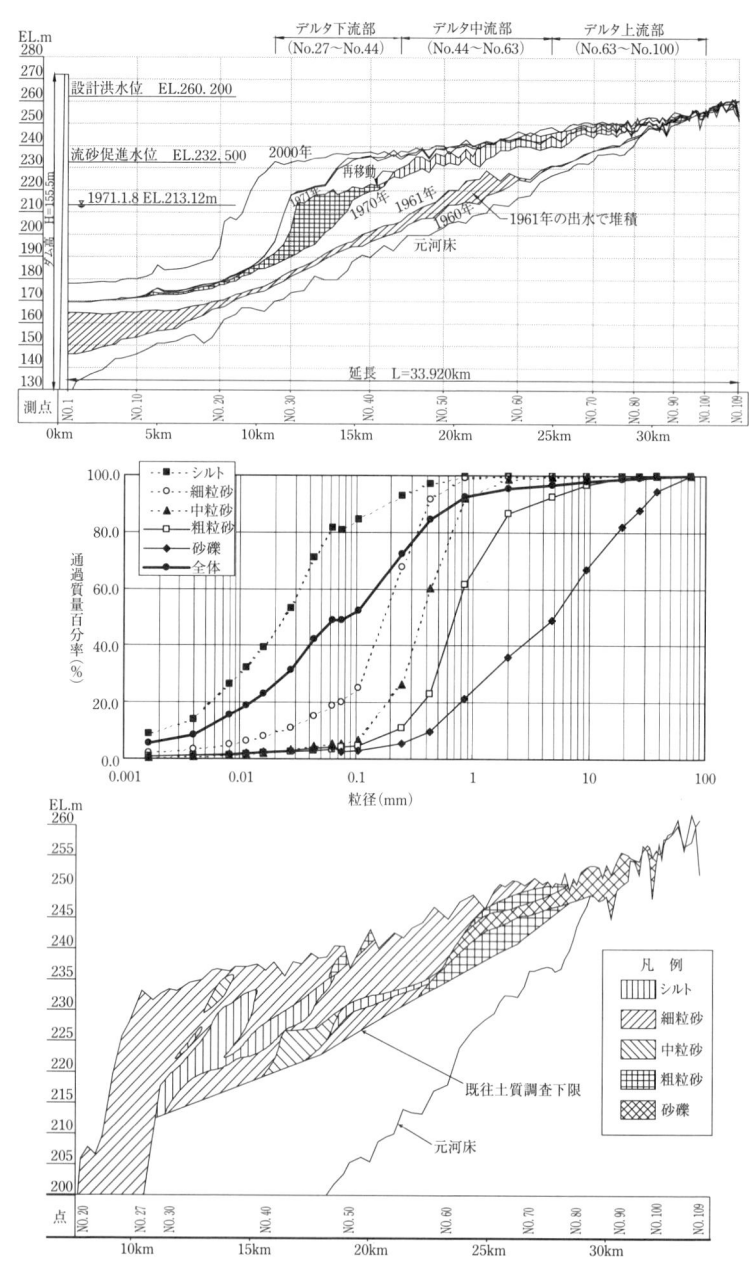

Part Ⅱ　ダムと下流河川環境

図4-21　天竜川水系佐久間ダムの堆砂形状の変遷と堆積土砂の性状

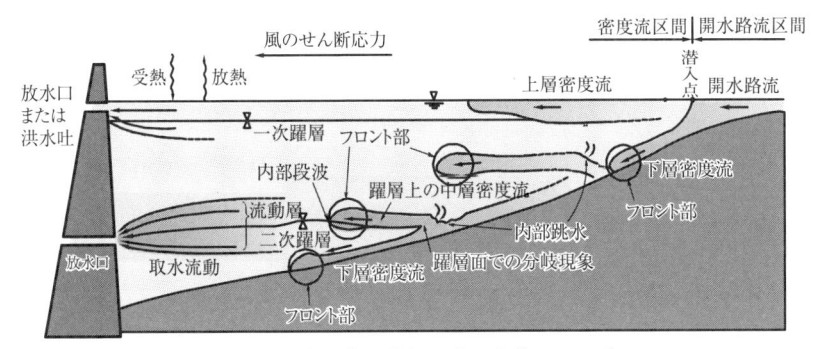

図4-22 貯水池内の微細土砂の流動メカニズム

た場合に，さまざまな流入土砂粒径のうち，唯一，ダムを通過する可能性のあるウォッシュロードのような微細土砂の貯水池内の挙動を知ることはきわめて重要である．

図4-22に一般的な貯水池内の微細土砂流動のメカニズムの概要を示す．河川流入水は水深の浅い上流区間では開水路流として流れる．しかし，洪水時の河川流入水は微細土砂を伴うとともに，河道内の流下時間が短くなることから水温も若干低下する傾向にあり，結果として貯水池内の貯留水よりも密度が大きく，流入水はある水深以上まで流下すると，河川水と貯水池内との密度差のために「密度流」として貯水池内を流動する．密度流の流動形態は，貯水池内の水温分布と流入水の密度との相対関係により，上層，中層，下層密度流の三つの形態が出現する．

なお，これらの密度流によって微細土砂が運ばれることになるが，微細土砂のなかでも比較的粒径の大きなものは途中で沈降するために，密度流は流下するとともに土砂濃度が低下するのが一般的である．一方で，密度流自身が有する河床せん断力により湖底に堆積している微細粒土砂の巻き上げが発生し，密度流の流下とともに密度流の濃度が高くなるケースもある．

(1) ダムからの放流形態（放流管設置の高さ）

このような微細粒土砂の貯水池内動態には，河床勾配，洪水規模，SS濃度，SS粒径，放流管設置標高などのパラメータの影響が重要と考えられる．

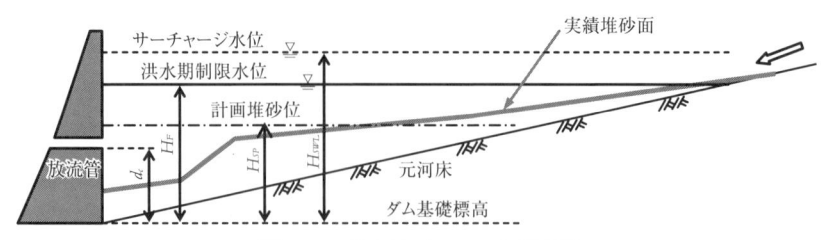

図4-23 貯水池パラメータ模式図

これらの大部分は自然現象で決定されてしまうが，唯一，放流管の設置標高のみは人為的に決定されたものである．

図4-23はここで着目した貯水池パラメータの模式図であり，とくに，放流管の設置高 (d_c) と貯水池水深 (洪水期制限水位 (H_F)，サーチャージ水位 (H_{SWL})) や計画堆砂位 (H_{SP}) の関係について整理を行った．既存のダムにおける無次元放流管設置高 $R_C (= d_c/H_F)$ は 0.4～1.0 の範囲に分布しており，平均で 0.69 である．完成年代別による傾向はとくに見受けられない．一方，サーチャージ水位および計画堆砂位との関係を見ると，比較的浅い水深に設置されているものがある一方で，放流管設置標高の下限値の目安としては，サーチャージ水位から 60m 程度下まで，また計画堆砂位から 20m 程度下までである．この理由としては，標高を低くすると，放流管の埋没の危険性があることや，高水圧が作用することからゲートの製作および設置の技術レベル (とくに水密構造) がより高度になるため，歴史的に限界があったためと考えられる．

(2) 貯水池パラメータと土砂動態に関するシミュレーション

次に，洪水時の各パラメータ (貯水池形状，洪水回転率，流入SS濃度，SS平均粒径，粒度分布範囲，放流管設置標高，放流量，流入水温，水温分布等) が貯水池内の微細粒土砂流動特性と捕捉率に与える影響について検討を行った[6]．第3章で述べたように，通常の河道と異なり，貯水面積に比べて水深が深いダム貯水池では，表層部と底層部で水温が異なる場合が多く，水深方向に温度変化が卓越した水温成層が形成される．また洪水時においては，濁水の流入により，水温および濁水は貯水池内の水深方向と流下方向に顕著な

流動形態を示す．そのため，これらの挙動を検討するために，ここでは，貯水池の流れ方向と水深方向を対象とした鉛直二次元移流拡散シミュレーションを行っている．

(3) シミュレーション結果ならびに土砂流動特性に関する考察

　各パラメータの中央に位置する条件を基本ケースとし，微細粒土砂の捕捉率に対する各パラメータの感度分析を行った結果を図 4-24 に示す．ここで捕捉率は，一洪水で貯水池に流入する総微細土砂量に対する貯水池内残留量である．これらによると，標準的なダム貯水池を想定して設定したパラメータによる捕捉率の中央値は 0.65 であり，これは，わが国における標準的な多目的ダムの微細粒土砂の捕捉率が 60% 程度であることを示している．また，各パラメータの感度分析では，影響の小さいパラメータでは捕捉率の変動幅はほぼゼロ，影響の大きいパラメータでは±約 0.2 程度の変動幅があることがわかる．

　また，各パラメータは上記の単独としての影響だけでなく，互いに相互作用を有しているものと考えられる．河床勾配と放流管設置標高の相互作用はそれほど顕著な傾向ではないものの，河床勾配が急になるほど放流管を低位置に設置することの効果が大きくなる傾向がうかがえた．これは，河床勾配が急になることで密度流の流下速度が大きくなり，密度流塊の希釈が十分に進行する前に密度流が堤体に到達し，濃度の大きい SS 成分が排出されるためと考えられる．

　図 4-25 は，回転率，水温分布型，流入水温，放流管設置標高の相互作用をみたものであり[6]，回転率が 1.0 以上となると，貯水池内の水温成層が破壊され易くなることから，濁水の流動形態は初期水温分布型にほとんど支配されなくなることがわかる．逆に，回転率が 0.5 程度の洪水の際には，d/H（無次元放流管設置高）0.5 のケースで，混合型に比べ，躍層型の捕捉率が比較的低くなる．これは中層密度流が発生し，その標高に放流管を設けることにより，SS が効率的に排出できるためと考えられる．

　これらの現象を勘案すると，洪水時の回転率が 1.0 以上となるような比較的大規模な洪水の場合には，貯水池内初期水温分布（躍層）は破壊され，完

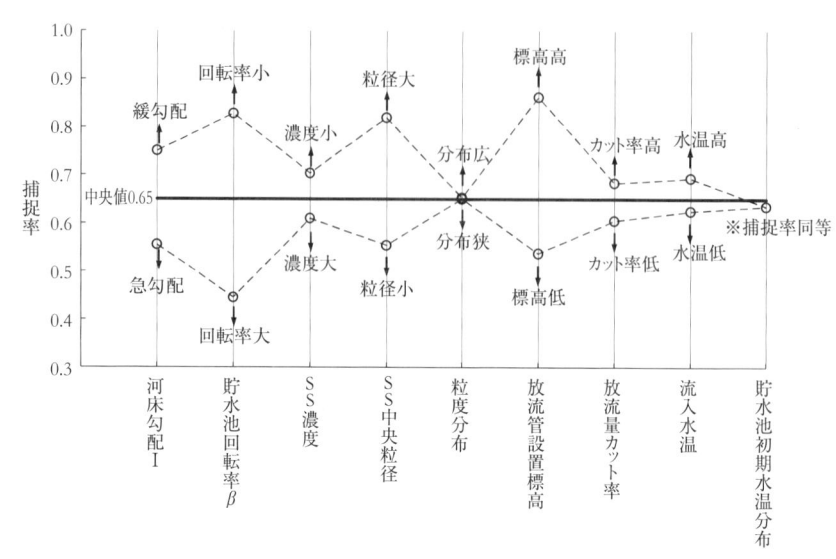

図4-24 各パラメータ感度分析結果

全な混合状態となるため，上層〜下層密度流の流下形態に分けた流動制御は困難となる．一方で，洪水規模が回転率0.5程度の中小洪水の場合には，上層〜下層密度流の流下形態に分けた流動制御が重要になるものと考えられる．

4.4 ダムによる下流域に対する物理環境の変化

本章では，ダムによる河川の流況および流砂の変化が下流域の物理環境に大きな影響をもたらすととらえ，その作用を河川におけるフィルタと定義し，そのフィルタ特性に影響を与える要因について考察した．

流況変化に影響する要因としては，フィルタの大きさに相当するCAP/MARおよびダムの洪水調節に関連するダム運用ルール（洪水調節開始流量，洪水ピーク流量カット率など）が重要であり，また渇水時や洪水期から非洪水期への移行時などのように，貯水容量を回復させる場合に影響がより大きく

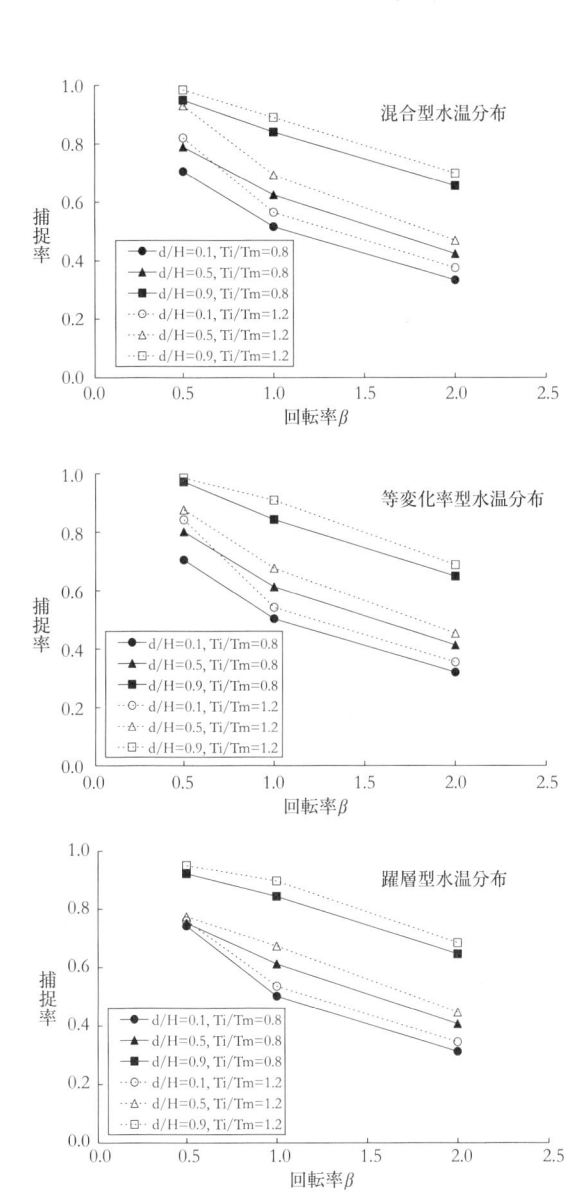

図 4-25　水温分布型による捕捉率特性の違い
（Ti：流入水温，Tm：貯水池平均水温）

なる.一般に日本の河川における洪水継続時間は短いため,流域面積が数百 km^2 以下の多くのダムにおいては1時間平均流量により洪水調節による流況変化を評価する必要がある.なお,CAP/MAR に類似する指標として貯水池容量(V)/流域面積(A)と流況変化率($(Qp_{in} - Qp_{out})/Qp_{in}$)の関係をみてみると,V/A < 10 では 0.1～0.2 程度と流況変化が低いのに対して,V/A > 10 では 0.4～0.6 程度まで流況変化が増大する.

さらに,ダム地点の流況変化が下流河川にどの程度影響するかも重要であり,その際には河川流域全体に占めるダム流域の支配面積割合が鍵となる.日本の多目的ダムは支川に建設される場合が多く,一般に本川合流点までの区間に対する流況変化が河川環境上の問題となる.日本の多目的ダムの7割程度がダムのある支川流域の5割以上の支配面積を占めており(A_D/A_B(支川流域面積に対するダム流域面積)> 0.5),ダム下流の支川区間に対するダムの流況変化の影響が大きいものと考えられる.一方,本川合流点まで下ると,ダムの支配面積は全体の2割以下(A_D/A_{MU}(本川合流点全流域面積に対するダム流域面積)< 0.2)が大半であり,合流点下流の本川区間ではダムによる流況変化の影響はかなり低減しているものと考えられる.

一方,流砂変化に関しては,CAP/MAR に加えて,CAP/MAS およびダムの放流設備標高やダム堆砂の進行レベルなどが影響する.一般に,ダムの流入土砂のうち,浮遊砂・掃流砂レベルの土砂はほぼ100%捕捉する(通過させない)ことが明らかとなっており,唯一,微細粒土砂であるウォッシュロードの一部が,貯水池に流入してもその沈降速度が遅いために洪水吐などの放流設備を通じてダムを通過する可能性がある.ダムの通過程度を表す捕捉率には,貯水池の河床勾配,貯水池水温分布型,洪水規模,流入水温および放流管設置標高などが影響するが,標準的な多目的ダムの場合には微細粒土砂の捕捉率は60%程度である.なお,貯水池内を微細粒土砂がどのような形態で流動するかにより,ダムに到達するまでの流下時間や拡散程度が異なり,捕捉率には最大±約20%の変動幅がある.このことが,ダム堆砂の軽減や濁水長期化問題解決のためのヒントとなり,洪水流入時の貯水池内の流動を土砂が通過しやすいように制御することが有効であることを示唆している.

参照文献

1) 大沼克弘・藤田光一・井上優（2006）ダムによる流量変化の特性分析．土木学会河川技術論文集 12：241-246.
2) 土木学会水理委員会水理公式集改訂小委員会（1999）水理公式集［平成11年度版］．土木学会．
3) 岡野眞久・名波義昭・田中則和・榎村康史（2004）洪水バイパス運用に伴う下流河川環境についての考察．土木学会河川技術論文集 10：203-208.
4) 大矢通弘・角哲也・嘉門雅史（2002）ダム堆砂の性状把握とその利用法．ダム工学 12：174-187.
5) 岡野眞久・菊井幹男・石田裕哉・角哲也（2005）貯水池堆積土砂の掘削管理とその下流還元に関する研究．ダム工学 15：200-215.
6) 角哲也・高田康史・岡野眞久（2003）ダム貯水池における洪水時微細土砂流動特性と捕捉率に関する考察．土木学会河川技術論文集 9：353-358.

第5章
流況・流砂改変がもたらす
ダム下流の生態系変化

5.1 流況の改変とそれが下流河川にもたらすもの

　ダムによる典型的な流況の変化あるいは改変は，減水と平滑化であることはすでに第4章で述べた．平滑化の大きな要因の一つであるダムによる洪水調節は，河道で分担できない洪水流量を貯留調節するものだが，河道整備が遅れていると低い洪水から流量が調節されるし，また多目的ダムでは利水用の貯水の確保のため，中小洪水を溜め込んで，下流河道の洪水頻度が低下することも多い．洪水調節ダムは洪水の規模，頻度を減少させ，一方，利水ダムは，正常流量の確保を含め流況の平準化をもたらす．効率的な利水運用のため低水時の流量が低めに設定され，また十分な配慮がされていない水系では流況の良くない区間がある．発電の場合，取水位置から発電所までの区間に，きわめて流量の少ない減水区間が現れることがある．さらに，水力発電がピーク対応であるため自然流況が激しい人工的な日変動や週変動にゆがめられている例がある．もっとも，これらを逆調整する施設が設けられているものもある．また，下流での利水流量と環境上確保すべき流量などから決まるいわゆる正常流量（河川の正常な機能を維持するための流量）が十分確保できていない区間がある場合も少なくない．ダムを有する河川では，ダムがあるいはダムの操作がこうした流況をもたらしているのである．

5.1.1 流況改変がもたらす河道景観・生態系変化

　まず，普段の流況の変化に応じた河川生態系の変化に着目してみよう．河川は洪水，渇水など極値現象に影響されている動的状況にあるとはいえ，生態系のかなりの部分は普段の状況で代表される．まず，普段の流量の変化は水位の変化として現れ，対象地先での陸域・水域の区分を変化させる．この意味で，水際域生態系に与える影響は大きい．とくに潤辺が緩やかな部分では水位減少は水域の大きな後退を意味し，潤辺の横断勾配が大きく変わると水辺の特性が変質して，水辺生態系を変質させる．

　また普段の流量の変化は，水生生物の生息環境変化をもたらす．先に紹介したIFIMのシナリオは，流量減が流速・水深の空間分布を変化させることを介して，どれだけ生息適性をもたらすかを明白にするし，どの程度の流量回復がどのレベルの生息適性を実現してくれるかの想定を可能にする．また，流量回復が十分でないとき，人工的な河道景観要素（例えば，瀬-淵構造や一時水域）の追加（多自然工法）がどの程度それを補うかなどの議論ができる（図2-10参照）．

　一方，洪水の流量・頻度の変化は，地形変化にかかわる．とくに河道内の普段の陸域の地形は洪水があって初めて変化するものである．また，洪水は，植生の破壊（倒壊・流失と基盤流出）を伴う場合がある．洪水が来襲しないと植生の成長が大きい．繁茂した植生は掃流力の空間的分布を複雑化し，複雑な地形変化を生む．複雑地形は新たな植生の侵攻をもたらす．また，植生は洪水期に浮遊土砂を捕捉し，植生域の地盤高さを上昇させる．これによって高水敷と低水路の比高を増大させ，以降の陸域撹乱の頻度を減少させる．陸域撹乱の減少は，テクスチャーの維持更新を妨げ，またテクスチャーのメリハリも危うくする．例えば，明確に細砂に分級されたマウンドに微細砂が混入すると，すぐに植生の侵攻が進んで，特定のハビタットとしての質が劣化する．

　こうした素過程の積み重ねとして，洪水の流量規模・頻度の変化は，河道景観を大きく変化させる要因である．ダムによる洪水調節により植生が破壊を受けるような撹乱の機会が減少して，それが河道内植生の拡大につながっ

ていると推測される例は多い．当然，こうした景観構造の変化はふだんの流況の変化の影響を助長するものとなる．このような物理景観の変化は，主として生息環境（生息適性）の変質を通して生態系を変貌させる．なお，これに加えて，洪水という攪乱が直接生物に作用して，その個体数を変化させるなど，その領域の種の卓越性を攪乱することも重要である．なぜなら，河川はかなり頻繁に攪乱され，生物相の構成がリセットされる仕組みで維持される系を本来のものとすることが多いためである．

5.1.2 普段の流況の変化と生息適性の変化

取水で減水している流況での砂河川の生態系の様子を示す一つの例として，矢作川水系の矢作川明治頭首工（農業用水取水のためのダム，取水施設の総称）下流に注目する．ここでは，$50m^3/s$ 程度の取水のため，普段の流量が $10m^3/s$ 程度に減少している．こうした状況のもと，付着藻類の生育と剥離が繰り返されている．通常，砂河川では生育基盤となる河床材料が小さく不安定なため（また，一般に水深が大きくて河床での光合成が不利なため，礫床河川では典型的な生物であるのに比べ）付着藻類の繁茂が見られないが，過大な取水で河床が安定すると，砂粒表面にびっしり付着藻類が繁茂する．その意味で，先に述べた PHABSIM シナリオでは，河床掃流力が河床材料の**限界掃流力**以下になる流速・水深の組み合わせが生息適性領域ということになる．

河床が安定していると数日から数週間で平衡状態となるが，ちょっとした出水で河床材料が移動し，それに伴って藻類の剥離が起きる．リセットされた河床は出水後にまた安定し，比較的短い期間に藻類繁茂が見られる．一方剥離した藻類は粒状有機物として下流に供給され下流の水・生物環境に影響を与える．下流へ流下する有機物量は，増殖・剥離の繰り返し過程に依存するので付着藻類のバイオマス動態をもモデル化することが PHABSIM アプローチに加えて必要となってくる．そこで，以下では，付着藻類の動態モデルを述べるとともに，こうした藻類繁茂を中心にすえた水質動態（物質動態モデル）をとりあげる[1]．

図 5-1 固定砂面上の付着藻類（クロロフィル a 量）の増殖と成長パラメータの推定

	7～9月	9～11月	11～12月
比増殖速度	0.11/day	0.7/day	0.33/day
環境容量	38mg/m^2	39mg/m^2	36mg/m^2

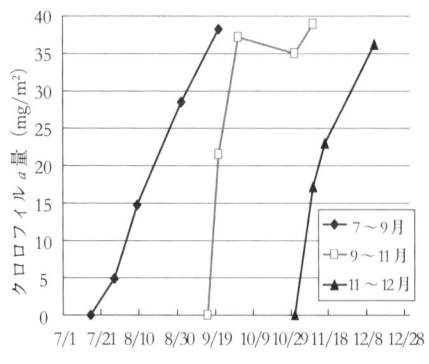

藻類の成長パラメータ
比増殖速度 μ，環境容量 K を算定

$$\frac{dM_0}{dt} = \mu M_0 \left(1 - \frac{M_0}{K}\right)$$

M_0：固定河床での藻類量
μ：藻類の比増殖速度
K：藻類の環境容量

5.1.3 付着藻類の動態と水質変動

まず，現実にプレート上に固定された砂粒に繁茂した付着藻類の実験結果を繁茂曲線とし，ロジスティック型の増殖を仮定して，比増殖速度と環境容量（最大繁茂量）の二つのパラメータを推定した（図 5-1）．その際，栄養塩濃度，日射量，水温の影響は従来の研究を参考に相対的に影響曲線の形で考慮し，最大比増殖速度 μ_{max}，最大環境容量 K_{max} を計算し，

$$\mu_{max} = 0.99/\text{day}, \quad K_{max} = 48.6\text{mg/m}^2$$

の値を得た．

観測対象区間で，地形を考慮した平面 2 次元計算で流況（流量時系列）に応じた流れ場を推定し，砂面での掃流力が砂の移動限界を超えない状況で上記で想定したパラメータで記述される藻類繁茂を計算，限界掃流力を超える空間，時期には藻類が完全剥離するものとして藻類繁茂・剥離の数値シミュレーションを行った．口絵 6 にその結果を示したが，分布予測モデルは観察との対応が十分認められた．

次に，こうした藻類繁茂を中心にすえ，他の付着性他栄養生物の成長・分解，硝酸態窒素，リン酸態リン，DO（溶存酸素），SS（懸濁態物質）についても，図 5-2 に示す関連を踏まえ，その変化過程を定式化した（コラム 8 参照）．

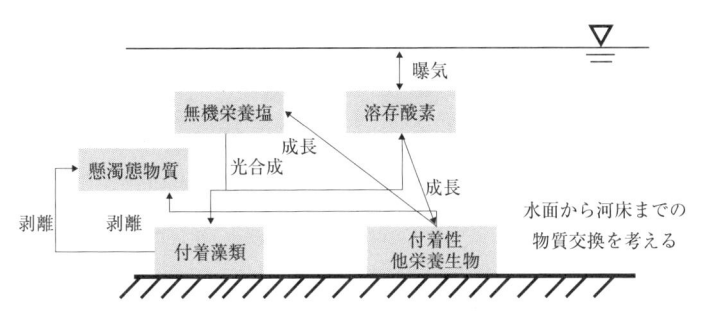

第5章 流況・流砂改変がもたらすダム下流の生態系変化

図 5-2 藻類繁茂による水質変動モデル（物質動態モデル）

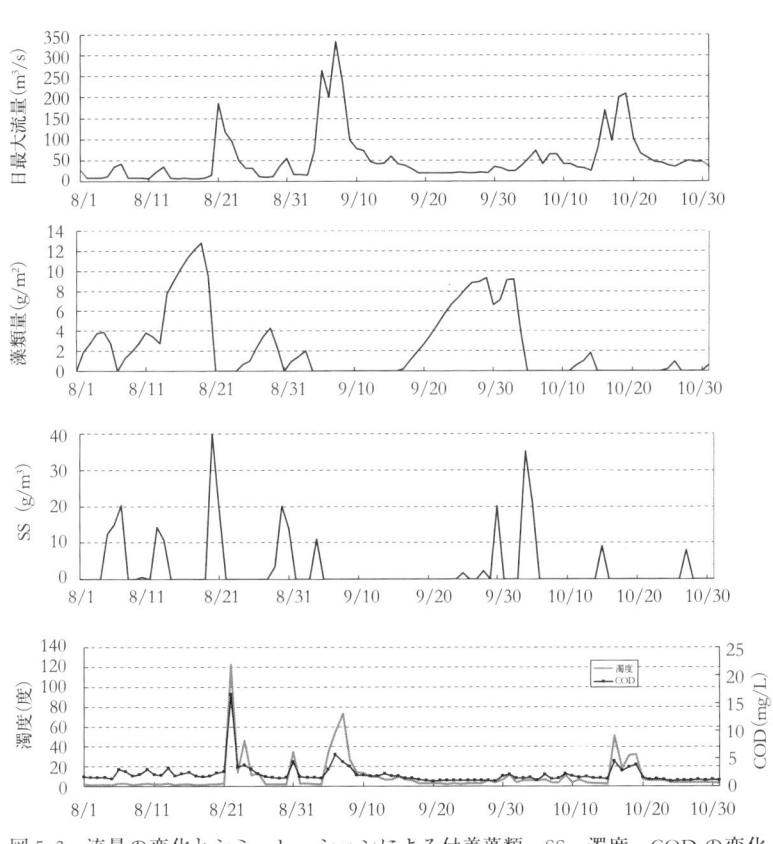

図 5-3 流量の変化とシミュレーションによる付着藻類，SS，濁度，COD の変化

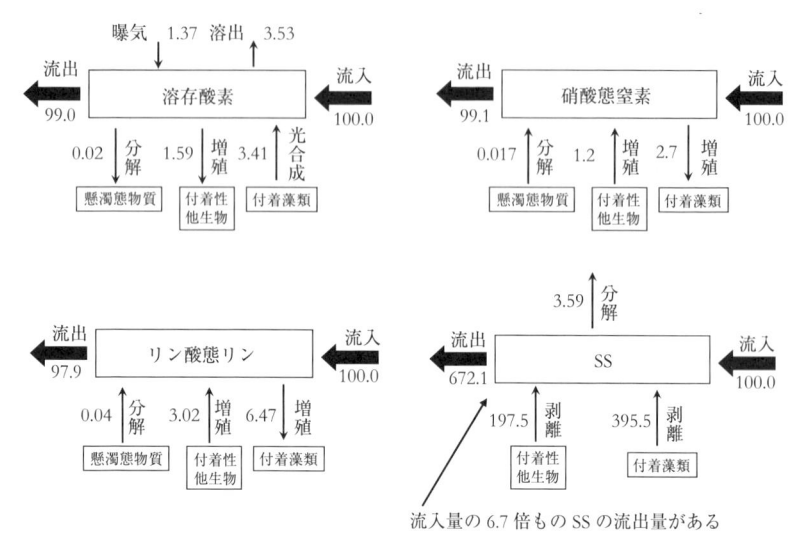

図 5-4　全期間を通した物質収支

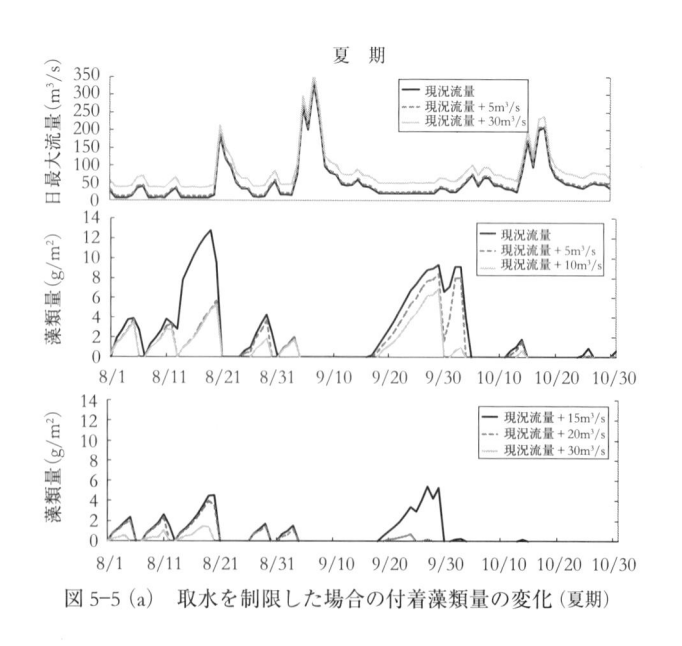

図 5-5 (a)　取水を制限した場合の付着藻類量の変化 (夏期)

第5章 流況・流砂改変がもたらすダム下流の生態系変化

数値計算によって,流況変化に対する応答を解析した結果を図 5-3 に示した.付着藻類は繁茂と剥離を繰り返す動態を示した.剥離した生物が流下し,SS が増加するが,その後安定した.これらは剥離した生物が濁度や浮遊有機物量の増加に寄与している様子を示している.対象区間での栄養塩,溶存酸素,SS の収支を整理すると,栄養塩・溶存酸素は流入・流出量にほとんど差がないのに対し,SS では流出が流入の 7 倍弱にも達した (図 5-4).

こうした浅い砂床河川での,物質輸送・付着生成物の動態の記述モデルを基本にして,頭首工での取水を制限するシナリオに対する応答を検討した (図 5-5).ここでは,現在の取水後の流量を $5m^3/s$ ずつ増やしてみた場合 (現況流況に上乗せ) 夏期では流量増とともに藻類量が減少することが示された.冬期では,$10m^3/s$ 程度では,藻類量はそれほど減少しないものの,$25m^3/s$ 増加すると藻類量を減少できることが示された.

これらの解析は,取水などによる流量の変化 (減少) が河川生物の動態や物質収支に影響していることを示すとともに,流量のわずかな違いによりそれが改善可能であることを示している.

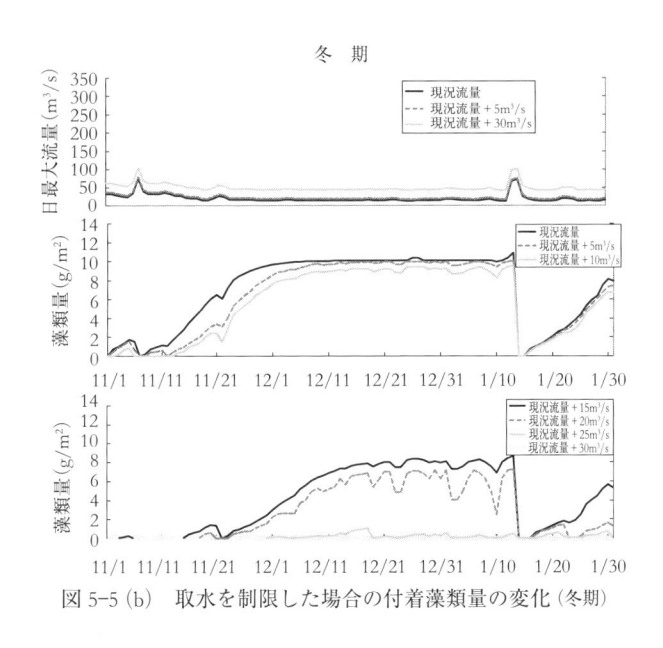

図 5-5 (b) 取水を制限した場合の付着藻類量の変化 (冬期)

5.1.4 洪水の流況変化と植生の変化

ダムによって洪水調節がなされると，洪水の強度や頻度が減少し，植生繁茂が進むというシナリオが想定される．図5-6は手取川直轄区間（扇状地の

コラム8　河川生態系における物質動態とその変化過程の定式化

藻類繁茂を中心にすえ，他の付着性他栄養生物の成長・分解を，硝酸態窒素，リン酸態リン，溶存酸素については藻類の光合成による取り込みや他栄養生物の成長・分解，分散を，またSSについては藻類・他栄養生物の剥離（砂の移動によって励起）による増加，分解による減少，分散を考慮して，以下の変化過程を定式化した．

付着藻類の変化

$$\frac{dM}{dt} = p\frac{dM_0}{dt} \qquad \frac{dM_0}{dt} = \mu M_0 \left(1 - \frac{M_0}{K}\right)$$

M：実河床での藻類量 (g/m^2)，M_0：固定床での藻類量 (g/m^2)，μ：藻類の比増殖速度（光合成速度—代謝速度）($hour^{-1}$)，K：藻類の環境容量 (g/m^2)

付着性他栄養生物の変化

$$\frac{dHet}{dt} = p\frac{dHet_0}{dt} \qquad \frac{dHet_0}{dt} = \mu_H Het_0 \left(1 - \frac{Het_0}{K_H}\right)$$

Het：実河床での藻類量 (g/m^2)，Het_0：固定床での藻類量 (g/m^2)，μ_H：他生物の比増殖速度（成長速度—分解速度）($hour^{-1}$)，K_H：他生物の環境容量 (g/m^2)

硝酸態窒素の変化：光合成による取り込み，他栄養生物の成長による増加，分解による増加，分散

$$\frac{\partial N}{\partial t} + U\frac{\partial N}{\partial x} = -\frac{\alpha_N}{H}\frac{dM}{dt} + \frac{1-\sigma}{\sigma}\frac{\alpha_N}{H}\frac{d(H_{et})}{dt} + \frac{\alpha_N}{H}k_{ae}(SSH) + \frac{\partial}{\partial x}\left(Dis\frac{\partial N}{\partial x}\right)$$

礫床セグメント）における年最大流量と河道での植生占有率の経年変化を示したものである．1980 年に手取川ダムが完成して以後，年最大流量が約 2/3 に減少している．ダム調節量を割り戻した流量ではダム建設前後で有意な差がないので，この変化が雨の変化によるものでなくダムによる洪水調節に

N：硝酸態窒素濃度 (g/m³)，U：断面平均流速 (m/s)，H：平均水深 (m)，k_{ae}：分解速度 (s⁻¹)，Dis：分解係数 (m²/s)，α：係数

リン酸態リンの変化：光合成による取り込み，他栄養生物の成長による増加，分解による増加，分散

$$\frac{\partial P}{\partial t} + U\frac{\partial P}{\partial x} = -\frac{\alpha_P}{H}\frac{dM}{dt} + \frac{1-\sigma}{\sigma}\frac{\alpha_P}{N}\frac{d(H_{et})}{dt} + \frac{\alpha_P}{N}K_{ae}(SSH) + \frac{\partial}{\partial x}\left(Dis\frac{\partial P}{\partial x}\right)$$

P：リン酸態リン濃度 (g/m³)

DO の変化：大気との交換，光合成による増加 (OA)，成長による減少 (OG)，分解による減少 (OR)，分散

$$\frac{\partial(DO)}{\partial t} + U\frac{\partial(DO)}{\partial x} = \frac{K_L}{H}(DO_s - DO) + \frac{\alpha_{OA}}{H}\frac{dM}{dt} - \frac{\alpha_{OG}}{H}\frac{d(H_{et})}{dt} - \frac{\alpha_{OR}}{H}k_{ae}(SSH) + \frac{\partial}{\partial x}\left(Dis\frac{\partial(DO)}{\partial x}\right)$$

DO：溶存酸素濃度 (g/m³)，DO_S：飽和溶存酸素濃度 (g/m³)，K_L：再曝気係数 (m/s)

SS の変化：分解による減少，分散，砂の移動による藻類・他栄養生物の剥離

$$\frac{\partial(SS)}{\partial t} + U\frac{\partial(SS)}{\partial x} = -k_{ae}SS + \frac{\partial}{\partial x}\left(Dis\frac{\partial(SS)}{\partial x}\right) + \frac{1}{H}u\left(-\frac{dM}{dt}\right)\frac{dM}{dt} + \frac{1}{H}u\left(-\frac{d(H_{et})}{dt}\right)\frac{d(H_{et})}{dt}$$

SS：懸濁態物質濃度 (g/m³)
$u(x)$ はステップ関数，$x > 0$ のとき $u = 1$，$x < 0$ のとき $u = 0$

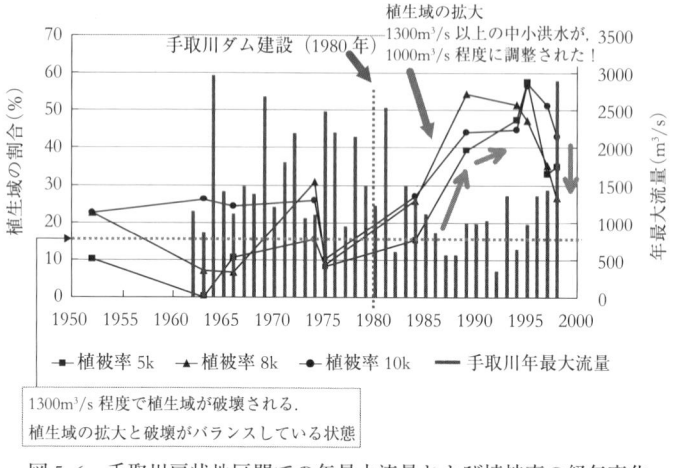

図5-6　手取川扇状地区間での年最大流量および植被率の経年変化

よっていることが確認されている．植被率がダム完成まで低い値で変動していたのが，この洪水流量の減少に伴って，顕著な増加傾向に転じていることが認められる．ここでの植物はほとんどがカワヤナギである．河原の裸地でのヤナギの繁殖特性の観測に基づいて植生域推移をシミュレーションするモデルが作成された．そこでは，植生面積増加率を一定とし，また樹齢と樹高の関係を現地での実測で定式化し，樹木の成長に伴う流水遮蔽効果を一次式で与えた．植生の破壊がその基盤流失（植生基盤の砂礫の移動限界を超す掃流力の作用で破壊が生じる）に伴うものとみなすと，樹齢に応じて洪水時に流失しにくくなることがモデルで表現される．このモデルによるシミュレーションを行った結果[2)]として得られる図5-7は，植生基盤となる砂州陸域での洪水流は空間平均で簡略化し，植生域の変化と樹齢に伴う遮蔽効果だけを取り込んだ簡略な水理モデルであるが，図5-6の植生変化の特徴をよく再現している．ヤナギ類などが直接パイオニアとして侵入してくる一方，河床低下傾向にある礫床では，こうした簡単なシナリオによるモデリングで樹林化の記述・予測が可能であるが，必ずしもどこでも適用可能なものではない．例えば，より攪乱の大きい河川では，堆積や土砂の衝撃や磨耗によって植生が破壊されることもあるので植生の侵攻基盤である堆積域動態を表現するモデル

植生域の平衡

- 洪水の強度・頻度が大きいとき植生域は生育と破壊を繰り返す平衡状態にあり、一方的に増加しない。
- ダム建設前の流量特性のもとにおいては植生域はほぼ平衡状態にあると仮定する。

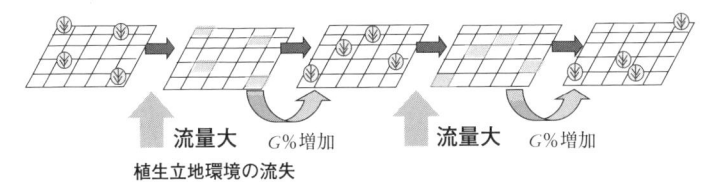

植生立地環境の流失　　　　　　新しい陸域への植生の侵攻

植生域拡大型

- 中小洪水しか来襲しない場合、植生破壊の主要因となる河原（立地基盤）の侵食・流失の機会が減少。また、植生化が進むと、周辺の掃流力も減少して破壊機会がさらに減少する。

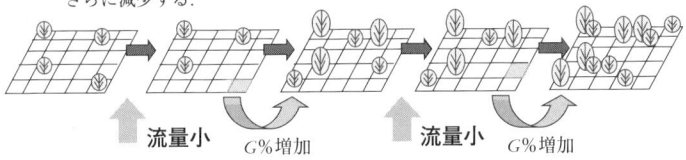

図5-7　植生の侵攻・破壊モデルと植被率変化のシミュレーション

が必要である。また砂河川ではまず草本がパイオニアとして侵攻し、それの維持によって樹林化の基盤が構成されることが必要で、遷移の複数段階のプロセスを組み込んだモデリングが必要とされる。

5.2　流砂の改変とそれが下流河川にもたらすもの

5.2.1　土砂流送阻害

ダムはその構造上、本来その地点を通過する土砂の移動を阻害する。流砂は粒径によって、掃流砂、浮遊砂に分けられ、とくに微細砂はほとんど河道に堆積しないのでウォッシュロードと呼ばれる。ダムの洪水吐やゲートが貯

図 5-8　粗粒化した河道の孤立植生周辺での浮遊砂の堆積

水池底面から十分高いところにある場合は，ウォッシュロード以外はほとんどすべて貯水池に堆積する．一部の発電ダムのように低堰堤であるか，洪水吐が貯水池底面から突出していないと，洪水時にかなりの土砂が通過するが，洪水吐や放流ゲート呑み口が貯水池底面より高いとウォッシュロードの一部が流下するのみで，かなりの土砂が貯水池に堆積する（堆砂）．このように下流に流下する土砂はかなり減量されている．すなわち下流河道の流砂の上流境界条件はダムに規定される．ダム上流への堆砂は，ダム・貯水池の機能にかかわるもので，従来有効貯水容量以下に 100 年間の計画堆砂容量を見込んでいるが，予想以上に堆砂の進んでいるダムも多い．確実に近い将来の課題であり，近年排砂施設が設けられた例もあり，そうした計画が検討されている．そうなれば，土砂に対してもダムは制御構造物ということになる．

5.2.2　河床低下傾向の河川での景観変化

ダムによって土砂流送の連続性が阻害され，河床低下傾向や粗粒化の傾向となっている河道がある．そうした河道で見られるいくつかのプロセスに注目してみよう．

第 5 章　流況・流砂改変がもたらすダム下流の生態系変化

孤立植物群落の下流に微細砂堆積

植生の侵攻で延伸した植物群落の下流の微細砂堆積
図 5-9　植生域拡大の水路実験

　図 5-8 は，粗粒化した礫床河道の孤立ヤナギ群落の周辺で，洪水時に卓越する浮遊砂（掃流砂フラックスはきわめて減少）が植生周辺（下流部）に堆積している例を示す．こうした下流堆積域に洪水後ヤナギが侵攻する．洪水による浮遊砂堆積と植生域拡大を繰り返すことで，礫床での縦断方向に長い群落が形成される．図 5-9 はこうしたプロセスを実験水路で再現している[3]．そこでは，植生域として，濾過フィルタを透過度を調整して直方体状にした透過構造を用い，浮遊砂には合成樹脂粒子を用いるなどして現場を再現している．実験では植生域の拡大（人工植生の設置を拡大）や洪水の繰り返し来襲を

植生帯を伴う河床低下は水路中央へ集中

非河床低下域に拡大した植生帯によって河床低下はますます水路中央へ集中

図 5-10　河床低下河道での側岸のツルヨシ帯の拡大

制御できる．こうした基礎実験とともに数値解析でも再現し，透過度や来襲出水特性に応じて縦断方向に細長い植生域の平衡長さが決まることなどが研究された．

　一方，図 5-10 は河床低下傾向にある河道の帯工（あるいは堰）にはさまれた区間での側岸植生（ツルヨシ）帯の拡幅例である．上流からの給砂はなく下流の帯工は河床変動の固定点となって，いわゆるローテーショナルデグラデーション（rotational degradation）が起きている（河床低下は河床がほぼ平行に

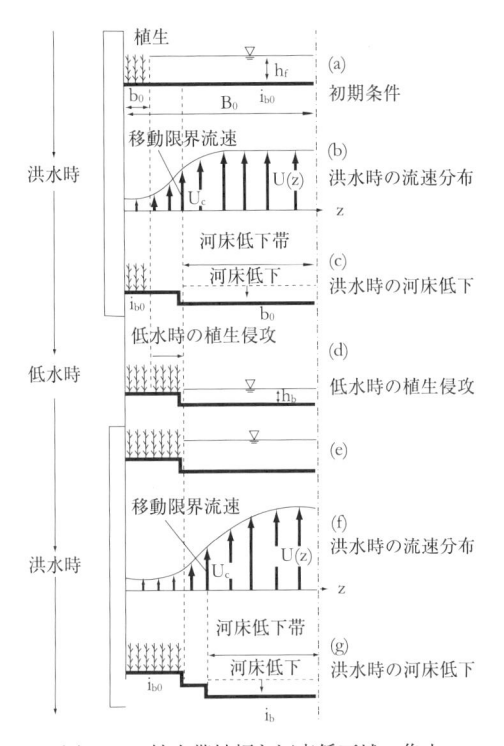

第 5 章　流況・流砂改変がもたらすダム下流の生態系変化

図 5-11　植生帯拡幅と河床低下域の集中

低下して河床勾配がほとんど変化しないパラレルデグラデーションと呼ばれるものと，供給土砂減少地点の低下量が最大で下流に向かって低下量が減少し，河床勾配の減少を伴って進行するローテーショナルデグラデーションに分けられる[4]．そのとき植生帯は側岸周辺での掃流力を低下させ，河床低下は河道中央に限定される（図 5-11）．出水後の低水時には側岸近傍に陸化する領域ができ，ツルヨシはそこへ侵攻する．よって次の出水期には河床低下はより河道の中央に集中する．このような出水期の河床低下と低水時の繁茂のため，水域が帯工から上流に向かって狭まっているような景観が形成されることになる．このプロセスも，人工植生を用いた水路実験や数値解析で再現された[5]．先の例とともに，植生という生物を含む現象も，必要な部分は無機的に物理実験（水理実験）に取り込めるということを主張している．

上の例は，河床低下傾向にある河道での植生を伴う移動床過程の例であるが，こうした素過程の組み合わせで，河床低下の傾向は植生繁茂に有利に働き，植生を伴うことで複雑な移動床過程を経て地形の複雑化が進む．これは前述したテクスチャーの多様性を介して，さまざまな生物に生息場を提供する．ということは，こうした移動床過程が生態系の質にかかわっているということになる．

5.2.3　土砂供給条件の変化がもたらすもの

先に述べたようにダムは土砂の連続性を大きく阻害する．ダム建設後は，河道に供給される土砂の量と質が変化している．土砂供給の減少や増加によって，ある区間の土砂バランスが崩れて河床変動が生じるという見方は，それはそれでよいが，ここでは「河道は，供給土砂量に対応した河床勾配と河床材料に自己応答する」というふうに解釈しよう．すなわち，供給土砂量が減るとそこでの流砂量をそれに近づけようと河床勾配を減少させる（デグラデーション，これが河床低下），あるいは川幅を縮小する，あるいは河床材料を粗粒化（アーマーコート化）する．逆に供給土砂量を多くすると勾配増（アグラデーション）のために河床上昇，側岸侵食による川幅増大，あるいは河床材料の細粒化を起こす．これらの現象は，条件に応じて輻輳し，下流へと伝播するものである．そしてそれらは直接河道の物理景観をセグメントのスケールで変貌させる．しかし，実はこうした現象を通じて通過土砂量（フラックス）が減少していることにも注意しなければならない．それによって，テクスチャーレベルの景観要素の形成・維持・更新の特性が変化を受けている（通過土砂量の空間的配分）．また，通過土砂量は，河床への衝撃と直接かかわる．土砂フラックスには，河床のクレンジング効果が期待される．例えば，普段河床表面あるいは河床材料間隙に沈降堆積した微細粒子や，付着藻類をフラッシュする働きである．こうした効果が小さくなって，後述するように河床の生息場としての質が劣化したという指摘もある．

5.2.4　アーマーコート化の影響

ダムでは土砂流送の連続性が阻害され，河床低下のほか粗粒化（アーマー

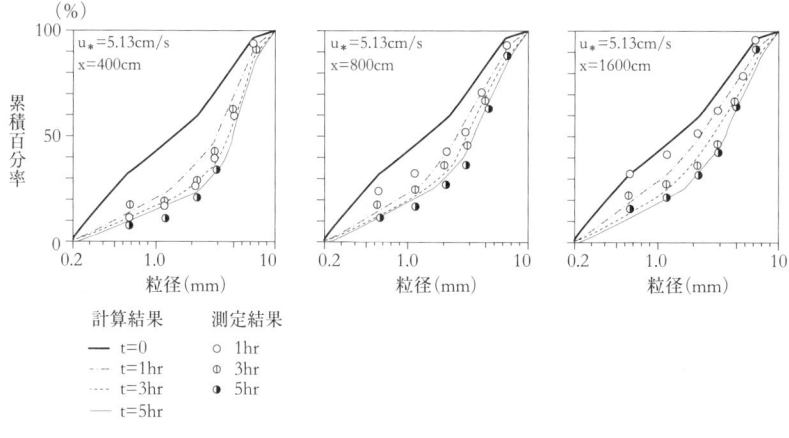

第 5 章　流況・流砂改変がもたらすダム下流の生態系変化

図 5-12　アーマーコート化の発達と下流への伝播

コート化)が進行する．粗粒化は分級過程の一つで，土砂の選択的輸送を介して表層の粒度構成を変化させる．土砂輸送は流送土砂と表層材料の交換現象で，選択的流送に伴って，表層の粒度構成が変化するのである．交換層の厚さは，河床材料の最大粒径程度とされるが，より正確には移動限界を超える最大粒径といったほうがよいだろう．

　ダムによる土砂流送阻害はとくに粒径の比較的粗い集団で顕著で，河床低下とともに粗粒化が上流から下流へと伝播する(図 5-12 はアーマーコート化の発達と伝播が把握できる水路実験結果とそのシミュレーションの例[6])．供給土砂に対応する流砂量になるよう，表層粒度を調整した結果が粗粒化である．洪水時にウォッシュロードで運ばれる微細土砂は河床材料集団から見れば過大供給であり，局所的に掃流力の小さい場所にはこれらが堆積，細粒化することもある．

　アーマーコート化の前後の粒度分布を比べると，粒径が幅広く混在した河床から，粗粒成分に特化した比較的均一な分布に変化している．つまり，当初は適当な流量に対して移動可能な河床材料集団があってアクティヴな河床(材料が交換される)であったのが，よほどの規模の出水でないと河床が動かない状況になったことを示す．こうした粗い表層の間隙には低水時にも(濁度が長期化した)ダム貯水池から吐き出される微細砂が堆積し，**固化**(セメン

テーション）を促進する．とくに大型で安定的な生息場を好む底生動物の優先を促すことになる．またこうした底生動物には造網性の種がいて，河床の固化を促すことも考えられるなど，底生生物の生息条件に影響を与える．アーマーコート化の底生動物への影響についての詳細は第6章で述べる．

5.2.5 流砂フラックスの減少

ダムでは土砂流送の連続性が阻害され，河床低下や粗粒化・固化による生息場変化がもたらされることをすでに述べたが，河床に沿って流れている流砂フラックスの減少そのものも生態的役割を果たす．その一つが，河床へのインパクト（衝撃）である．

矢作川中流域はアユ釣りに人気の場所であったが，近年その条件が悪化している一つの原因にアユの餌としての付着藻類の劣化がある．すなわち藻類の更新が進まず老化や糸状体への遷移が起こる．矢作川ではカワシオグサ (*Cladophora glomerata*) の異常繁茂が問題視されている．付着藻類の更新は，藻類そのものの新陳代謝のほか，水流や流砂の衝撃，また生物の捕食による．矢作川の例では，洪水調節による水流の減退，流砂フラックス減による衝撃の減少に加えて，藻類の質劣化に応じたアユの捕食の減少などで，更新が進まず，カワシオグサのような糸状性緑藻に遷移，異常繁茂したものと推測された．こうした仕組みを次の式のようにモデル化した．このモデルは，藻類のバイオマス M の動態を表現したものであるが，増殖率 μ，環境容量 K からなる成長モデルに，流砂のインパクトと関係づけた剥離率 p を含む形で構築されている[7]．

$$\frac{dM}{dt} = \mu M\left(1 - \frac{M}{K}\right) - pM$$

（上式は5.1.3の砂床で扱った付着藻類の動態でも適用された．そこでは，基盤となる砂粒が移動する条件で M が瞬時に M_{min} になるとしてシミュレーションを行っている）．増殖率，環境容量は現地での観測データをもとに，流速，水深の影響関数を考慮して決めた．剥離率については，藻類の繁茂した玉石を実験水路に持ち込み，掃流砂フラックスを制御して剥離量（面積割合）を計測した．この結果によると，剥離率 p は掃流砂の河床になす摩擦過程としての仕

事量 W_s（重量表示流砂量 / 掃流砂速度×動摩擦係数）に比例した．本河道では流量が小さくて掃流力が十分でなく河床材料は移動しないが，こうした基礎研究の知見をもとに，砂など移動性の高い材料を人工的に投入して藻類の剥離を促進すること（どのような流量のときにどのようなサイズの材料をどれだけ投入するか）で藻類の糸状藻類化を防止し，アユの生息環境を回復することの可能性・実効性が示唆された．

5.3 ダム貯水池内の改変とその流下が下流にもたらすもの

上述のようにダムはその地点を通過する水と土砂のフラックス制御点となる．ダム建設の目的であった機能を確保する操作に応じてこうした制御が必然的にでてくる（機能と制御は必ずしも一対一対応でないため，改善策の可能性はある）．こうした視点からすると，水・土砂に限らず，さまざまな水系に沿って輸送される物質のフラックス制御が必然的になされる．とくに，生物，有機物・無機物の間で変化する窒素，リン，炭素，酸素さらには珪素などの生元素の輸送過程がダム・貯水池で大きく変化することは第4章で述べたところである．その結果が下流河道へ流下する．すなわちダム貯水池の水・物質挙動から生み出される冷・温水現象，濁水の長期化現象，水質の変化と富栄養化現象が，取水口・放水口を通して下流に流下することによって下流河川環境に影響を及ぼす．そこでは栄養塩その他の物質の沈降・捕捉に伴う特定物質の不足やプランクトンの増殖により流下有機物が増加するなどして，下流河川の付着藻類や底生動物，魚類が影響を受ける．例えば，ダム湖で富栄養化した水の流下は懸濁物食者の増加を，冷水の放流は冷水病の発生や魚類の産卵期，成長期間に変化を及ぼし生産量の低下をまねいたり，ときには低水温適応種の増加をまねくことがある．詳しくは第6章で述べるが，底生動物への影響については大略以下のようなことが考えられる[8]．

5.3.1 水温環境の変化

貯水池の下層から放流されるダムでは夏期水温の低下が著しく，低水温域

に棲む種にとっては分布域の拡大に働き,高水温域の種にとっては棲み場所が奪われる.底生動物のなかには,生活史における孵化・発育・成長・羽化などの季節的なタイミングを水温条件に依存している種が多いので,その変化を通じて底生動物群集の構造に影響を及ぼすことが考えられる.

ただ,底生動物にとって水温環境を介した影響は大きいが,その過程や変化はダムの位置する緯度,気候,標高,地形,底生動物の種構成などの条件によってもさまざまである.

5.3.2 濁度の影響

山間地のダムなどではシルト分など微細無機体粒子が長期間にわたって滞留し,濁水を放流することになる.この濁水が河床への到達光量を減らすことによって,底生動物群集の組成変化が起こる可能性がある.一般に濁度が増すと,造網性のトビケラ類や濾過食のブユ科などは負の影響を被るが,ヒゲユスリカ属などでは堆積するシルトや細砂が筒巣をつくる巣材として有効に働く場合が知られている.

5.3.3 プランクトン生産の影響

造網型トビケラであるシマトビケラ科の個体数密度や年間生産が,ダム直下において高くなる現象が比較的よく知られている.この要因としては,ダム湖で生産されたプランクトンが下流に供給されることが考えられる.シマトビケラ科やブユ科の幼虫は,網や口器を使って流下物を濾しとって食べており,ダム湖で生産されたプランクトンを餌資源として利用している.

5.3.4 生息場所経路と栄養経路とを考慮した影響

流況と河床の安定という物理環境の変化とダムからの流下粒状有機物量の増加という餌資源環境の変化とがあわさって底生動物群集の種構成の変化や増減が見られることを,生息場所経路と栄養経路とを考慮した影響として図5-13の上図のようにまとめたものがある[9].同時に,ダム直下および支川流入を受けた短い流下距離ではあるが,両者の複合として流程に沿った底生動物群集の変化を図5-13の下図のようにとらえている.この点についても,

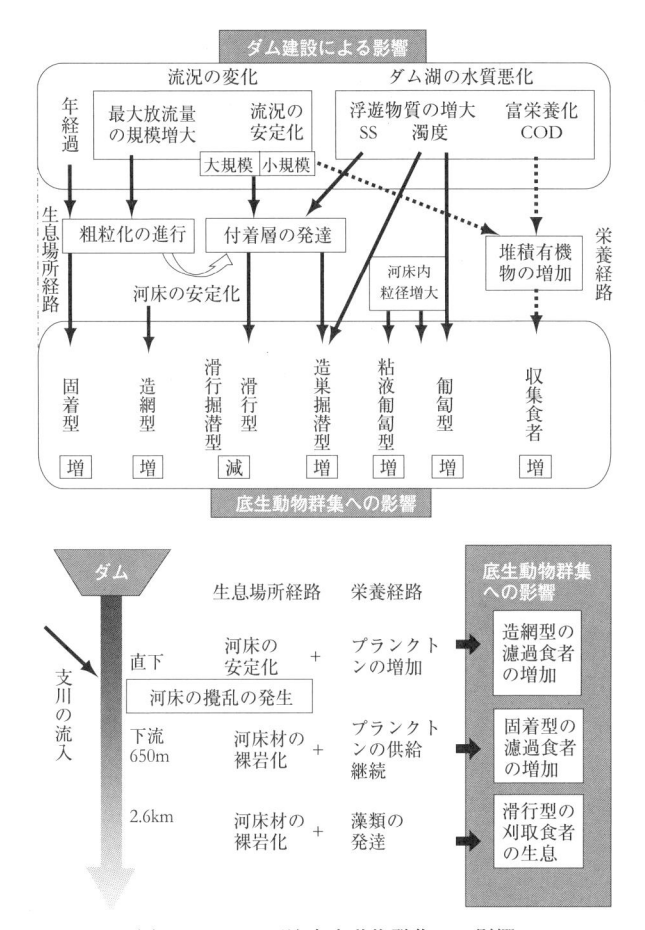

第 5 章　流況・流砂改変がもたらすダム下流の生態系変化

図 5-13　ダム下流底生動物群集への影響

詳しくは第 6 章で述べる．

5.4　河川連続体仮説を基本としたダム流程に沿った下流河川への影響評価

ダムは流域にあっては支川，本川に主として治水・利水機能を果たすため

に配置されており，それらの影響が下流河川にどのような形で伝播していくのか．これらの環境改変とその影響の度合はダム直下では大きいものの，流程に沿って下流に行くにしたがい，また支川の流入により，その程度は緩和されると考えられる．第4章で流況改変とその下流物理環境への影響度をダム諸元との関係で空間軸上で概略評価したが，先に述べた河川連続体仮説とリンクさせた**栄養循環仮説**に基づいて，河川に関するいくつかのパラメータを河川位数との関係で表示したものに**不連続体連結モデル**（SDC：Serial Discontinuity Concept）がある[10]．SDCモデルはダムにより規制された流水の生態系に関する広い理論的な見解を得ようとするものである．

このモデルは河川連続体仮説と栄養循環仮説の2種類の仮説を基として，河川に関する各要素をパラメータとして位数の関数で表している．縦軸は各パラメータ，そして横軸は位数のグラフになっている．パラメータとしては物理的現象や個体群に対する生物学的現象，種の多様性，生態系のレベルなどがある．

図5-14には実線と破線の2種類があるが，実線は自然状態の河川におけるパラメータの挙動であり，破線はダムが上流・中流・下流に設置された場合のダム設置点から下流のパラメータの挙動を示すものである．

ここで，各パラメータは上から，**粗粒状有機物**（CPOM：Coarse Particulate Organic Matter）/**微粒状有機物**（FPOM：Fine Particulate Organic Matter）比，生産/呼吸比，河床での光量，河床材料の大きさ，日周期での水温較差，年間の水温較差，年間の流量の変化，プランクトンの量，生物の多様性となっている．上の九つのパラメータの実線の変化は河川連続体仮説により説明されるものである．

生物の多様性について，中流域で最大値をとる理由として時間的，空間的な変化が大きいことが挙げられる．ここでの変化とは，水温や流量の変化や周りの環境の変化ということである．

ここで，生物の多様性に関係のある生物間の相互関係の一つに**食物連鎖**がある．河川の食物連鎖のなかでは，第一次，第二次消費者である底生動物が河川の生態系における各生物間の物質の移行や，エネルギーの流転に果たしている役割が大きいことから，底生動物の種類数の変化と生物の多様性の変

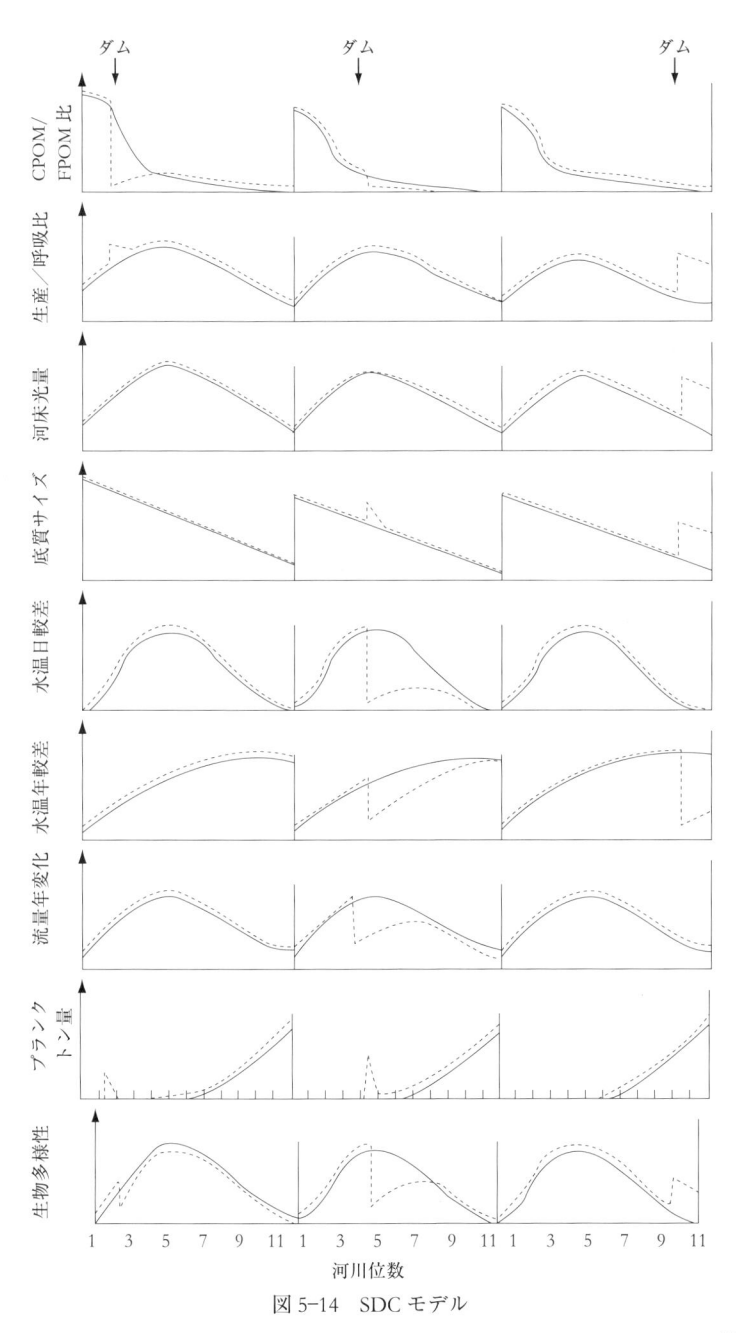

第 5 章　流況・流砂改変がもたらすダム下流の生態系変化

図 5-14　SDC モデル

化には関連が見られると考える．

　ここで，パラメータの破線の変化についていくつか説明しておく．まず，CPOM/FPOM 比を見てみると上流域にダムを設けた場合にその下流で著しく減少している．これは，CPOM が下流へ流入するのを止められているのが原因と考えられている．これにより，破砕食者が減少すると考えられる．次に，**生産/呼吸比**，河床への光量について見ると，下流にダムを設けると値が上昇している．これは，ダムにより汚濁物の下流への流入が止められ濁度が減少し，河床への日照量が増加し光合成が行われるためだと考えられている．河床材料の大きさの変化についてはダムによりダウンサイジングが止められるためである．一方，生物の多様性はダムがどの位置にあっても影響を受けると考えられている．

　もっとも深刻な変化は中流域にダムがある場合で，これはダムにより多様な変化が抑えられているためだが，なかでも，変化の大きな幅が生態系に広い生息の最適条件を与える水温変化がなくなることが，多大な影響を与えていると考えられている．

　もちろん，本モデルは，欧米の河川で概念的に構成されたものであり，欧米の河川とわが国の河川にあっては地文・水文・人文条件などが異なっており，底生動物の種類，ダムの配置を含め同じようなものの見方ができるのか否か検討に値する．いずれにしてもいかんせん概念的なものであり，具体的に展開するとなると多くの河川でダム下流の流程に沿った調査データを蓄積していく必要がある．本書では，6.3 節で付着層や底生動物など生態環境にかかわる変量がダム下流の流程とともにどのように変化するかを調査事例とともに紹介している．

5.5　ダム以外の人為による河川環境への影響

　河川上流部での治山・砂防工，渓流工，中・下流部での堰・頭首工などの横断工作物，河川改修に伴う河道掘削や河道形状の改変，それに伴う蛇行流路の直線化，低水路の固定化，高水敷の整備，護岸・堤防工，取水口からの

第5章 流況・流砂改変がもたらすダム下流の生態系変化

取水,排水口からの放流,砂利採取,これらはいずれも治山・治水や利水上の機能を担うものとして,流域からの人為負荷とともに河川環境が受け入れてきたものである.

これらは河川の流程上で流況の変化や,河床変動・土砂動態の変化といった物理環境の変化をもたらし,程度の差はあれ治水・利水施設に影響を及ぼすとともに,河川生態環境に影響を及ぼしている.

一方では,これら河川環境上の影響を緩和すべく,スリット型砂防工,渓流工の低落差化,魚道の設置や改築,高水敷の切り下げ,堰・頭首工の合口化,樹林の適度な伐採,魚巣ブロックや石積護岸工,堤防の緩傾斜化などの多自然川づくりなども展開されている.

ダム下流河川環境にあってはダムによる影響とこれらのダム以外の人為システムの整備と運用がかかわっている.ダムを含め,これらすでに流域に張り巡らされている多くの水量・水質・土砂制御システムの河川環境への影響はもとより,水質負荷や微量な化学物質などによる生態系への影響やストレス付加,外来種の導入・繁殖など,河川生態系への影響も複雑になってきている.

ここでは,そうしたことを述べるにとどめ,ダムによる流況・流砂改変が下流河川の物理環境・生息環境の変化をとおして魚類や底生動物,植生にどのような影響を及ぼすのかを,その影響の範囲を含めて本書が可能な限りとらえようとしていることを再度強調しておきたい.

参照文献

1) 戸田祐嗣・辻本哲郎・池田拓朗・多田隈由紀 (2006) 砂河川における河床付着藻類の繁茂とそれによる水質変化.河川技術論文集 12:25-30.
2) 辻本哲郎・村上陽子・安井辰弥 (1999) 手取川における樹林化と大出水時の植生破壊.河川技術に関する論文集 5(土木学会水工学委員会).pp. 105-110.
3) 辻本哲郎・北村忠紀 (1996) 植生周辺での洪水時の浮遊砂堆積と植生域拡大過程.水工学論文集 40:1003-1008.
4) Gessler, J. (1971) Aggradation and Degradation, River Mechanics, Vol. 1 (ed. Shen, H. W.). Chapter 7. Colorado State University.

5) Tsujimoto, T. and Kitamura, T. (1997) Morphological change and change of vegetation cover in fluvial-fan. In: Proceedings of the Conference on Management of Landscapes Distributed by Channel Incision (eds. Wang, S. S. Y., Langendoen, E. J. and Shields, F. D.), pp. 157–162. The University of Mississippi.
6) 辻本哲郎・本橋健(1980)混合砂礫床の粗粒化について．土木学会論文集 417 号：91–98.
7) 北村忠紀・加藤万貴・田代喬・辻本哲郎(2000)砂利投入による付着藻類カワシオグサの剥離除去に関する実験的研究．河川技術に関する論文集 6：107–112.
8) 谷田一三・竹門康弘(1999)ダムが河川の底生動物へ与える影響．応用生態工学 2：153–164.
9) 波多野圭亮・竹門康弘・池淵周一(2005)貯水ダム下流の環境変化と底生動物群集の様式．京都大学防災研究所年報 48B：919–933.
10) Ward, J. V. and Stanford, J. A. (1983) The serial discontinuity concept of lotic ecosystems. In: Dynamics of Lotic Ecosystems (eds. Fontaine, T. D. and Bartell, S. M.), pp. 347–356. Ann Arbor Science.

補遺 環境変動の抑制と河川生態系の変化

　北米などの大陸大河川の大規模なダム（例えばグレンキャニオンダムなど）においては，大きな洪水も含めてほとんどの流入水を貯留することができる．すなわち，大小を問わないで流量のすべてを水資源として開発することが，少なくとも原理的には可能である．とすれば，下流河川の流量は，完全に人為的に制御され，維持流量しか流れないことになる．ダムでコントロールできないような洪水は，数十年から百数十年に一度，しかもダム自体が満水に近いときにしか起きない．しかし，日本の大部分の治水ダムや多目的ダムにおける貯水容量は，大陸の大型ダムに比べると格段に小さい．ごく少数の大規模ダムを除けば，大洪水を完全に受け止めることが可能な容量をもつダムは日本には皆無に近い．日本の多くのダムにおいては，大洪水のピークをカットして，下流部の壊滅的な被害を避けるような治水面での運用がなされている．水資源開発からみれば，大洪水を貯留して開発を行うのではなく，中小規模の洪水を貯め込むことで利水や発電のための水資源を確保している．すなわち，日本のダムはその下流河川においては，年に数回から十数回程度起きるような規模の洪水の発生確率を著しく低下させる．一方，大規模洪水については，ピークをカットして破堤や大規模浸水は回避するものの，年に数度レベル以上の中小規模以上のかなりの規模の洪水が，下流河川を流れることになる．例えば砂河川の木津川などでは上流のダムで制御しているものの，瀬-淵構造を変える程度の洪水は，数年に一度は起きているようだ．

　このレベルの大規模な洪水攪乱は，その場の生態系や群集を壊滅的に破壊し，生態遷移は裸地あるいはゼロの状態からはじまる．この規模の攪乱では，ほとんどの生物が同等に壊滅的な影響を受けることになる．いわば，生物群集の構成種を，非選択的あるいは非特異的に破壊する．このような攪乱後の遷移系列については，「津田の遷移仮説」がある[1]．その概要は以下の通りである．今西も同様の過程を推察していたことは，彼の日記にもある[2]．

　群集内の生物種間の相互作用によって，ダム下流河川においては，このような生態的遷移に変化はあるだろうか？　河川における壊滅的な破壊からの

回復過程は，上流や支流からの幼虫の流下の寄与する部分が多い．ダム直下の河川においては上流からの幼虫の供給は，皆無に近いと考えられる．支流からの供給も直下流では少なくなる．このような場合には，水生昆虫では，陸上部分に成虫や蛹で残っていた個体群からの回復が期待される．また，**底生動物（ベントス）**では遡上個体が回復に貢献する．甲殻類では，テナガエビやモクズガニなど，成体，幼体を問わず遡上個体が見られる種は少なくない．水生昆虫では，成虫による遡上が起こり，しかも成虫の遡上は堤体によってブロックされ，ダム直下で多くの産卵や繁殖が起こることになる．しかし，すべての種で遡上行動が確認されているわけでなく，ヒゲナガカワトビケラ属，シマトビケラ属，カクスイトビケラ属などのトビケラ類，オオヤマカワゲラ属，カワゲラ属などの大型カワゲラ類など，多数の水生昆虫類のなかのごく一部の種に限られている．ダム直下の河川では，上流からの供給をブロックすることで，遷移過程にかかわる種をダムは制限することになり，これは当然ながら群集の多様性を低下させることになるだろう．

　中小規模の洪水は，生物群集の種組成の変化に対しては，二つの機能をもつ．洪水に対する耐性の種間差による選別効果と，優占種の密度を低下させることによる種間競争の軽減の効果である．

　川岸や河床内に生息している種や，短時間でそのような場に避難することができる種，あるいは流されにくいような固着性や定着性の種は，いわば中小規模の洪水に対する生態的耐性をもち，洪水影響を受けにくい．それらの底生動物に比べて遊泳性の底生動物は明らかに流されやすい．そのため，洪水に対する耐性をもつ種の密度や現存量，あるいは相対的優占度が増加していくことになる．一つ目の機能としてそのような選択が働くことで，一般には群集の多様性が低下する．

　もう一つの機能としては，中小規模の洪水は，適度な撹乱を起こし，一部の生物種が優占することを防げる．このプロセスは，中規模撹乱説と同様の考え方である．

　前者の選択的流下の機構は，種多様性が減少し一部の種の密度を上昇させることで，群集の多様性を低下させ，後者の優占種の相対密度の減少と種間競争の軽減の機構は，群集の多様性を増加させるという，いわば逆方向の生

態効果をもつ.

　大洪水は，河川内（堤外地）の大きな環境や構造を更新するのに対して，中小洪水は，河道周辺の生息場所や環境を更新する.

　洪水攪乱の頻度の影響は，生物種の生活環と密接に関連している．河川生物の生活環は，河道内樹林のように数年から数十年の寿命をもつものから，付着藻類や河川プランクトンなどのように数日レベルの寿命あるいは回転率のものなど，多様なものがある．とくに，河川性底生動物の主体である水生昆虫には，数週間程度の生活環のユスリカ類などから，2年以上の生活環をもつ大型カワゲラまで，生活環の長さと特性は多様である．頻度の高い中小規模の洪水攪乱には，生活環の短い生物の適応度が高いように思われる．また，中小攪乱の影響を受けやすいワンドやたまりなどの一時水域には，寿命の短いユスリカ類や水生貧毛類が多いという傾向も見られる.

　季節性が明瞭で規模の大きな洪水については，洪水中の動態，前後比較による影響など，比較的多くの調査がなされている．しかし，中小規模の洪水については，その予測性が低いことから生態影響を明らかにした研究は，意外に少ない．しかし，近年は人工的に小規模の洪水をダムから流下させ，下流河川の環境や生態系を改善しようとする試みがなされている．洪水の規模を含む特性とその河川環境の改善は検討されているが，それとともに影響を受ける側の生態的特性についても検討，配慮される必要がある.

　ダムからの洪水とは異なるが，河道内の大規模な改変を伴う河川工事は，アユなどの内水面遊漁に対する影響を避け，また出水に伴う影響を避けるために，いわゆる非出水期とされる秋から春に実施されることが多い．しかし，攪乱影響を受ける河川性底生動物の生活史特性から見ると，この時期は水生昆虫の多くは非繁殖期で水生幼虫の季節である．しかも，羽化前の終齢あるいは終齢に近い幼虫，あるいは蛹になっている生活史のタイミングである．現存量は多いが，個体数密度はけっして高くはない．この時期の個体群破壊の影響は，夏のように世代交代の早い時期より，長く大きな影響を与えることが多い.

　冬季の自然洪水による個体群密度の低下は，数年にわたって続くこともある．融雪洪水の多い地域の河川で底生動物密度の低いことは，このような底

生動物側の生活史特性に起因するのかもしれない．すなわち，融雪洪水は，多くの水生昆虫の春の羽化期，すなわち越冬世代の羽化期の前に起こる場合が多い．そのために，陸上で成虫として洪水影響を緩和することはできない．越冬世代は，個体数密度が低いことが多い．そのため，洪水の与える影響はより大きくなると予測される．

　つまり，洪水による攪乱は，それが起こる時期により河川生態系に与える影響の大きさが異なる．第4章で見たように，ダムによる洪水規模の改変は，ダムの規模や運用，それに季節によって異なっており，それぞれの季節によるさまざまな規模の洪水改変が，どのように河川生態系に影響するのかを明らかにすることは今後の重要な応用生態的な研究課題になるだろう．

参照文献

1) 津田松苗・御勢久右衛門（1964）川の瀬における水生昆虫の遷移．生理生態 12: 243-251.
2) 今西錦司（2002）今西錦司フィールドノート　採集日記 加茂川 1935（石田英實編）．京都大学学術出版会．

第6章
ダム下流河川の底質環境と底生動物群集の変化

6.1 ダム下流の底質環境と付着層

6.1.1 河床の粗粒化と固化

貯水ダム下流の川底では，砂利や砂が少なく大きな岩や石ばかりになっていることが多い．また，石や岩が川底にしっかりとはまって動かせないこともある．このような現象は，第4章で述べたように，粗粒化（アーマーコート化）と呼ばれる．この現象はダム下流河川の河床材の構成変化でもあり，ここで扱う**付着層**，**底生動物**群集とのかかわりからは底質環境の変化ともいえる．そもそも，粗粒化の起きる原因としてまず考えられることは，貯水ダムで土砂供給が遮断されて，上流から石や砂が流れてこなくなるにもかかわらず，増水時にはダムのゲートが開けられて大きな流量となることである．その結果，動きやすい砂や礫がすべて流されてしまうと考えられる．

そうだとすれば，粗粒化の程度は，ダムの年齢とともに進行することが予想される．そこで，貯水容量700万トン以上ある近畿圏の16か所の貯水ダムを対象に，下流の河床表面の平均粒径とダム建設後の経過年数の関係を調べてみた[1]．この調査目的に合うように，ダムの選定にあたっては，建設後40年以上を3ダム，30年以上を3ダム，20年以上を3ダム，10年以上を3ダム，10年未満を4ダムとなるように配慮した．その結果，貯水ダムの経過年数と下流の河床表面の平均粒径の関係は，0.43乗のべき乗関数となることが示された（図6-1）．この関係は，粗粒化の進行する度合いが年数ととも

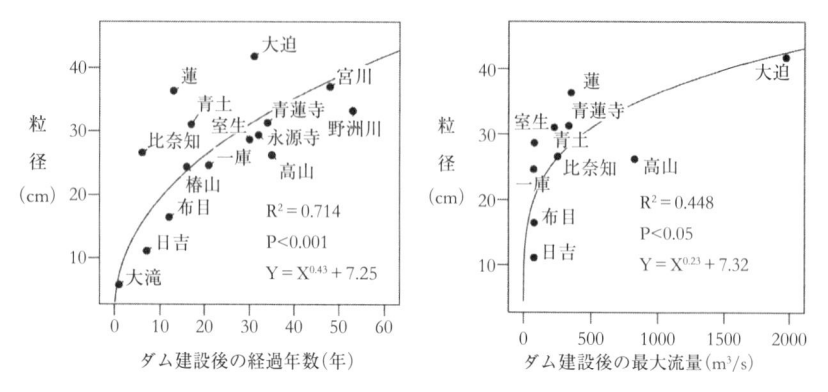

図 6-1　ダム下流域河床の平均粒径とダム建設後の経過年数（左図）や最大流量（右図）との関係．平均粒径は河床表面 (5m×5m) を面格子法で調査した結果．

に徐々に頭打ちになるものの，少なくとも 50 年程度ではまだ粗粒化が進行中であることを示している．横軸に年数の代わりにダム建設後に経験した最大流量をとると，500m³/s 程度までに粗粒化が一気に進み，これを超える流量では少しずつ粗粒化する傾向が見られたが，データを入手できたダム数が少ないので，一般化するにはもう少し調査事例を増やす必要がある．

また，粗粒化とダム建設後経過年数との関係については，1950〜60 年代に建設したダムサイトが峡谷の狭窄部に限定されていたため，古いダムほど元々の河床の石が大きかったという解釈もできるので，ダムの建設後の変化だけで説明すると過大評価の恐れもある．したがって，粗粒化の程度とそれに要する期間や過去に経験した最大流量との関係を正確に示すためには，事前事後の比較やダム建設後の継続的な**モニタリング**をする必要がある．

さらに，ダム上流の背水波及域では増水時にも流速が落ちるため，元の河床の粒径よりも細かくなることも考えられる．したがって，ダムの上流と下流で河床の粒径を比較する場合には，このことも考慮して調査地点の選択や結果の解釈をする必要がある．

貯水ダム下流域で粗粒化した河床では，粒径が大きいだけではなく，石が動きにくくなることも特徴的であった（**固化**）．その原因として，上で考察したような増水時に大きな石だけが残されるというだけではなく，上流側から

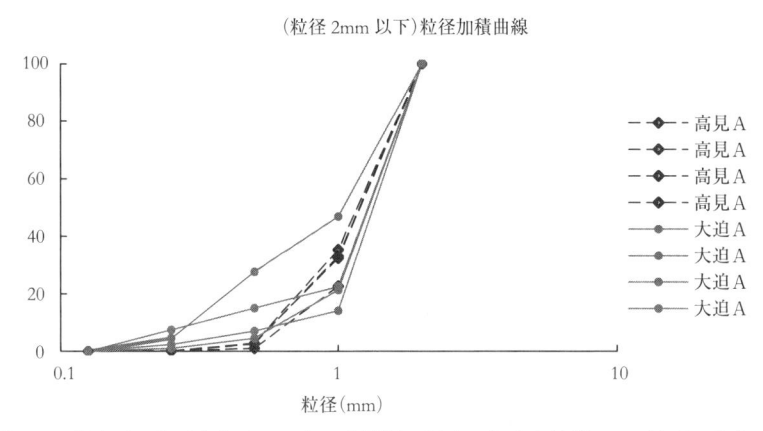

図6-2 大迫ダム直下流とダムのない高見川の河床における粒径2mm以下の成分の粒度分布の比較結果．ダム下流の方が1mm未満の粒径成分が多いことが判る．

の水圧で石が互いにはまり込んでしまうことが挙げられる．このため，ダム下流では，石を持ち上げるのが困難なこともしばしばである．

ダム下流域の石が動きにくくなるもう一つの原因には，石と石の隙間に細かい粘土が溜まって石を固着させることも挙げられる．図6-2は，河床の石と石の隙間を埋めている土砂を採取して，細かい粒径の分布を調べた結果を示している．ダムの下流では，この部分の粒径はダムのない河川に比べて逆に細かい粒が多くなっていることがわかった．これは，増水時にダム湖から流れ出ることのできるのは，水中で懸濁するとなかなか沈まない細かい粒子，すなわち浮遊砂に限られるためである．上記のようにすでに石が動きにくいこととあわせて，その隙間が細かい粒子の土砂で目詰まりをしてしまうために増水時にも解消されにくくなると考えられる．

6.1.2 河床表面の付着層の発達

川底の石や岩の表面には，珪藻・緑藻・藍藻などの藻類や，粒状の有機物，バクテリアや原生動物などが一体となった薄い層が発達する．河川生態学ではこの層を**付着層**（Epilithon）と呼んでいる．図6-3aは全流程に貯水ダムがない富田川（和歌山県）である．礫や拳大の石の砂州が発達しており，また，

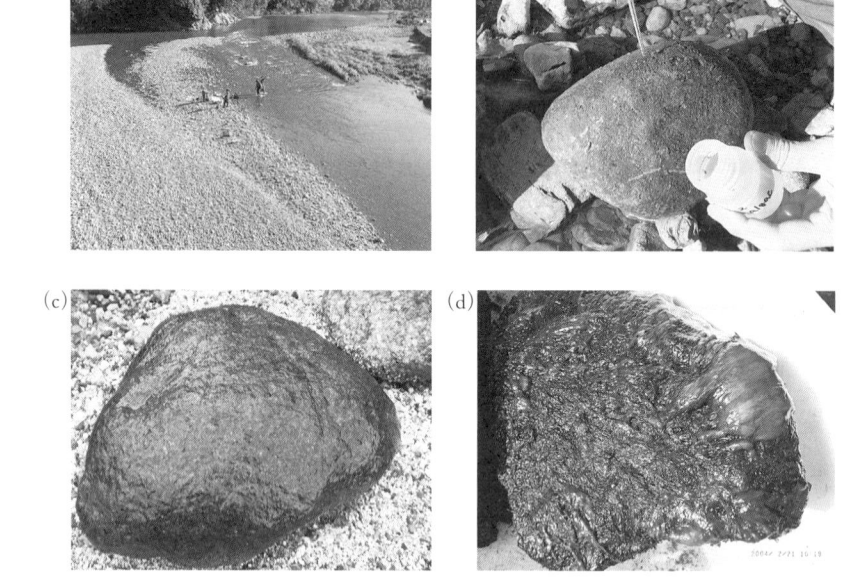

Part II　ダムと下流河川環境

図 6-3　河床の礫の状況．(a) 貯水ダムのない和歌山県富田川の景観 (2003 年 12 月 2 日撮影)．(b) 富田川の河床の石表面 (2003 年 12 月 2 日撮影)．(c) 野洲川ダム上流河川の石表面 (2006 年 5 月 31 日撮影)．(d) 野洲川ダム下流河床の石表面 (2004 年 2 月 21 日撮影)．

海との連続性も遮断されていないため，エビ類などの回遊性甲殻類の現存量が多い．このような自然の豊かな河川では，石礫の表面に藻類が生えるそばから魚類や底生動物に食べられてしまい，付着層が発達することはまれである．また，たとえ何かの理由で発達したとしても，豪雨時の増水による攪乱で剥がれてしまい，きれいな表面に戻ることになる．このため，石の表面は露出しているか，もし珪藻や緑藻が生えてぬるぬるしていたとしても石の地肌が透けて見えるのが通例である（図 6-3b, c）．

ところが，貯水ダム下流域の石や岩には付着層が厚く発達していることが多い．とくに貯水ダムの直下流の付着層では，表層に藻類が生えるだけではなく，その下層に有機物やシルトが沈着しており石の表面は見えない状態となる（図 6-3d）．

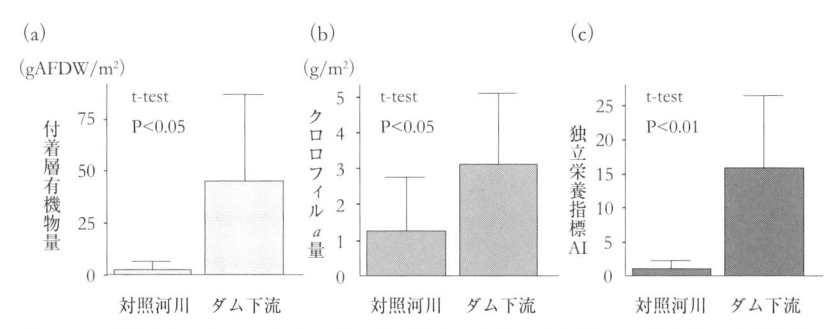

図6-4 対照河川（5河川8地点）とダム直下流（13地点）における(a)付着層の有機物量，(b)藻類現存量（クロロフィル a 量）ならびに(c)独立栄養指標の平均値と標準偏差の比較結果．

このような付着層の発達が，貯水ダム下流域の共通の現象であるかどうかを確かめるために，ダム直下流13地点とダムのない5河川（対照河川）8地点とで，河床の石礫上面の付着層量を比較する調査を行った．測定に際しては，石の上面から付着層をブラシでこそぎ採り，乾燥重量と**強熱減量**（AFDW）を測定した．その結果，ダム直下流域における付着層の強熱減量は平均 $45.3g/m^2$ に達し，対照河川の $2.5g/m^2$ の18倍も多いことが示された[1]（図6-4a）．

また，貯水ダムの下流域の付着層は，量が多いだけではなく質的にも変化する．一般に生きている藻類の量は，光合成色素であるクロロフィル a 量で表される．また，付着層に含まれる有機物量とクロロフィル a 量の比は，独立栄養指標（AI：Autotrophic Index）と呼ばれ，付着層の質を反映し，値が大きくなるほど生きた藻類の割合が小さいことを示す．これらの数値を求めるため，上記調査地点の石の上面でクロロフィル a 量の測定も行った．測定は谷田ほか[2]の方法にしたがい，直径3cmの円をくり貫いたゴム板を石表面に押し付け，アクリル繊維で藻類をこすり採る方法で行った．測定の結果，ダム下流の方がクロロフィル a 量は多かった（図6-4b）．ただし，付着層の有機物量が多い割にクロロフィル a 量の差はさほどでもないために，独立栄養指標の平均値は，対照河川の平均値1.1に比べて実に14倍以上にあたる15.9にも達した（図6-4c）．このことから，ダム下流では生きた藻類の下層に死滅した藻類などの有機物が多く堆積していると考えられる．

6.1.3 貯水ダムによる付着層の違い

図 6-4a から貯水ダムの下流で付着層が多いことは確かであるが，その発達程度はダムによって大きく異なっている．例えば，付着層量のもっとも多い高山ダム（淀川水系）直下では，他のダムの4倍の平均値 $178.5g/m^2$ を記録した．ここでは，付着層の表面には糸状緑藻が大量に繁茂しており（口絵 7a），その下層には還元的であることを示す黒色の粘土まじりの有機物層が 5mm 以上の厚さに沈着しているため，独立栄養指標の平均値は 21.1 に達した．一方，付着層の量がダム下流としては中程度（$34.8g/m^2$）である大迫ダム（紀ノ川水系）でも石の地肌は付着層で完全に覆われていたが（口絵 7b），ここでは主に藍藻や珪藻からなる生きた藻類の割合が比較的多く，独立栄養指標の平均値は 11.5 であった．

ところが，淀川水系室生ダムの下流では，付着層量は高山ダムに次いで多いにもかかわらず，他のダムとは異なり蘚類（コケ植物）が高密度で繁茂していた（口絵 7c）．また，コケ植物の茎の隙間や下層に有機物層が発達しているため，独立栄養指標が平均 49.9 と飛び抜けて高い値を示した．このようにダム下流域でコケ植物が繁茂する現象は，これまで三重県宮川水系宮川ダム（口絵 7d）や京都府天ヶ瀬ダム下流で観察されている．

これらのダム下流では何故コケ植物が繁茂するのだろうか？ 宮川ダムでは，発電用水が他水系へ放流されるため，平水時の直下流では小さな支流からの清水しか流れていないという特徴がある．このため宮川ダム下流は，調査した全 16 ダム中で付着層の有機物量がもっとも少なかった（平均 $14.48g/m^2$）．また，室生ダムでは，放流水を貯水池の上流側から取水しているため，植物プランクトンがブルーム（異常増殖）する富栄養化したダム湖であるにもかかわらず，放流水のプランクトン量は比較的少ない．さらに，天ヶ瀬ダムは流量に比べて貯水容量が小さいため，植物プランクトンが増殖する間もなく流下しやすいという特性がある．これらの特徴は，貯水池で生産された植物プランクトンがあまり流下してこないという点で共通している．つまり，貯水池で生産されたプランクトン由来の有機物が石表面を被覆してしまうような場合に限りコケ植物が繁茂できないだけで，ダム下流の粗

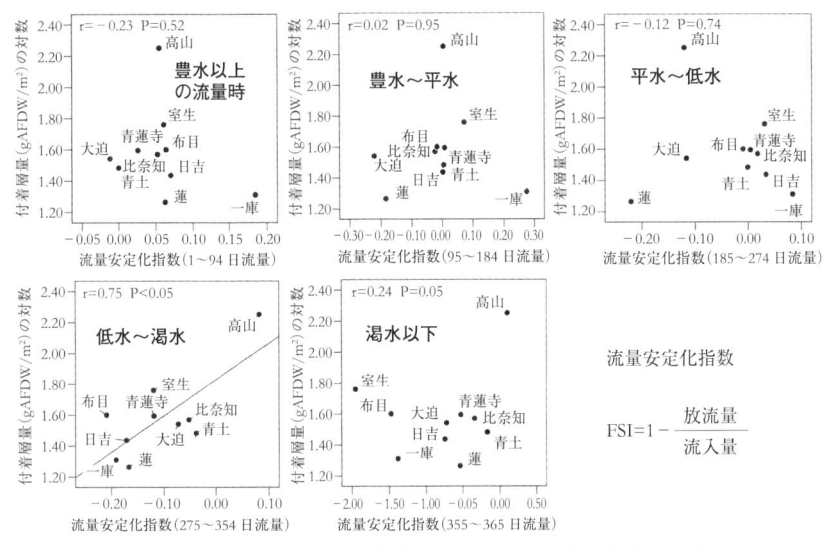

第 6 章　ダム下流河川の底質環境と底生動物群集の変化

図 6-5　流量安定化指数と付着層の有機物量の関係．調査前 1 年間の流量データについて分析した結果．

粒化して安定した河床は，コケ植物にとって元来好適な環境であるのかもしれない．

一方，いったん石表面に沈着した付着層はダムの放流によって剥がされないのだろうか？　流量変動によって石表面の付着層量は多少なりとも影響を受けるはずなので，ダムの流量変動の履歴と付着層量の関係を調べる価値があると思われた．そこで，ダム湖への日流入量に対する日放流量の差を日流入量で割った**流量安定化指数**（FSI：Flow Stability Index）を用いて分析を行った．調査した 16 ダムのうち日流入量と日放流量のデータを入手できた 10 ダムについて，調査日から遡って 1 年間の流量安定化指数を計算した．また，増水時，豊水時，平水時，渇水時の流量安定化の影響を別々に検討するため，流量安定化指数を各流況別に算出して，付着層の有機物量との相関関係を分析した．その結果，低水から渇水の流況下でのみ正の相関が認められた（図 6-5）．これは，ダム下流における付着層の発達には，低水から渇水時にも水を溜め込み流入量以上に流さないダムほど付着層が発達することを示してい

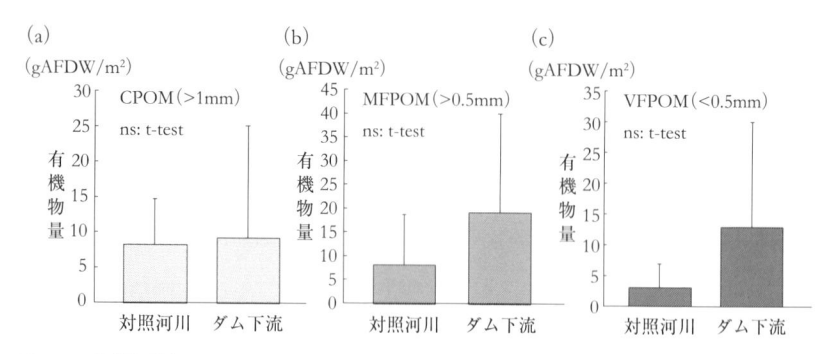

図 6-6　対照河川 (5 河川 8 地点) とダム直下流 (14 地点) における河床堆積有機物 (BPOM) の強熱減量 (AFDW) の比較結果. (a) 粒径 1mm 以上の粗粒状有機物量, (b) 0.5〜1.0mm の粒状有機物量, (c) 0.5mm 未満の微粒状有機物量.

る．また，増水時の放流の仕方は，必ずしも付着層量に関係していないことも示している．確かにダム下流の付着層の多くは，爪で引っ掻いても簡単には落ちないくらい石表面にしっかりと沈着しているので生半可な増水では剥ぎ取れないのかもしれない．

6.1.4　河床間隙の有機物

一般の河川には，河岸や上流から流入する落葉や土壌中の**微粒状有機物**が堆積し，これらが河川生物群集の栄養起源として重要な役割を果たしている．しかし，これらの**他生性有機物** (Allochtonous Organic Matter) の多くは，貯水池では沈降するために，ダム下流では減少すると考えられる．実際に，対照河川とダム下流河川とで，石と石の隙間から河床堆積有機物 (BPOM：Benthic Particulate Organic Matter) を定量的に採集したところ，両者の間に統計的に有意な違いは認められなかった (図 6-6)．ただし，河床堆積有機物量をサイズ別に見ると，0.5mm 未満の微粒状有機物量はダム直下流に多い傾向があり，平均値だけを比較すると対照河川よりもダム下流の方が 4 倍も多かった．

図 6-6c のように平均値に大きな違いがあるにもかかわらず統計的に有意な違いがないのは，ダムによって河床堆積有機物量の較差が大きいためと考えられる．そこで，河床堆積有機物量についても，付着層量と同じようにダ

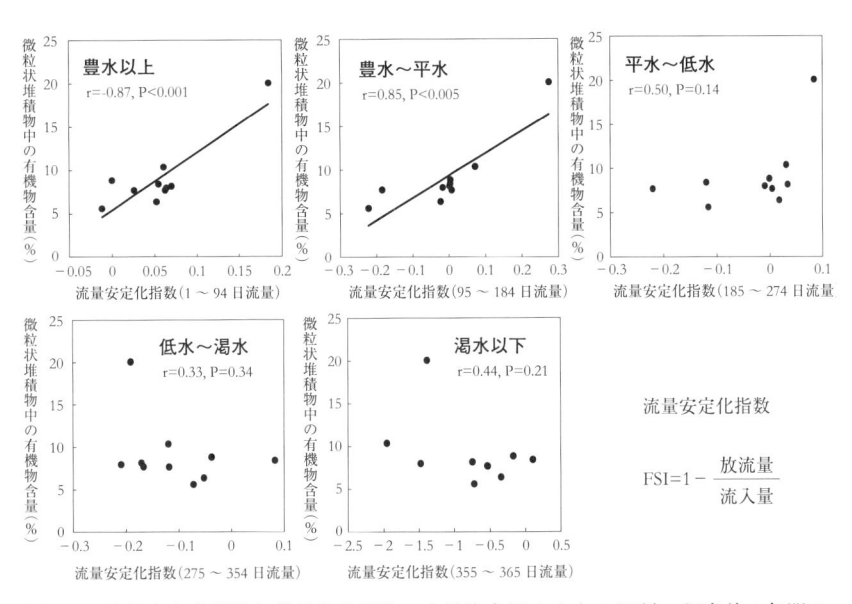

第 6 章　ダム下流河川の底質環境と底生動物群集の変化

図 6-7　流量安定化指数と微粒状堆積物の有機物含量（％）との関係．調査前 1 年間の流量データについて分析した結果．

$$FSI = 1 - \frac{放流量}{流入量}$$

ムの流量変動の履歴との関係を調べてみた．その結果，堆積有機物のうち粒径が 1mm 以上の**粗粒状有機物**については，流量変動の履歴との関係は見られなかった．ただし，粒径が 0.5mm 以下の分画の含有量については，付着層量と同様に低水から渇水の流況下でのみ正の相関が認められた．これは，石と石の隙間に溜まる細かい有機物についても，低水〜渇水の流量時に水を溜め込むと増加することを示している．しかし，低水〜渇水流量時の流況安定化指数がもっとも高い高山ダム 1 ダムが有機物量が多いために相関が得られたとも考えられるので，結論を得るにはさらに検証が必要である．一方，採集した底質中の 1mm 以下の細粒成分に占める有機物含量（％）について同様の分析を行ったところ，平水や豊水以上の流量安定化指数と正の相関が認められた（図 6-7）．平水や豊水以上の増水時にピークカットをするダム下流では底質内の細かい粒径の有機物が洗い出される機会が減るために，有機物による目詰まりが起きやすいのかもしれない．

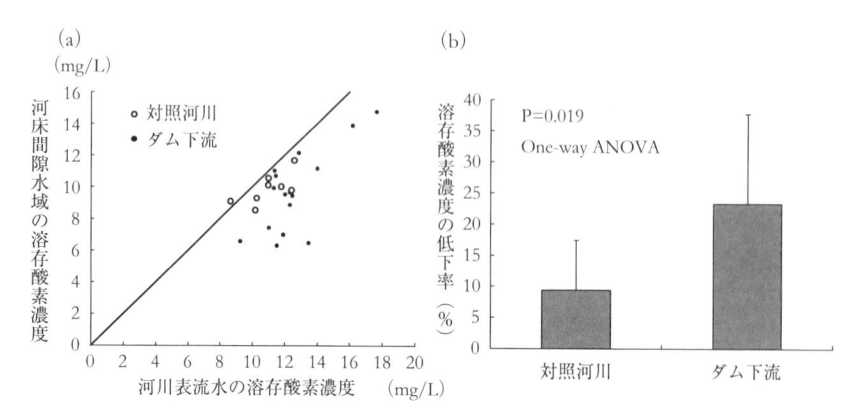

図6-8 河川表流水と間隙水域で測定した溶存酸素濃度の比較.(a) 各地点のプロット, (b) 河川表流水に対する間隙水の溶存酸素濃度低下率(平均値±標準偏差).

6.1.5 ダム下流での河床間隙の目詰まり

河床の石や砂の隙間には,ここを住処とするソコミジンコなどの甲殻類や水生昆虫の若齢幼虫などの間隙動物(hyporheos)が生息している.また,多くの魚類の産卵場所としても重要である.貯水ダム下流の河床環境は,粗粒化によって底質が動きにくくなるとともに,シルトや粘土などの細粒成分や有機物粒子の沈着や堆積が起こりやすくなることから,河床間隙の生息場条件も変化すると考えられる.もっとも危惧されることは,河床間隙が目詰まりを起こして溶存酸素濃度が低下することである.

そこで,全16ダムの下流域ならびに5河川8か所の対照流域において,河床間隙の溶存酸素濃度を計るために,河床表面より20cm下層からシリコン採水管[3]を用いて河床間隙水を採水した.河川表流水の溶存酸素濃度と比較した結果,対照河川の1例を除けば,いつもダム下流域の河床間隙水の溶存酸素濃度の方が低かった(図6-8a).その低下率は,対照河川が平均9%であったのに対しダム直下域では平均23%とより大きく減少することがわかった(図6-8b).また,この低下率は,河床堆積物の有機物含量と相関することもわかっている[1].以上の結果から,ダム直下流域の河床内部では,ピークカットによる有機物含量の増加を通じて河床間隙の目詰まりを招き,

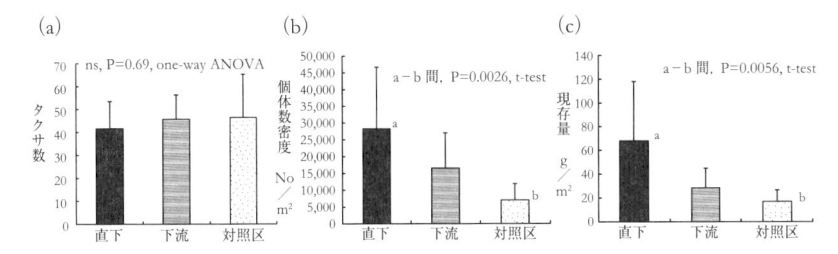

図6-9 瀬の礫底で25cm四方の枠内から採集された底生動物群集の比較結果(平均値±標準偏差).(a)タクサ数,(b)個体数密度,(c)現存量.
対照区はダムのない5河川8地点,下流はダム堤体から410m～3400m下流の8地点,直下はダム堤体から400m以内の12地点.

ひいては溶存酸素濃度の低下が起こりやすくなっていると考えられる.

6.2 底生動物の変化

6.2.1 ダム下流の底生動物の変化

　世界各地のダム下流域の底生動物群集の調査結果を比較すると,ダム下流で種数,個体数,現存量などが減少する例もある一方で逆に増加する例も知られている[4].近畿圏の16ダムについて,ダムの直下流(400m以内),ダムの下流(410m～3400m),ダムのない対照河川との間で比較したところ,種多様性については,ダム直下流の平均タクサ数(種,属,科など,同定された分類群の総数)は41.5であり,対照河川の46.4より若干少ないものの有意な差は見られなかった.しかし,個体数密度については,ダム直下流の28,253個体/m^2が対照河川の7,042個体/m^2の4倍,現存量についてもダム直下流の67.9g/m^2が対照河川の17.0g/m^2の4倍も多かった(図6-9).また,ダム直下流の**群集多様度**(Shannon-Wienerの多様度指数H')も対照河川よりも有意に低かったことから,近畿圏のダムの下流では特定の底生動物種だけが個体数や現存量を増していると解釈できる(口絵8).

　底生動物の群集組成を比較すると,ダムの下流域で個体数や現存量がもっ

とも多かったのは造網型のシマトビケラ科であり，ダムによっては石表面がシマトビケラ科の巣にびっしりと覆われている様子も観察された．例えば，日高川水系椿山ダム直下流の石表面には，カワシオグサ（糸状緑藻）がびっしり繁茂し，その隙間や石の側面・下面にはサトコガタシマトビケラやコガタシマトビケラ，ウルマーシマトビケラが高密度で分布していた．淀川水系日吉ダム直下流の石表面には，上面にナカハラシマトビケラが，石と石の隙間や下面にオオシマトビケラが高密度で生息していた．このため，底生動物群集の生活型で比較すると，ダム下流域には造網型の割合が大きく造網型係数（群集全体に対する造網型の現存量の割合）が有意に高い値を示した．この他，ナミウズムシのような粘液匍匐型や，ツヤムネユスリカ属などの造巣固着型などでもダム直下に多い傾向がみられた．

一方，ヒラタカゲロウ科などのように石の表面を滑らかに歩行して生活する滑行型の水生昆虫やキイロカワカゲロウ・トビイロカゲロウ属などのように礫下の隙間の石表面を滑らかに歩行する滑行掘潜型では，逆にダムの下流域で個体数が減少する傾向がみられた．そこで滑行型指数（群集全体に対する滑行型の個体数割合）を比較すると，ダムのない河川では平均13.3%を占めたのに対して，ダム直下では平均2.3%と顕著に少ないことがわかった．

6.2.2 底生動物群集によるダム下流の類型

これまでの貯水ダム下流の生物群集を調査した事例は，上述したように，ダム下流域をひとくくりにして対照河川と比較するものが多かった．しかし，ここでの研究では同時に多くのダム下流を調査したため，同じ貯水ダムの下流域であっても群集組成には大きな変異があることがわかった．そこで，タクサ数，群集多様度(H')，造網型係数，滑行型指数などの群集指標を用いて群分析を行った．その結果，以下の特徴をもつ四つの群に分類することができた．1群は，群集多様度が高く滑行型指数の大きい対照河川に似ている群集である．大滝ダムは，堤体の竣工が2003年であり，約1年後の調査時点ではまだ貯水池運用もはじまっていなかったことから，下流域の河床地形や底質環境にも粗粒化や付着層の発達といった変化が認められなかった．また，宮川ダムでは，前述したように，発電用水が他水系へ放流されるため，

平水時の直下流では小さな支流からの清水しか流れていないことが，たとえ粗粒化が起きても群集が対照河川に近い理由と考えられる．永源寺ダムについては，調査地がダムから1km近く下流だったことがダム影響の緩和に働いた可能性がある．

2群は，タクサ数は多いが，造網型係数が高く滑行型指数が低い特徴をもつ．タクサ数が少ないが造網型係数が高く滑行型指数が低い点では共通する3群とともに，ダム下流に典型的な群集様式といえる．大迫ダムと日吉ダムでは河床の粗粒化傾向や付着層の発達程度が違っており，滑行型指数が小さい理由として，大迫ダムでは付着層の発達が，日吉ダムでは高密度でシマトビケラ科が造巣していたことが考えられる．最後の4群は，タクサ数や群集多様度が小さく，滑行型を欠く上に，造網型の現存量も少ない点が特異的である．ダムの下流でシマトビケラ科を主体とする造網型が増加することは，古くから各地で知られており，貯水池で生産されたプランクトンが餌資源の増加に結びつくことがその理由と考えられてきた[4]．しかし，ダムによっては造網型が少なくなる例外もあり，しかも1群のように群集が豊かである場合と4群のように貧弱である場合とがあるようだ．

6.2.3　造網型と滑行型に影響する環境要因

造網型と滑行型のいずれも棲みにくいダム下流とは，どんな環境条件なのだろうか？　その答えを探るために，底質の平均粒径，10%粒径，粒径の変動係数，底質の均等係数，付着層量，付着層のクロロフィル a 量，堆積有機物量，流下微粒状有機物量 (SFPOM : Suspended Fine Particulate Organic Matter)，**化学的酸素要求量** (COD) などの各種環境要因を用いて正準対応分析を行ったところ，図6-10のような図式を得た．ここで底生動物群集がとくに貧弱であった4群の，高山，一庫，布目の3ダムが図の右端に集まっていることがわかる．図の左右方向と相関の高い環境要因は，付着層量，堆積有機物量，流下微粒状有機物量，湖水の化学的酸素要求量などであり，右端は水中や河床の有機物量が多いことを示している．一方，図の上下方向と相関の高い環境要因は，底質の粒度関連の要因とクロロフィル a 量であり，高山ダムや一庫ダムでは粗粒化が進みかつ生きている藻類が多いのに対し，布目ダムでは

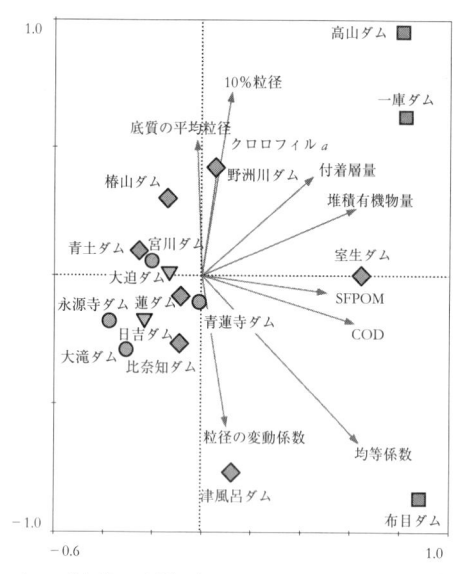

図 6-10 ダム下流域の環境要因による正準対応分析（CCA）の結果.
●：1 群，◆：2 群，▽：3 群，■：4 群．群は，類型化されたダム下流の底生動物群集（本文参照）.

小さい礫も多く存在し生きている藻類が少ない環境であったことを示している．こうした違いにもかかわらず群集が貧弱となったことは，有機物量が多すぎると底質条件にかかわらず造網型すら棲めなくなることを表している．

そこで，造網型の群集変数と有機物にかかわる環境要因との関係をさまざまな組み合わせで分析してみた．その結果，造網型係数が流下微粒状有機物量の増加に伴い指数関数的に減少する関係がみられた．流下微粒状有機物量は，流下ネットで採集した河川水中を流れる有機物のうち 1mm 以下の細粒成分の強熱減量である．造網型のトビケラ類にとって流下微粒状有機物量は通常餌資源にあたるが，造網型にとって流下微粒状有機物量の増加がむしろマイナスに働くことを示している．因果関係としては，流下有機物が必要以上に多いと巣や網に積もって直接的に支障がある可能性もあるが，同様の反比例的な関係が石面の付着層量や石間の堆積有機物量との間にも見られたことから，営巣場所の環境条件悪化といった間接的な因果関係かもしれない．

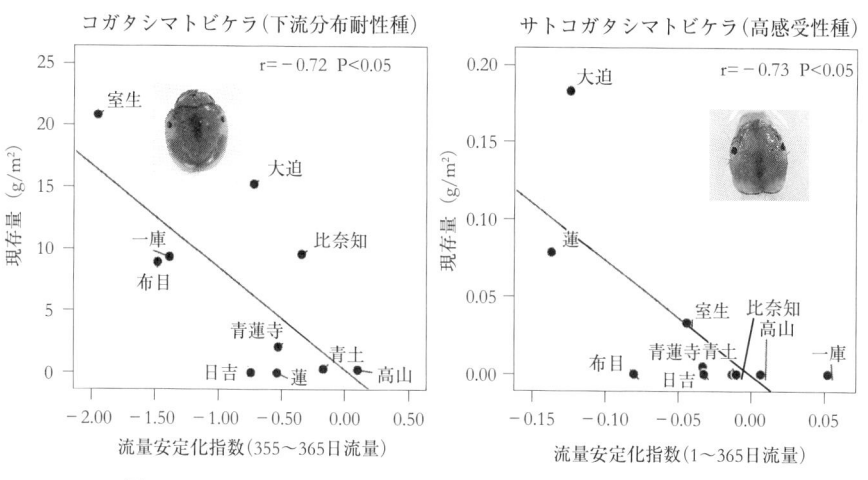

第 6 章　ダム下流河川の底質環境と底生動物群集の変化

図 6-11　コガタシマトビケラ属の現存量と流量安定化指数の関係

　このような有機物増加は，滑行型の底生動物にとってさらに致命的であるようだ．滑行型指数と付着層量の関係は，対数曲線との当てはまりがよく，付着層量が 50-100gAFDW/㎡を超えると滑行型が壊滅することを示した．一方，滑行掘潜型についても同様の分析をしたところ，有機物量関連の条件とは相関が低く，むしろ河床材の粒径との間に負の相関が認められ，粗粒化していない場所に多いことがわかった．彼らは砂利や砂のある礫間の隙間が好きであるらしい．つまり，ダム直下流域で滑行掘潜型が減少する理由は，底質の粗粒化に原因があると考えられる．

　ところで付着層の有機物量は，6.1.4 で見たようにダムの放流履歴の影響を受けるので，ダムによる底生動物群集の違いがダムの流況操作に起因することもありうる．そこで流況別に算出した流量安定化指数と造網型の現存量との間で相関分析をした結果，造網型全体では明瞭ではなかったが，コガタシマトビケラ（下流分布耐性種）では，渇水以下の流況下で流量安定化指数と負の相関が見られた（図 6-11 左）．これは，渇水時に流入量よりも多くの放流を行うダム（室生ダム，一庫ダム，布目ダム）でコガタシマトビケラが増えることを示している．一方，サトコガタシマトビケラ（高感受性種）では，年

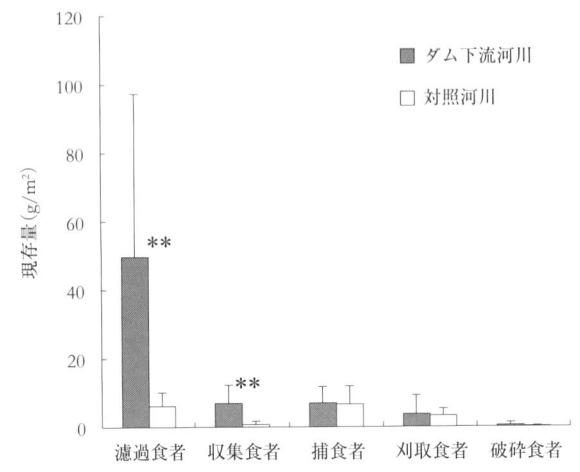

図 6-12　底生動物摂食機能群ごとのダム下流と対照河川の現存量比較結果．
＊＊印をつけた摂食機能群はダム下流で有意に多かった（P<0.01, t-test）．

間全流量について流量安定化指数と負の相関が見られた（図6-11右）．これは，平均的な流量時に流入量よりも多くの放流を行うダム（大迫ダム，蓮ダム）でサトコガタシマトビケラが増えることを示している．いずれも流量が減少したまま時間が経つと付着層の発達によって悪影響を受けると解釈できる．

6.2.4　貯水ダム下流の底生動物餌起源

底生動物群集における摂食機能群については，ダム直下流域では濾過食者・収集食者が個体数・現存量ともに有意に多く，また，群集中で濾過食者の個体数・現存量が著しく大きい割合を示した（図6-12）．これらの底生動物は餌となるダム湖起源のプランクトンが豊富であるために増加したと考えられた．また，各摂食機能群の個体数と環境要因との対応関係を分析した結果から，収集食者はダム下流域の流下微粒状有機物量が多いことと強い関係があることがわかった．

コラム9　ダム下流の外来種

　図C9-1はいずれも淀川水系宇治川にある天ヶ瀬ダムの下流で優占種となっている外来生物である．

　左写真は，カワヒバリガイ *Limnoperna fortunei* である．天ヶ瀬ダム直下流の岩や石の下面には，きわめて高密度にカワヒバリガイが付着し，海辺の潮間帯のような景観を呈している．ダム湖で生産されたプランクトンが濾過食者であるカワヒバリガイの現存量を支えていると考えられる．

　中写真は，アメリカナミウズムシ *Girardia tigrina* である．北米原産の外来種であるアメリカナミウズムシも多数生息している．体色には多くの変異があり在来種のナミウズムシのように一様に淡色な個体も見られるが，咽頭の表面に褐色の色素斑があることで *Girardia* 属と同定される．

　右写真は，フロリダマミズヨコエビ *Crangonyx floridanus* である．この種も高密度で生息している．

　これらの外来種は生息密度が高く，宇治川の底生動物群集の個体数，現存量のいずれにおいても優占している．これらは直接的間接的に在来種に大きな影響を与えていると考えられる．これらの動物が日本の河川に蔓延る原因には下水処理水などの温排水による水温環境の温暖化が考えられる．貯水ダム下流でも冬期の最低水温が上昇することがこれら熱帯性種の越冬を助けている可能性がある．このように貯水ダム下流域の河川生態系の変容については外来種問題と強く結びついており，ダムの運用で検討すべき課題となっている．

カワヒバリガイ　　　　アメリカナミウズムシ　　　フロリダマミズヨコエビ

図C9-1　ダム下流でみられる外来種

6.3 ダムの影響の流程変化

流況・流砂の変化が及ぶ影響範囲や粗粒化の進行などについては，すでに述べてきたところであるが，これら物理環境の流程変化とともに付着層，底生動物など生態環境にかかわる変量は，流程とともにどのように変化するのであろうか．例えば，流下していく間に影響の程度は変化するだろうし，または下流で流入する支川の規模や特徴によって影響が軽減される程度が異なるであろう．そこで本節では，貯水ダム下流域の流程に沿って現場の環境変化を調査した事例を紹介する．

6.3.1 河床の粗粒化の波及範囲

ダム堤体直下からの距離によって河床環境がどのように変化するかを調べるために，奈良県紀ノ川水系の吉野川上流にある大迫ダムの下流域3km区間に5地点の調査地（図6-13）を設けて河床環境の調査を行った．大迫ダムは，1973年に竣工した灌漑，上水，発電用の利水ダムであり，調査した2004年時点では31歳にあたるダムである．水源の大台ヶ原は有数の多雨地域であり，過去に多くの増水を経験してきた．なかでも1982年の台風10号来襲時のピーク時には，750m^3/sの放流をしたこともあるため，ダム下流域の粗粒化は顕著である．とくに堤体から115m地点のSt.1における河床表面の石礫の平均粒径は40cmを超えていた（図6-14a）．河床表面の平均粒径は，8km^2程度の集水域の小さな支川が流入した後の450m地点（St.2）で30cm程度となったが，10km^2程度の集水域が加わる2.6km地点（St.4）や35km^2程度の比較的大きな支川が加わる3.0km地点（St.5）でも20cm程度までの回復にとどまった．同じく大高山脈が水源域で上流にダムのない参照地点である高見川の河床平均粒径は10cm以下であったことから，大迫ダムが底質環境を粗粒化する影響は，流程距離3kmと集水域の35km^2程度の増加では完全に回復しないと考えられる．

一方，谷の狭窄部などでは上流からの土砂供給があっても粗粒化が起きるので，河床の粗粒化程度は必ずしもダムからの距離と関係を示すとは限らな

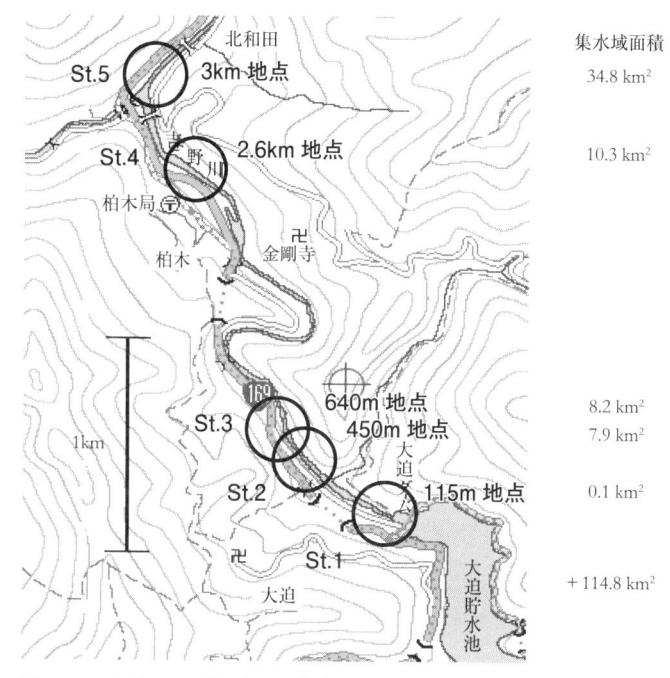

第6章　ダム下流河川の底質環境と底生動物群集の変化

	集水域面積
St.5　3km 地点	34.8 km^2
St.4　2.6km 地点	10.3 km^2
St.3　640m 地点	8.2 km^2
450m 地点	7.9 km^2
St.2　115m 地点	0.1 km^2
St.1	+114.8 km^2

図6-13　大迫ダム下流域の流程変化調査地点図．
　　各地点に記した距離は，堤体からの距離を表す．また，ダム堤体地点の集水域面積は114.8km^{2}であり，各地点の集水域面積は堤体から下流で増加する分を示している．

い．貯水ダムによる土砂供給の遮断の影響を厳密に示すためには，ダムが完成してからの河床の変化をモニタリングする必要がある．そこで，大迫ダムの約14km下流に建設され，2002年8月に堤体のコンクリート打設が完了した大滝ダムの下流3.5km地点で経年的に河床景観写真の撮影を継続している．最初の1～2年間は工事に伴う土砂流出もあって屈曲部に広大な固定砂州が発達していたが，2年目には砂州の流出と河床低下が起きて，岩盤や巨石が露出する河道となってしまった．これは，2004年6月の台風6号，10月の台風23号の豪雨の際に大きなダム放流量が記録されたにもかかわらず，土砂供給が遮断されたことによる．大滝ダムから3.5kmの区間に増加する流域面積は11km^{2}に過ぎないために，増水時に流出する土砂が上回ったと考

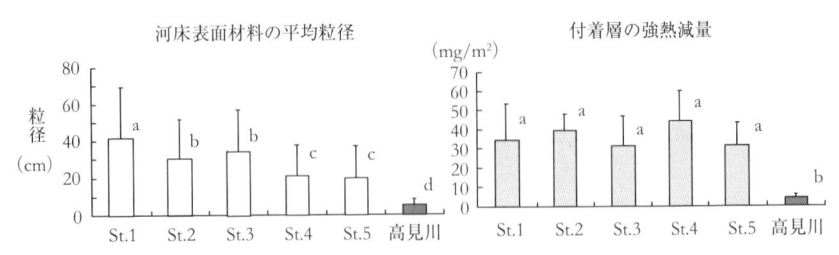

図 6-14 大迫ダム下流におけるダム堤体から 3km 区間 (St.1-5) の底質の粒径 (左) と付着層量 (右) の流程変化 (平均値と標準偏差).
各グラフの記号は,異なる記号間で有意差があることを示す (P<0.05, t-test).

えられる.

一方,1947 年から 2001 年までの間でこの地点の航空写真を比較すると,大迫ダムの建設された 1970 年 (1973 年竣工) の前後 20 年間に大きな変化はなく,砂州が存在し続けていたことがわかっている.これは,大迫ダムによる土砂遮断の影響が,調査地点までの約 17.5km 区間に加わる 154km^2 の集水域から流入する土砂によって軽減されていたことを示している.

紀ノ川上流の二つのダムの例から,ダム下流に大きな支川がない場合には増水時に 3〜4km 程度の区間は一気に粗粒化してしまうが,20km 以内にダム集水域と同程度以上の集水域の増分があれば粗粒化の影響が軽減されると予想される.

6.3.2 付着層発達の波及範囲

大迫ダムの下流域 3km 区間では,付着層量の流程変化も調査した.大迫ダムは吉野川の源流に位置するため,流入河川の水質は比較的清澄であるが,貯水池では湖内生産によって度々赤潮が発生している.大迫ダム下流の河床の岩石には分厚い付着層が沈着しており,その強熱減量は St. 1 では 35mg/m^2 に達した (図 6-14b).これは高見川の参照地点の 4.4mg に比べて極度に高い値である.また,付着層量に対しては流下距離や支川の流入による回復が認められず,St. 1〜5 のいずれの地点でも 30mg/m^2 以上の付着層が測定された.この結果は,大迫ダム下流域では,粗粒化の現象よりも付着層の沈着現象の方が長距離に及ぶ可能性を示している.ただし,本調査は冬の

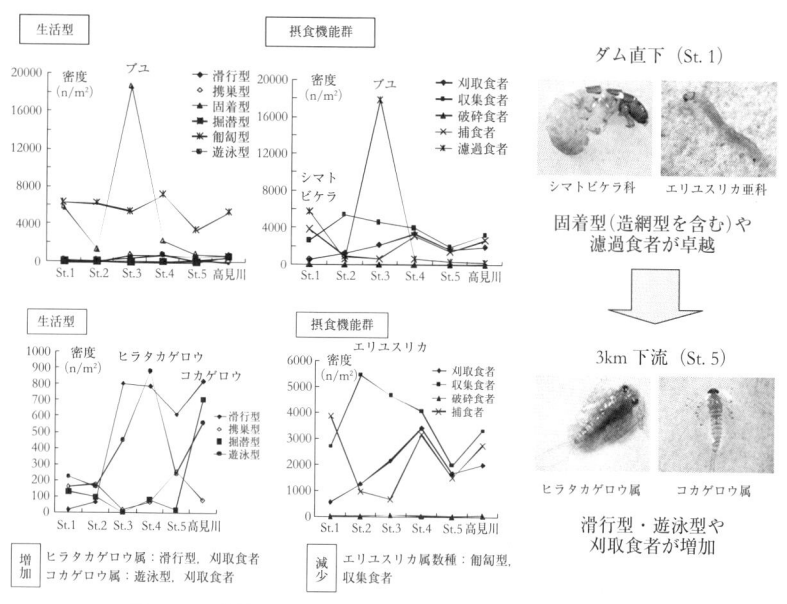

第6章　ダム下流河川の底質環境と底生動物群集の変化

図 6-15　大迫ダム下流における底生動物群集の流程変化

流況が安定する時期に実施したものであり，増水後のタイミングで調査すれば，支川から供給される土砂のクレンジング効果が検出できる可能性も残されている．したがって，付着層量の回復距離を見極めるにはいろいろな流況条件の後を選んで繰り返し調査をする必要がある．また，この調査では，長径が20cm以上の石を選んで上面の付着層量を測定したが，支川から流入するより小さい礫について調べれば付着層量が少ない可能性もある．

6.3.3　底生動物群集の流程変化

大迫ダム下流域3km区間における底生動物群集の種組成は，数百メートルの間に変化していることがわかった（図6-15）．ダム直下ではナカハラシマトビケラ等の造網型（固着型）の濾過食者が優占していた点は，6.2節でダム直下流に平均的に認められた傾向であり，これまでにも多くのダム下流域で報告されている．ところが，図6-15からは，ダム下流域で減少が認められたヒラタカゲロウ科などの滑行型の水生昆虫はダム直下（St.1）と450m地

図 6-16　濾過器を差し出して流れの中の粒状有機物を濾しとって食べるブユ科幼虫

点(St. 2)では確かに少ないが，640m (St. 3)よりも下流では急速に個体数が増加したことがわかる．これと同様にコカゲロウ科などの遊泳型も比較的短距離で増加が認められた．これらの変化には，付着層が発達していない石表面が出現することが関係すると考えられるが，少なくとも大きな石の上面の付着層の有機物量では 3km 流程で有意な減少が認められていないので，流砂の影響を受けやすい石の上流側の面や小粒径の石表面の特性などに着目して調査をし直す必要があるだろう．

また，大迫ダム下流の 640m 地点にアシマダラブユ属が優占状態である現象が見られた(図 6-15)．ブユ科の幼虫は，滑行型よりもさらにつるつるの石表面を必要としている．彼らは，石表面のごく近傍の**境界層**(boundary layer)内の流れの緩い部分にしがみつき，流速の大きな境界層の外に触覚の濾過器を差し出して流れのなかの粒状有機物を濾しとって食べている(図 6-16)．このため，境界層が自分の身体長よりも薄い石にしか棲むことができない．その結果，アシマダラブユ属の幼虫は，もっぱら急流部のしかもつるつるの石表面に分布している．ダム下流部は植物プランクトンが豊富に流れ

てくるため彼らの餌条件は好適であるのに，ダム直下流で少ないのは付着層が発達することによって境界層が厚くなってしまうことが原因と考えられる．この条件が改善されたときには爆発的に個体数密度が増したということだろう．

6.4 試験湛水およびダム再開発事業に伴う流況変化と下流生態系変化

6.4.1 ダム試験湛水前後の下流河川環境変化

　ダムの建設においては堤体が完成した後，試験湛水をはじめる．試験湛水時は，ダム貯水池に水を溜め込むために，下流の流量は低下する．また，試験湛水終了のときには，もっとも水位を上げた後に水位を下げる．このとき，下流の流量は増加する．試験湛水を通しての調査を継続することは，単にダム建設前後の短期的な変化をとらえるだけでなく，流量の低下のとき（試験湛水での湛水期間中）に何が起こるか，流量が増加したとき（試験湛水終了時）に何が起こるかを明らかにするのに好都合である．木津川水系名張川にある比奈知ダム（三重県）では試験湛水（1997年10月16日〜1998年5月13日）の前後を通して，底生動物とそれを取り巻く一連の環境が包括的に調査されている．ここではそれを紹介する[5]．

　まずは，底生動物に影響を与えると考えられる環境要因の変化を見てみたい．図6-17は試験湛水をはさんでダム流入量と放流量を比較したもので，ダムによる流況の改変を検討したものである．湛水中はダムから基本的に維持流量分の放流を行うため，ダム流入量にかかわらずダム放流量は$0.5\text{m}^3/\text{s}$以上$1.0\text{m}^3/\text{s}$未満が約80%を占めている．ダム湛水後は流入量，放流量ともにほぼ同じ頻度分布をとっており，流量ごとの頻度も湛水前のそれとほぼ同様である．河床材の変化は，図6-18に示した．ここでは，3か所を中心に調査が行われている．ダム直下流，四間橋地点（ダムから3km），蛇行点（同4km）である．ダム直下では相対的に砂の比率が減少し，礫および岩盤が増加している．蛇行点においても同様の傾向が認められる．地点間で比較すると，ダム直下においては試験湛水開始直後から砂の減少がはじまっている

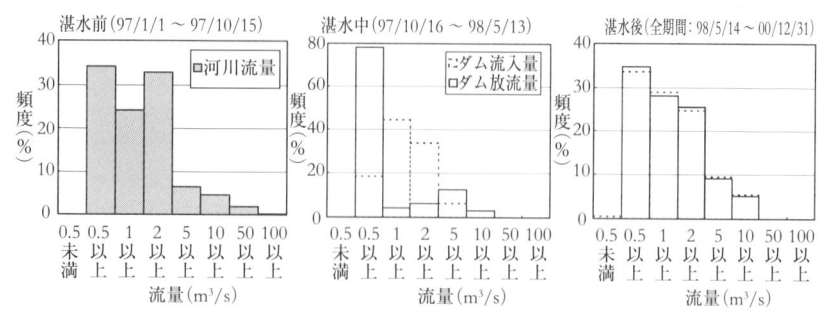

図 6-17 比奈知ダムの上流地点と下流地点の流量の比較

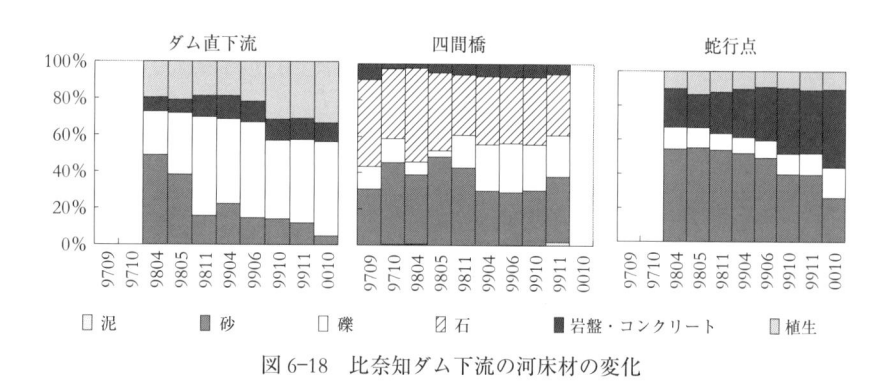

図 6-18 比奈知ダム下流の河床材の変化

が，それより下流の四間橋地点では，砂の減少はそれより 1 年程度遅いことが確認できる．ダム下流における粗粒化の進行はダム直下から徐々に下流に広がると思われるが河道の形状に由来する堆積しやすい場所が存在するために，必ずしも均一に進むわけではないのだろう．クロロフィル量の変化に関していうと，試験湛水開始以降の多くのときで，流水中のクロロフィル a 量は上流で $2mg/m^3$ 程度，下流では $7mg/m^3$ 程度の値を示した（図 6-19）．河川中のクロロフィル a 量は通常多くは付着藻類の剥離などに由来するものであるが，ダム下流でのこの値は貯水池で発生した植物プランクトンの供給によるものである．堆積有機物に関しては，試験期間中には多かったものの，試験湛水後，流況が戻ると減少した．

底生動物相の変化については，生活型・摂食機能群ごとの個体数変化を

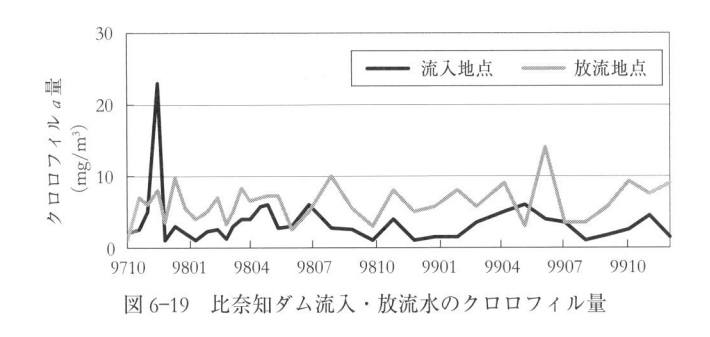

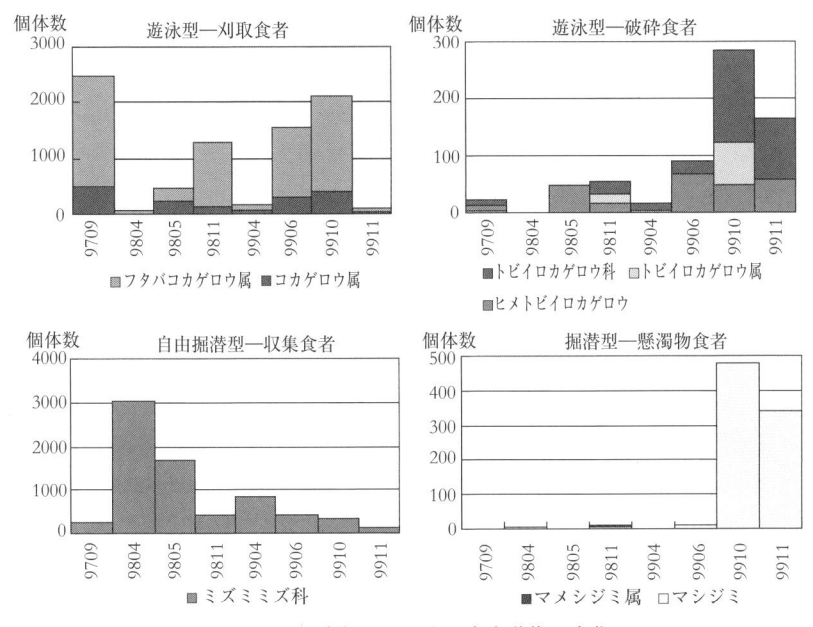

第6章 ダム下流河川の底質環境と底生動物群集の変化

図 6-19 比奈知ダム流入・放流水のクロロフィル量

図 6-20 比奈知ダム下流の底生動物の変化

見てみたい（図 6-20）．試験湛水に入ると各グループは大きな変化を示した．とくに自由掘潜型・収集食者であるミズミミズ科の生物は急速に個体数を増し，刈取食者や破砕食者は減少した．これは，試験湛水による流量の低下が原因と考えられる．試験湛水中のきわめて小さな流量は，底泥に棲むような生物の個体数の増加を招き，一方で，本来流水性で渓流らしい環境を好む他

Part Ⅱ　ダムと下流河川環境

表 6-1　底生動物と生息環境の重回帰分析結果

季節	生活型	摂食型	代表種類名	泥砂占有度 SM	平均粒径 φ	石の表面積 SA	クロロフィル a 量	全 POM (log)	CPOM (log)	MPOM (log)	FPOM (log)	流速 (log)	水深 (log)	日最大流量 1 年最大 (log)	日最大流量 60 日最大 (log)	日平均流量 60 日平均 (log)	修正済重相関係数(履歴考慮)	修正済重相関係数(履歴を考慮しない場合)
秋季	遊泳	刈取	フタバコカゲロウ属		-0.42												0.58	0.56
秋季	掘潜	堆積物食	ナイロカワカゲロウ			0.26								0.19			0.65	0.58
秋季	刈取	刈取	ウタドトビケラ属	0.28					0.33		-0.19			-0.60			0.64	0.64
秋季	造網	懸濁物食	ナカハラシマトビケラ		-0.38									-0.34	-0.55		0.42	0.36
春季	固着	懸濁物食	ウスバヒメガガンボ属			0.40						0.38					0.73	0.73
春季	固着	破砕食	エリユスリカ属			0.42				0.24	0.36				0.52		0.72	0.50
春季	匍匐	泥食	ミズミミズ		-0.28		-0.26				0.30		0.19			-0.27	0.58	0.57

：生活型，摂食型から関係性が想定される環境因子が選定された場合
：履歴の有無で比較して修正済み重相関係数が大きい場合

の分類群の減少をもたらした．試験湛水後の1998年5月以降はグループにより反応が異なった．自由掘潜型・収集食者は個体数が減少した．これは，試験湛水後の流量の増加により，底泥の環境が変わったことが原因と考えられる．遊泳型では，刈取食者も，破砕食者も個体数が増加した．懸濁物食者は，試験湛水前はほとんど確認されなかったのに対して，試験湛水後個体数が増した．これらの生物は比較的細かな粒状有機物を食しており，プランクトンの増加が原因と考えられる．また，マメシジミ類のように砂礫にもぐるタイプのものも，十分な個体数が認められている．河床材の調査からは，調査地点により砂の減少が認められたが，その影響はまだ生物に対しては及んでいなかったと考えられる．しかし，底生動物の主要な調査地点が四間橋であり，この地点は，他の地点に比べて粗粒化の傾向が認められないことから，地点固有の現象である可能性もあり，今後の継続した調査が必要である．

次に，これら底生動物の生息に影響を与えると想定される条件のうち，主な項目を選定して重回帰分析を行い，底生動物の個体数に対する主な環境要素の影響を検討した．このとき，環境要素としては，単に，平均粒径（ϕ）や石の表面積（SA）といった河床材にかかわる要素，粒状有機物（POM）などの調査時の環境だけでなく，底生動物を採集した場所の過去の流速（調査時から遡り，さまざまな期間の最大値や平均値を流量データから水理計算を介して導入）を取り入れた．表6-1がその結果である．この回帰分析により，上述してきた底生動物の密度変化の一部については，底質環境との対応が検出できた．また，それとともに，過去の流速を入れることによりモデルの説明力があがっている．どの程度の期間の履歴流量の平均値や変動性がかかわってくるのか検討するだけの調査データがさらに蓄積される必要があるが，底生動物の密度に底質環境とともに，流況がかかわっている可能性は示唆できるだろう．

6.4.2　ダム再開発事業に伴う流況改善とその下流生態系変化

78年間維持流量が設定されずに，ほとんど無水であった高梁川水系帝釈川ダム下流では，2001年7月から2003年3月にかけて順次0.1, 0.2, 0.348m^3/sの維持流量が放流され，2003年3月中旬からは再開発事業に伴う

図 6-21 帝釈川ダムの下流概略と調査対象区間

工事によりダム流入＝放流となった．この間の流況改善による生態系の変化が調査された[6]．

図 6-21 は調査範囲を示しており，下流流程を支流流入を含め示している．ダム下流域では 11.2km 区間が減水区間となっているが，3.0km 下流で帝釈川は成羽川に合流する．調査範囲の河床勾配は 1/66 〜 1/266，川幅は概ね 20 〜 50m である．2001 年 7 月以降の維持流量 $0.1m^3/s$ の放流により瀬切れは概ねなくなり，流況改善に伴う流水が回復した．

流況改善に伴う生物群集の対応は，糸状藻類，魚類，底生動物が追跡されている．糸状藻類は，維持流量放流後は流量が一定であるために繁茂したが，自然流況となり流量の変動が大きくなると剥離が進み減少した．魚類は，維持流量放流時と自然流況時が対比されている．自然流況後，平瀬を好むオイカワが減少し，魚類によっては生息環境の減少につながると考えられる．魚

第6章 ダム下流河川の底質環境と底生動物群集の変化

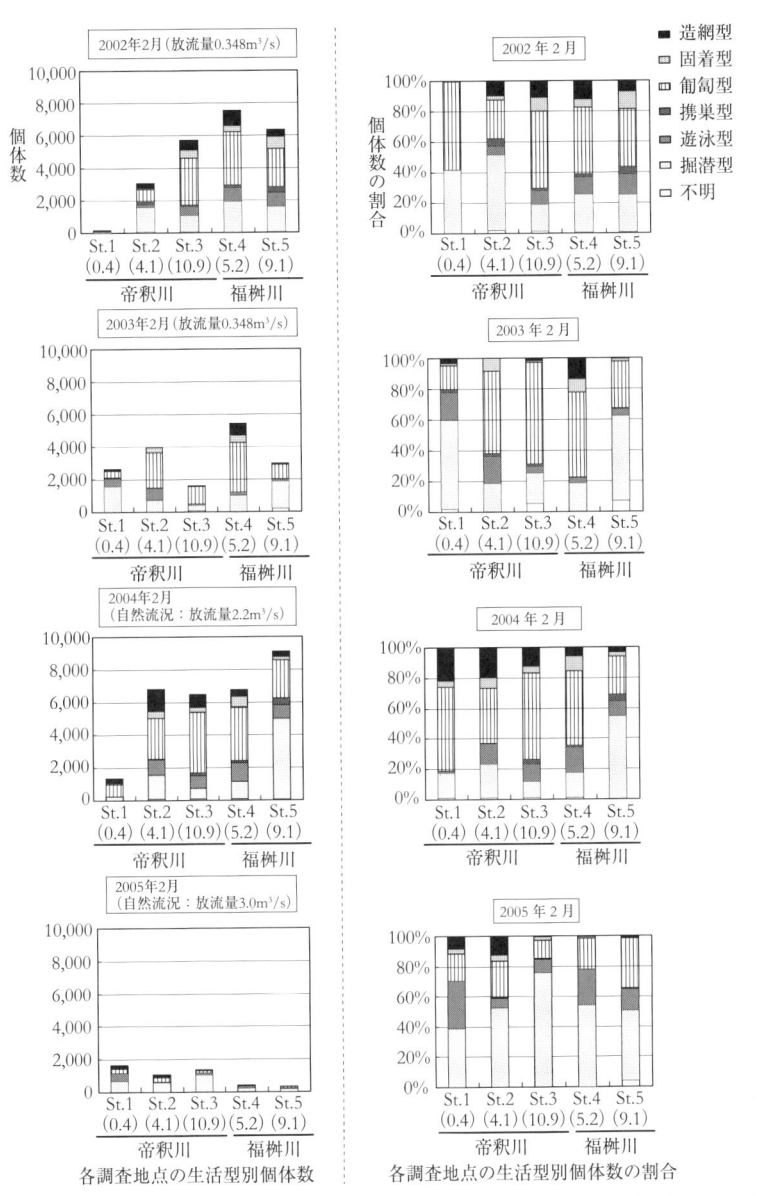

図 6-22 帝釈川ダム下流および福桝川における底生動物の生活型別個体数等の推移．
各地点，25×25 cm のコドラートを三つ設置したが，左図はその合計の出現個体数を，右図はその割合を示す．調査地点下の（　）内の数値は，帝釈川ダムからの距離（km）または福桝川調査上流端からの距離（km）を示す．調査地点は図 6-21 参照．

類全体としても，帝釈川ダム下流は，種数，総個体数が増加することはなかった．図6-22に各調査地点における底生動物の生活型別個体数及びその割合を示す．2002年2月の調査時にはカワニナなどの匍匐型が優占し，種数，総個体数，多様度指数も低かったが，流況改善1年程度でそれ以前と大きく構成が変わった．分類群（目）別にみると，時間経過に伴い，カゲロウ目，トビケラ目が増加し，全体の種数，総個体数，多様度指数のいずれも増加し，ダムの影響を受けていない地点との差が小さくなった．

先の比奈知ダムの事例とあわせると次のようなことがいえる．比奈知ダムでは試験湛水中に維持流量放流が続き，ダム下流でカゲロウ目優占からミミズ綱やエリユスリカ属等のハエ目が優占するなど，自然流況から安定した流量に短期間変わったことで底生動物群集が変化した．帝釈川ダム下流ではこれと逆で，維持流量の一定放流から自然流況になった．掘潜型の割合は，流況が改変されていない福桝川と比較して多かったものが同程度になり，造網型や匍匐型の割合も増した．また，比較的上流域にあるダムではその規模も相対的に小さいが，ダムによる流況とその下流生態系変化は，流況改善により部分的に回復の様相を示すようである．

参照文献

1) 波多野圭亮・竹門康弘・池淵周一（2005）貯水ダム下流の環境変化と底生動物群集の様式．京都大学防災研究所年報 48B：919-933.
2) 谷田一三・三橋弘宗・藤谷俊仁（1999）特殊アクリル繊維による付着藻類定量法．陸水学雑誌 60：619-624.
3) 波多野圭亮・竹門康弘・池淵周一（2003）貯水ダムが下流域生態系へ及ぼす影響評価．京都大学防災研究所年報 46B：851-866.
4) 谷田一三・竹門康弘（1999）ダムが河川の底生動物へ与える影響．応用生態工学 2：153-164.
5) 大杉奉功・福田圭一・泉田武宏（2000）ダムの試験湛水時における流況変動と底生動物群集の応答関係に関する研究．河川技術に関する論文集 6：179-184.
6) 村田裕・浅見和弘・三橋さゆり・大本家正（2008）帝釈川ダム下流における流況改善に伴う水生生物の変化．応用生態工学 11：63-79.

第7章
貯水池プランクトンと底生動物群集

第6章ではダムによる流況・流砂の改変が下流河川の底生動物群集に及ぼす影響について述べた．6.2.4 において，貯水池で発生したプランクトンが流下してくることが底生動物群集にも影響する可能性を示唆したが，本章では，その貯水池プランクトン流下がダム下流河川の底生動物群集に及ぼす影響について，さらに検討を加えてみたい．

7.1 濾過食者の増加

水中を流下，浮遊する生物，遺体，デトリタスなどの有機物を餌とする動物を**濾過食者**という[1]．海洋や湖沼においては，魚類などのように自らが能動的に移動して水体中の浮遊生物を食べるネクトン（nekton 遊泳生物）も多い．大型のものではアミ，カイアシ類などの浮遊性甲殻類を餌とするクジラがそうだし，比較的小さいイワシ類の稚魚のシラスなども濾過食動物である．一方，岩礁などの底質に定着あるいは固着して，水中の粒状有機物やプランクトンを餌とする貝類，フジツボなども濾過食に分類される．自ら移動する代わりに，潮の干満や波浪などを利用して，移動してくるプランクトンや有機物を餌としている．いわば，受動的な濾過食者である．また，砂泥底や岩礁の基質に営巣して，海底で巻きあがるような懸濁物を餌とする動物は，懸濁物食者として区別することもあるが，これらも広義の濾過食者に入る．

図 7-1　ヒゲナガカワトビケラ幼虫（上）と成虫（下）

　河川には基本的には恒常的な流れがある．プランクトン生物の流下は少ないが，河川に流下粒状有機物ネットをかけると，河川内で生産される剥離藻類や底生動物など自生性有機物，周辺から供給される落葉などの外来性の有機物など，清冽に見える河川でも驚くほど多くの有機物が流れている．もちろん，ネットにかかるような大きさ (0.1mm以上) の有機物粒子よりさらに小さな粒子が多いし，溶存有機物 (DOM：Dissolved Organic Matter) として区別されるような極微粒分画や，溶存性有機物のほうが多い．しかし，水生昆虫の幼虫など，大型無脊椎動物が直接に餌として利用する有機物粒子の分画は，微粒状有機物として区分されている $0.5\,\mu m$ から 1mm の分画が中心であると思われる．

　濾過食者のなかで，ダム河川で密度が高くなり生態的機能が重要になるのは，ヒゲナガカワトビケラ科とシマトビケラ科の二つの造網型トビケラのグループである．ヒゲナガカワトビケラ科 (図7-1) には，2属が含まれるだけ

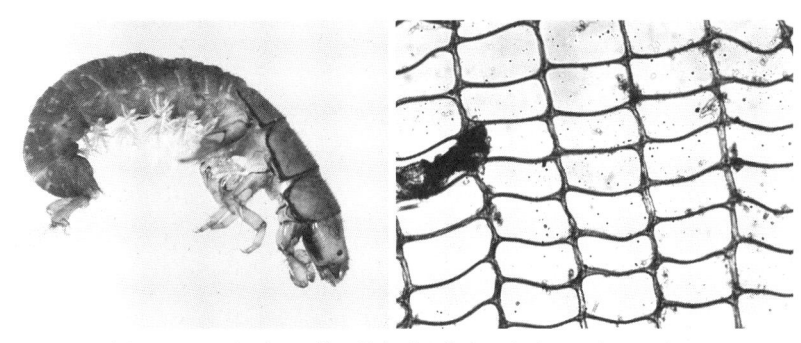

図7-2 シマトビケラ科の幼虫（左）とネット（右；顕微鏡写真）

で，造網性トビケラのなかでも，原始的な種類とされる．東アジアを除けば，ゴンドワナ型の分布をしている．すなわち欧米には生息せずに，東アジア，北インド，オーストラリア東部，アフリカ地溝帯の一部に分布する．石礫の間に巣と網の区分がはっきりせず，メッシュの規則性のほとんどない，いわば粗雑な巣網を張る．しかし，日本では著しく優占的な河川無脊椎底生動物となる．著しく高い密度となるだけでなく，幼虫サイズが大きいことや日本の中部以南や亜熱帯域では年に2世代以上を繰り返すために，河川性底生動物の単一種個体群としては群を抜いて高い生産性を記録している[2]．原始的とされる動物の生産性が高いという，いわば河川生態系のパラドックスだろう．食性は雑食性であるが，山地渓流では5齢幼虫になると肉食傾向が強くなるとの報告がある[3]．

シマトビケラ科（図7-2）は，造網性トビケラのなかでは，もっとも進化したグループと考えられている．また，幼虫形態，造網習性を含めて，多様なグループからなっている．世界的に見てもすべての生物区に分布し，多くの河川で優占種になることの多い底生動物である．日本に分布する亜科としては，キマダラシマトビケラ亜科，オオシマトビケラ亜科，シマトビケラ亜科がある．キマダラシマトビケラ亜科は小さなグループで，種数も少ない．

シマトビケラのなかで，ダム湖の流出流であるダム河川に多産する種は，比較的限定される[4]．その原因はいまだ不明であるが，ダム河川で密度が高くなる種は，とくに限定される．それらの種と水力発電所の水路に多産して

発電害虫となる種とはかなり共通している．第二次世界大戦の戦中から戦後には，水力発電が基幹エネルギーであったため，発電害虫の研究は各地で実施された．それらの資料をまとめると，以下の種が発電水路やダム下流河川で多産するトビケラになる．すなわち，オオシマトビケラ，ナカハラシマトビケラ，コガタシマトビケラ，ウルマーシマトビケラ，エチゴシマトビケラである．なかでも，オオシマトビケラは，幼虫サイズが大きく高密度になるため，発電障害の程度も大きい．砂粒を集めて，水路断面が小さくなる程度まで密集することが，関西電力宇治発電所などでは報告されている[5]．シマトビケラ属では，ウルマーシマトビケラがもっとも普通種で発電水路にも出現するが，水路での多産傾向はナカハラシマトビケラのほうが大きい．コガタシマトビケラ，エチゴシマトビケラは，幼虫サイズが小さく巣網サイズも小さいために，発電障害の程度は少ないようだが，密度はかなり上昇する．

　発電水路の濾過食者であるトビケラを中心に紹介したが，これらの多くはダム河川にも多産する．発電水路は流速がきわめて大きくなるので，定着性の底生動物以外は棲みにくい場合が多いが，ダム河川にはさまざまな生息場所があり，チラカゲロウ，ヒトリガカゲロウなどの遊泳性で移動性の高い濾過食性底生動物も多産することがある．また，発電水路の上流には天然湖沼，あるいは人工湖沼であるダム湖をもつことが多いので，ダム河川と共通する種が多いのは当然かもしれない．しかし，上流に貯水部をもたない流れ込み型の発電水路でも，発電水路多産型のシマトビケラ科などの底生動物は，ある程度は共通している．流量の安定性，環境の単純化，卓越種の出現など，貯水部の存在以外の要因も今後は比較検討する必要があるかもしれない．

　ダム湖の止水域では浮遊性生物（プランクトン）が発生することは，流下粒状有機物の量を増加させることになると予測させる．一方，止水域では上流から供給される流下粒状有機物が沈降することで，その部分の粒状有機物は減少する．恐らくは，湖内で生産されるプランクトン起源の粒状有機物のほうが多くなると思われる．しかしながら，ダム湖の上下流で流下粒状有機物の量を定量的，継続的に調査した例は，意外に多くはない．ダム下流部から下流に向かって流下有機物と濾過食のシマトビケラ属の密度を調べた例では，ダム直下から両者の密度は確実に減少するという報告はある[6]．

量はさておき，餌の質で見るとどうなるだろう．シマトビケラ幼虫に硅藻類，デトリタス（植物遺体），動物質を与えて，飼育し，成長率を比較した研究がある．硅藻や動物質は，デトリタスに比べて2倍以上の成長が確認されたという[7]．また，造網性トビケラ類について，野外個体群の食性と生産を測定，推定した研究でも，動物質や硅藻は，不定形デトリタスの2〜3倍の**同化率**が与えられている[8]．少なくとも，ダム下流河川に供給される動物や植物プランクトンは，濾過食性底生動物の餌の質を格段に向上させることになる．

また，植物プランクトンについては，一般の河川の流下あるいは堆積粒状有機物に比べて，サイズが小さくなるとともに，均一化される傾向がある．とくにプランクトンのブルームやアオコ，淡水赤潮が発生したときには，単一種が大量に下流河道に供給される．このような場合には，特定のメッシュの濾過網や濾過器官をもつ種や発育段階の底生動物の採餌効率がよくなると思われる．実証的な研究はないが，四国の吉野川においては早明浦ダムが建設されてから，もっとも細かいメッシュの捕獲網をもつオオシマトビケラの密度と分布域が大きくなったとの報告がある[9]．この例は，ダム湖プランクトンと下流河道底生動物との関係を示すよい例だろう．

7.2 ダム貯水池の水質環境と河川底生動物への影響

流水環境である河川に巨大な止水域が形成されることは，水域環境を大規模に改変する．しかし，完全な湖沼が形成されるわけではなく，河川と湖沼の中間型，あるいはハイブリッド型の水域が形成されるという[10]．大陸の大規模ダムでは，大型河川と中型湖沼との中間的な性格をもつという．

Kimmelら[10]は，ダム湖の一次生産を考えるときに次の段落で述べるような項目について，河川と天然湖沼，さらにダム湖を比較した．ダム湖は，いずれの特性についても，河川と天然湖沼の中間的な状態，あるいは両性的な状態を示すと説いている．

その項目とは，湖盆形状（縦長，水路状；円形あるいは鉢状），流れ（早く一

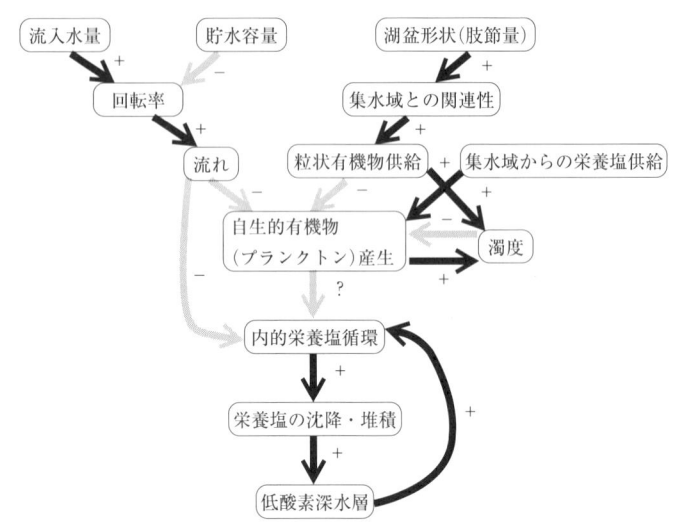

図 7-3　ダム湖における環境影響連関の概念図

方向；遅い，方向性なし），回転率（大きい；小さい），集水域との関連性（とても大きい；少ない），粒状有機物負荷量（多い；少ない），栄養塩の供給様式（移動あるいは移流；循環），栄養塩の消失様式（移動あるいは移流；沈降），有機物供給（他生的；自生的）といった要因である（以上，括弧内は前者が河川，後者が天然湖沼を表す）．それらを中心として，ダム湖の生物生産性にかかる要因の関連図を示した（図 7-3）

日本列島にあるような中小規模のダム湖では，中間的というより，河川に近い性質を示すダム湖が多いと思われる．上記の特性のうち，日本のダム湖としてとくに特性を検討する必要があるのは，湖盆形状，流れ，回転率，粒状有機物負荷量，有機物供給だと思われる．

日本のダム湖の多くは山地渓流に建設されることが多く，貯水量を確保するために，湖面積や湖辺長に比べて，堤高が高い．山地にダム湖が形成されるために，森林からの有機物の流入は流木も含めて多くなる[11]．集水域との関係ではより河川的な特性，すなわち陸域との関連性が大きくなる．貯水量が少ないため，回転率が大きく流速が大きくなる日本型ダム湖では，プランクトンの生産が小さくなると思われる．とくに大型の動物プランクトンの発

生が見られるダム湖は少ない。山地河川につくられるダム湖では、支流などが水没して形成される湾入部が多く、**肢節量**が大きくなる。**淡水赤潮**や**アオコ**などは、陸域との接点が大きく集水域から栄養塩が供給される、このような湾入部で局所的に起きることも多いようだ。

ダム湖では、プランクトンが発生し自生的有機物となって、それらは多少とも沈降する。この過程によって、ダム湖に流入した栄養塩はプランクトンが吸収し、それが湖底まで沈降、堆積するために、栄養塩自体は減少すると思われる。また、上流河川から流入してくる粒状有機物のうち、大型の粒子もやはり湖底に沈降、堆積する。これらの沈降、堆積した有機物は、ときには嫌気的条件下で、リンや金属の溶出を起こすと思われるが、それらについての、国内のダム湖における研究はないようである。

広義の水質環境としては、水温環境に与えるダム湖の影響は温帯域において大きい。とくに下層から取水するダムでは、水温の日較差や年較差が著しく減少する[12]。底生動物への影響としては、夏季水温の低下の影響がもっとも大きい。夏季水温が下がることで、冷水性の生物種が生存可能になった例は、国内外のダム河川で報告されている[13)14)]。コロラド川における底生動物群集の劇的な組成の変化は、主に夏季水温の低下によって起きているようだ[15)]。それに比べて、高水温性の種の生息場所が減少したという報告は少ない[16)]。温度耐性によって組成が変わるとともに、生活史あるいは生活環への水温変化の影響も大きい。水生昆虫などの河川底生動物のなかには、生活史における孵化、発育、蛹化、羽化などのタイミングを、水温、とくに有効積算温量によって決めている種が多い[17)]。冬季水温の上昇は、幼虫の発育と成長を促進するが、夏季水温の低下は、幼虫の発育と成長を抑制すること多い。しかし、夏季に30℃を超えるような高水温河川では、夏季水温の低下は、高温による発育・成長阻害を回避することで、プラスの影響を与える可能性もないではない。

このように、夏季と冬季が水温に対して逆の効果をもつため、年間を通しての積算温量は変化しないという報告もある[18)]。しかし、底生動物の生活史のパターンによっては、上記のヒゲナガカワトビケラのように、積算温量が変化しなくとも、生活史パターンの変わる例もありうる。また、日較差の減

少は積算温量には大きな影響を与えないと考えられてきたが,日平均水温が発育あるいは成長零点を超えていなくとも,一日のうちに超えるような水温環境があれば,幼虫の発育は可能であり[17],日較差の減少は発育や成長の抑制に働く可能性が高い.

ダムによる水温環境の変化は温帯域で研究されることが多かったが,高緯度の冷温帯から寒帯,あるいは低緯度の熱帯では,異なった水温変化が起こる.高緯度地域の河川では,底生動物の多くが低水温選好性のために,夏季の水温低下は種多様性を大きくするように働くという.チェコのジラバ川におけるカワゲラ群集の研究では,対照河川の種数が5種に対して,ダム下流河川では14種と多く,個体数密度も現存量も18から40倍程度と大きくなっていた[19].一方,熱帯や亜熱帯河川でダム湖の淡水域が浅い場合には,ダム湖のなかで水温上昇が起こり,下流河川の水温が上昇するケースもある.水温は,ほとんどのダムの上下流で計測されている水質項目であるが,それが生物群集も含む環境の管理に活用されているとはいえない.今後は,魚類や底生動物の生活環との関連性に主眼をおいて,分析研究をすることが必要であろう.

7.3 ダム湖プランクトンの流下距離

ダム湖で生産されたプランクトン(図7-4)は,下流河川に流れ出たあとどこまで流れるのだろうか? 河川を流れる微小な有機物の流下距離については,アメリカの山地渓流で行われた研究から,流量が$0.304m^3/s$,水位が$0.23m$,勾配が0.051の河川で$637m$,流量$0.225m^3/s$,水位$0.31m$,勾配0.018の河川で$616m$との報告があり[20],河川流量や水位,勾配,河床の特性などの条件によって流下距離はさまざまに変わることが知られている.したがって,ダム湖のプランクトンの流下距離も流量や地形条件で変化すると予想される.日本では,天竜川における諏訪湖から流出する藍藻 *Microcystis* の流下距離が推定されており,ダム湖の場合の比較材料として有効である[21].*Microcystis* は,細胞長$2.5〜10\mu m$程度,群体長$50〜$数$100\mu m$で微粒状有機

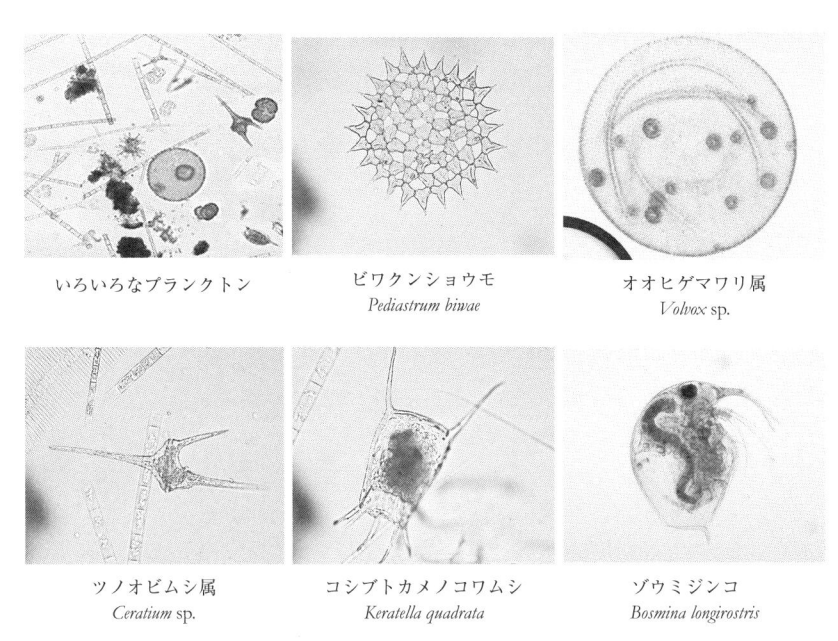

第7章　貯水池プランクトンと底生動物群集

いろいろなプランクトン	ビワクンショウモ *Pediastrum biwae*	オオヒゲマワリ属 *Volvox* sp.
ツノオビムシ属 *Ceratium* sp.	コシブトカメノコワムシ *Keratella quadrata*	ゾウミジンコ *Bosmina longirostris*

図7-4　ダム湖の下流河川にみられるプランクトン

物に含まれる粒径である．片上ほかの調査結果は，*Microcystis*は流量が10〜50m^3/sのとき16.5km流下する間に87％，32km流下する間に92％減少し，流量が50〜120m^3/sのとき32km下流で37％減少しており，河川流量が増加すると*Microcystis*の流下距離が長くなることを示している[21]．

　河床地形がプランクトンの流下距離に与える影響および，河床材料によるプランクトンの補足機能・供給機能の違いを評価することを目的に，河床地形の異なる木津川と宇治川でダム湖から流出するプランクトン濃度の流程変化様式を調査した．木津川本川は，河床材料の粒径が比較的小さく，下流域では1km程度の長さの砂州が発達している河川である．一方，宇治川の下流域は，河床低下によって砂州が減少し岩盤や粘土層が露出している流程が卓越している．

　調査地点は，木津川では高山ダム直下から三川合流地点までの47km区間に9地点（図7-5），宇治川については天ヶ瀬ダム直下から三川合流地点まで

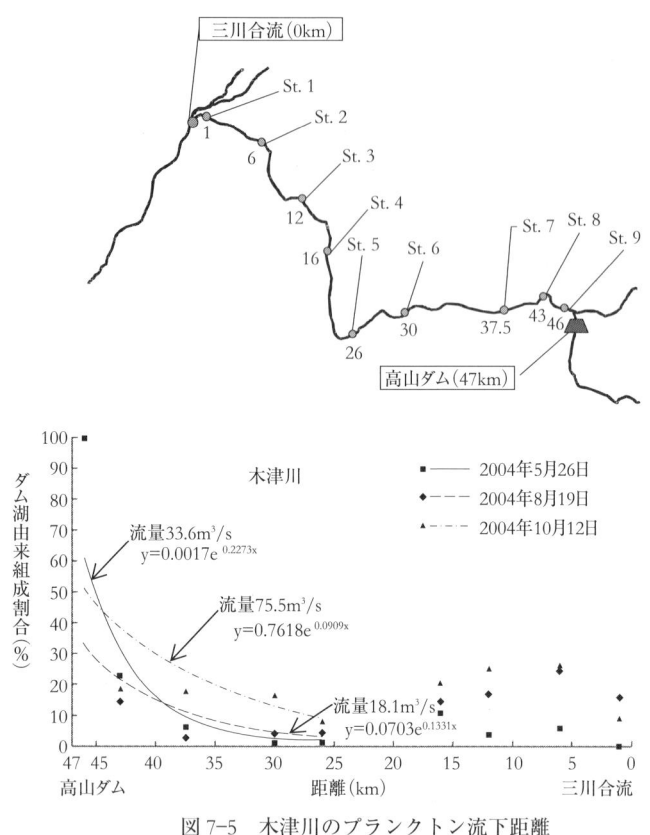

Part Ⅱ　ダムと下流河川環境

図7-5　木津川のプランクトン流下距離

の16km間に6地点設けた（図7-6）.

　流量別にプランクトン量を評価するために，木津川では平水～豊水時の2004年5月26日（St.6流量約33.6m^3/s），渇水時の2004年8月19日（St.6流量約18.1m^3/s），増水時の2004年10月12日（St.6流量約75.5m^3/s）に調査を行った．また，宇治川では平水時の2005年5月5日（St.6流量約68m^3/s），豊水時の2004年5月8日（St.6流量約130m^3/s），増水時の2004年5月11日（St.6流量約350m^3/s）に調査を行った．プランクトンは，流下粒状有機物ネット（口径30cm：メッシュサイズ100μm）を用いて一定水量を濾過する方法で採集した．

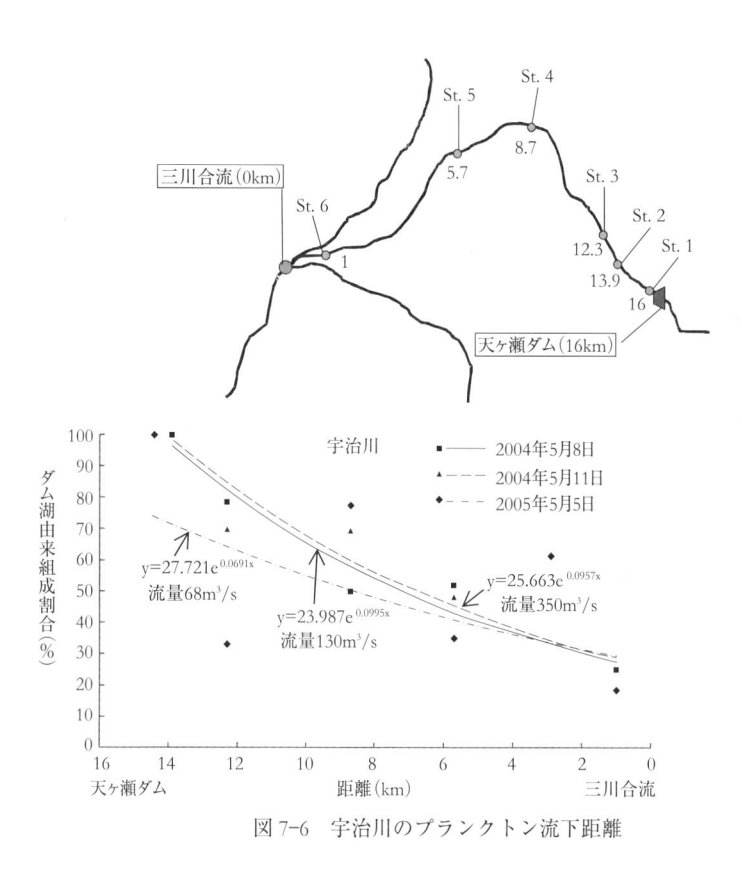

図7-6 宇治川のプランクトン流下距離

木津川ではゾウミジンコ,オオヒゲマワリ,宇治川についてはゾウミジンコ,コシブトカメノコワムシ,トゲナガワムシが多くみられたため,これらをダム湖由来のプランクトンの指標とした.

ダム湖由来のプランクトンの個体数割合は,いずれの流量条件においても流下に伴って指数関数的に減少する傾向を示した.しかし,宇治川で行った5月8日と11日の調査結果は,両日ともダム湖由来のプランクトン比率が天ヶ瀬ダム直下のSt.1よりもSt.2のほうが高かった.これは,St.2直上にある宇治発電所放流口からの流入水のプランクトン濃度が高かったためと考えられる.そこで,宇治川についてはSt.2のダム湖由来のプランクトンの割合を100%として個体数割合の変化を算出した.また,2005年度の調査で

は，St. 1 の代わりに宇治発電所放流口に調査地点 (St. A) を設け，ここのダム湖由来のプランクトンの割合を 100％とした．

最小自乗法によって得られた指数関数の較正式を用いてダム湖由来の成分の 50％減耗距離と 90％減耗距離を推定した[22]．その結果，木津川では，ダム湖由来成分が 50％に減少するまでに，渇水時 ($18.1m^3/s$) に 5.2km，平水時 ($33.6m^3/s$) に 3.1km，増水時 ($75.5m^3/s$) に 7.6km であり，増水時にもっとも長く平水時にもっとも短かった．一方，宇治川では平水時 ($68m^3/s$) に 12km ともっとも長く，増水時 ($350m^3/s$) の 7.9km がもっとも短かった．また，90％の減少に要する距離についても同様の傾向が認められ，木津川では渇水時 ($18.1m^3/s$) に 17.3km，平水時 ($33.6m^3/s$) に 10.1km，増水時 ($75.5m^3/s$) に 25.3km であり，宇治川では平水時 ($68m^3/s$) に 39.8km，豊水時 ($130m^3/s$) に 32.5km，増水時 ($350m^3/s$) に 26.1km であった．

木津川と宇治川の流下距離を比較すると，同程度の流量時においても，砂州が発達している木津川ではダム湖由来の成分は短距離で減少し，岩盤が卓越している宇治川では減少しにくいことがわかった．木津川と宇治川の河床勾配を比較すると，木津川下流部と宇治川の河床勾配はほとんど差がなく，むしろ木津川の上流部では宇治川に比べ急勾配である．それにもかかわらず木津川のほうが高いプランクトン捕捉率を示していたのは，木津川の河床に砂礫が多いことが関係していると考えられる．ただし，上記の可能性以外にも，両河川における流量条件の違いや支川流入による希釈率の違いなどいくつかの仮説が考えられる．

ただし，宇治川の結果では，河川流量が変化してもプランクトン個体数割合の変化様式にはあまり差がみられなかった．これは，宇治川では河床低下が起きているため，流量が増加しても冠水面積があまり変化しないことが原因ではないかと思われる．木津川では，流量が増加した場合に冠水面積が大きくなり，その分粒状有機物が捕捉されやすくなることが考えられる．今後，木津川においても流量が異なる場合について同様の調査分析をする必要がある．

7.4 ダム下流における栄養起源の変化

　河川生態系内の生物や物質の**安定同位体比**を貯水ダム下流域とその上流や貯水ダムのない支川とで比較した研究から，貯水ダム下流域生態系では炭素の安定同位体比が減少する傾向が知られている．例えば，米国のアイダホ州のスネーク川にあるアイランドパーク貯水池の直下流域では，流下粒状有機物の炭素安定同位体比が-30〜-28‰を示したのに対して，支川が合流した後の7〜8km下流地点では，-18〜-23‰に上昇する現象が記載されている[23]．

　この現象は，直下流域の流下粒状有機物に貯水池で生産されたプランクトンが多く含まれていることに原因すると考えられる．湖沼などの止水域の植物プランクトンに由来する炭素安定同位体比が河川や湖岸の付着藻類に由来する炭素安定同位体比よりも低い値を示すことが知られている[24]．このような現象は，河川の本流と三日月湖のような河跡湖との間でも知られており[25]，ダム湖では，これがより明瞭に起こっていると考えられる．

　河川生態系における物質循環の特徴は，自生性有機物の出発点が底質に付着する生活型の付着藻類と，陸起源の他生性有機物に大きく依存する点にある．河川連続体仮説では，上流域では陸上起源の有機物を起点とした腐食連鎖が，中流域では付着藻類を起点とした生食連鎖が，そして下流域では流下有機物を起点とした腐食連鎖が卓越すると予測されている．この過程で上流から河道に流入した有機物は，河川生態系内で無機栄養塩類にまで分解されるが，これは中流域の付着藻類や水生植物によって一次生産に利用される．したがって，物質はいわば河川水の流下を通じていわば螺旋を描くように変化すると考えられ，**栄養螺旋**（nutrient spiraling）と呼ばれている[26][27]．

　Newboldら[28]は，河川生態系において一回の栄養螺旋に要する流下距離を螺旋長（spiraling length）と呼んだ．螺旋長は，生元素が無機態の栄養塩として流下する距離と生産者に吸収されてから消費者や分解者の生物体内を経て再び分解されるまでの間に移動した距離の総和である．螺旋長は河川生態系の特性を示す重要な測度と考えられるが，これを実測することは容易ではない．例えば，Newboldら[29]は，放射性同位体でラベル化したリン分子を河

川内で追跡することによってリンの栄養螺旋長を求めたが，そうした方法は，可能ではあるが，放射線の環境影響を考えると必ずしも推奨できない．代わりに，もし河川生態系に流入する地点を特定できるような何らかのトレーサーになる物質があれば，流程に沿ってこれの濃度を測定すれば，流下の過程でどのくらいの距離で河床に捕捉されるかを推定できる．ダム下流域における炭素安定同位体比の低下現象をトレーサー代わりとして利用する手が考えられる．

　第6章および第7章で見てきた貯水ダム下流域の底生動物群集の変化は，アーマーコート化や富栄養化のように貯水池の存在に起因する現象と付着層の発達のように放流操作に起因する現象とが絡み合って生じることがわかった．また，同じ貯水ダムであっても，治水，利水，発電，多目的ダムなどの種類や貯水容量などによって，増水時や平水時の放流操作が異なり，下流域生態系への影響も異なることがわかった．これらの事実を考慮するならば，貯水ダム下流域における環境影響を軽減するには，これらの影響過程を区別しダムの放流操作の改善で期待できる項目とできない項目について見極める必要がある．

参照文献

1) Cummins, K. W. (1973) Trophic relations of aquatic insects. Annual Review of Entomology 18: 183-206.
2) Tanida, K. (2002) Stenopsyche (Trichoptera; Stenopsychidae): ecology and biology of a prominent Asian caddis genus. In: Proceedings of the 10th international Symposium on Trichoptera (ed. Mey, W.), pp. 595-606. Goecke & Evers.
3) 新名史典（1995）河川底生動物群集の食物網の実態とその動的側面．河川性水生昆虫類の分類・生態基礎情報の統合的研究（文部省科学研究費補助金報告書）（谷田一三編）：60-69．
4) Wiggins, G. B. (1996) Larvae of the North American Caddisfly Genera (Trichoptera), second edition. University of Toronto Press.
5) 津田松苗（編）（1955）宇治発電所の発電害虫シマトビケラの研究．関西電力株式会社近畿支社．
6) Oswood, M. W. (1979) Abundance patterns of filter-feeding caddisflies (Trichoptera: Hydropsychidae) and seston in a Montana (U. S. A.) lake outlet. Hydrobiologia 63: 177-183.

7) Fuller, R. L. and Mackay, R. J. (1980) Feeding ecology of three species of Hydropsyche (Trichoptera: Hydropsychidae) in southern Ontario. Canadian Journal of Zoology 58: 2239–2251.
8) Benke, A. C. and Wallace, J. B. (1980) Trophic basis of production among net-spinning caddisflies in a southern Appalachian stream. Ecology 61: 108–118.
9) 古屋八重子（1998）吉野川における造網性トビケラの流程分布と密度の年次変化，とくにオオシマトビケラ（昆虫，毛翅目）の生息域拡大と密度増加について．陸水学雑誌 59：429–441.
10) Kimmel, B. L., Lind, O. T. and Paulson, L. J. (2004) ダム湖の一次生産．ダム湖の陸水学（Thornton, K. W., Kimmel, B. L. and Payne, F. E. 編，村上哲生・林裕美子・奥田節夫・西條八束訳），pp. 105–156. 生物研究社.
11) Seo, J. I., Nakamura, F., Nakano, D., Ichiyanagi, H. and Chun, K. W. (2008) Factors controlling the fluvial export of large woody debris, and its contribution to organic carbon budgets at watershed scales. Water Resources Research 44: 1–13.
12) Ward, J. V. and Stanford, J. A. (1979) Ecological factors controlling stream zoobenthos with emphasis on thermal modification of regulated streams. In: The Ecology of Regulated Rivers (eds. Ward, J. V. and Stanford, J. A.), pp. 35–55. Plenum Press.
13) 谷田一三・竹門康弘（1999）ダムが河川の底生動物に与える影響．応用生態工学 2：153–164.
14) 内田臣一（1987）多摩川水系におけるカワゲラの分布．多摩川水系及びその流域における低移動性動物群の分布状態の解析，pp. 21–78. とうきゅう環境浄化財団.
15) Stevens, L. E., Shannon, J. P. and Blinn, D. W. (1997) Colorado River benthic ecology in Grand Canyon, Arizona, USA: dam, tributary and geomorphological influences. Regulated Rivers: Research & Management 13: 129–149.
16) Pardo, L., Campbell, I. C. and Brittain, J. E. (1998) Influence of dam operation on mayfly assemblage structure and life histories in two South-eastern Australian streams. Regulated Rivers: Research & Management 14: 285–295.
17) Mochizuki, S., Kayaba, Y. and Tanida, K. (2006) Larval growth and development in the caddisfly Cheumatopsyche brevilineata under natural thermal regimes. Entomological Science 9: 129–136.
18) Munn, M. D. and Brusven, M. A. (1987) Discontinuity of Trichopteran (caddisfly) communities in regulated waters of the Clearwater River, Idaho, U.S.A. Regulated Rivers: Research & Management 1: 61–69.
19) Helesic, J. and Sedlak, E. (1995) Downstream effect of impoundments on stoneflies: case study of an epipotamal reach of the Jihlava River, Czech Republic. Regulated Rivers: Research & Management 10: 39–49.
20) Georgian, T., Newbold, J. D., Thomas, S. A., Monaghan, M. T., Minshall, G. W. and Cushing, C. E. (2003) Comparison of corn pollen and natural fine particulate matter transport in streams:

can pollen be used as a seston surrogate? Journal of the North American Benthological Society 22: 2-16.

21) 片上幸美・中山恵介・金昊燮・米塚佐世子・朴虎東 (2003) 移流拡散モデルを用いた天竜川の藍藻 *Microcystis* の動態解析. 陸水学雑誌 64: 121-131.

22) 竹門康弘・山本佳奈・池淵周一 (2006) 河川下流域における懸濁態有機物の流程変化と砂州環境の関係. 京都大学防災研究所年報 49B：677-690.

23) Angradi, T. R. (1993) Stable carbon and nitrogen isotope analysis of seston in a regulated Rocky mountain river, USA. Regulated Rivers: Research and Management 8: 251-270.

24) France, R. L. (1995) Carbon-13 enrichment in benthic compared to planktonic algae: foodweb implications. Marine Ecology Progress Series 124: 307-312.

25) 高津文人・河口洋一・布川雅典・中村太士 (2005) 炭素，窒素安定同位体自然存在比による河川環境の評価. 応用生態工学 7：201-213.

26) Newbold, J. D., O'Neill, R. V., Elwood, J. W. and Van Winkle, W. (1982) Nutrient spiralling in streams: implications for nutrient limitation and invertebrate activity. American Naturalist 120: 678-652.

27) Georgian, T., Newbold, J. D., Thomas, S. A., Monaghan, M. T., Minshall, G. W. and Cushing, C. E. (2003) Comparison of corn pollen and natural fine particulate matter transport in streams: can pollen be used as a seston surrogate? Journal of the North American Benthological Society 22: 2-16.

28) Newbold, J. D., Elwood, J. W., O'Neill, R. V. and Van Winkle, W. (1981) Measuring nutrient spiralling in streams. Canadian Journal of Fisheries and Aquatic Sciences 38: 860-863.

29) Newbold, J. D., Elwood, J. W., O'Neill, R. V. and Sheldon, A. L. (1983) Phosphorus dynamics in a woodland stream ecosystem: a study of nutrient spiralling. Ecology 64: 1249-1265.

Part III

ダム下流の環境保全

第8章
ダム下流の河川環境保全策

8.1 河川環境の整備と保全

　ダムは治水容量を活かして洪水調節をはかり洪水被害の軽減に効果を発揮する．また，利水容量を使って発電，灌漑，上工水の安定供給をはかっている．都市用水に限っても，約178億 m^3/年という都市用水全体の約63％をダムが担っている．

　このように，ダムによる治水・利水機能には大きなものがあるが，その一方で，ダムが下流河川環境に少なからぬ影響を及ぼしていることについて，前章までで明らかにしてきた．とくに，ダムによる流況・流砂の変化，ダムの貯水池内の水質変化とそれらの流下プロセス等の視点である．

　こうした実態的な評価に立って，では，治水・利水と環境のバランスのうえにダムとその下流河川環境をどのように整備していくのか，なかでもダムが与える影響の緩和策や保全策としてどのようなことが考えられるか，本章では，ダムと環境をこの視点から議論する．ただし，最初に断っておくが，ここでは「自然環境」を絶対的に重視して，ダムを撤去せよとの立場はとっていない．河川の物理環境とその基盤にのっかっている生物・生息環境を，自然状態のそれに完全に戻すというのは，一見，今日の環境保護の議論に沿っているように見えるが，現実的にも，また，一度変化したものは，完全には元に戻らないという現象の不可逆過程を考えても，それは不可能である．自然環境自体，人為によらずともその内的営力，外的営力によりたえず変化し

ている．しかもそこに人が暮らし，人の営み，河川とのかかわりがあり，それに呼応して植生も変化し，生態系も必然的に変化しているのである．もちろん，だからといって，何も為さずに手をこまねいていよう，という意味ではない．

このような文脈で河川環境の整備と保全を目論むわけであるが，一体それは，どのような視点で，どのような目標設定で為されるべきなのであろうか．過去のある時点に遡って，その時点での河川の姿に戻してはどうかといった考え，また生態環境に注目し，そこに棲む特徴的な生物が生息・生育・繁殖を維持していけるように環境を保全・復元するといった考え方等，さまざまな意見はあるが，その具体的手順や目標の定量化はいまだもって明らかになっているわけではない．

1997年に改正された河川法では，河川の適正な利用，流水の正常な機能の維持，河川環境の整備と保全が明記された．河川環境の整備と保全に関する事項については，「流水の清潔の保持，景観，動植物の生息地または生育地の状況，人として河川との豊かなふれあいの確保等を総合的に考慮する」ことが挙げられている．

これらの事項との関連で，豊かな生態系の確保が唱われ，生物の生息・生育・繁殖環境としての良し悪しを，河川水質項目，例えばDO，NH_4-Nおよび水生生物の生息で評価し，ランキングする方法が検討されている[1]．

一方，物理環境から見た場合，攪乱を含めて流量や水位の変動，土砂の移動や変動といった川の有するダイナミクスが河道の物理基盤を構成し，それが生物の生息場となっていると考えれば，そのダイナミクスを回復・保全すべきだとの考え方もある．この「川のダイナミクス」とは何か．ダムがその流域に占める集水域の大きさからして，このダイナミクスをダムがどの程度変化させているのか．第4章で見てきたように，ダムが流況・流砂変動をフィルタリングしていることは事実である．流況・流砂のフィルタリングは下流河道の生息場を改変し，それによってそれぞれの種の存続性や生物多様性，生態系の機能が変化しているはずである．河川生態系の回復目標の設定は明確ではないし，下流環境に対する多くの保全施策は生息場の回復の評価にとどまることが多い．

ここでは，ダムの治水・利水機能を持続させながら，ダムによる流況・流砂改変の影響度を踏まえ，ダム下流の河川環境の整備・保全にどのようにとりくんでいるか，その経緯を含めとりあげる．

8.2 流況改変の対応策

8.2.1 流水の正常な機能を維持する流量

昭和30年代から40年代に，川の水を利用する上で，その川で生きてきた人々と生き物を尊重し川の自然環境を保全し川の景観を守りながら川から取水するという考えのもとでとられたものが「**正常流量**」である．その確保に資すべく，ダムにおいては「不特定容量」の設定がなされている．これは当初，不特定灌漑容量といわれていたが，結果として流水の正常な機能を維持する上で大きな役割をはたしていることから，後に「不特定利水容量」と呼ばれるようになり，1964年の河川法改正で「流水の正常な機能が維持される」ものと規定された．

正常流量とは，「舟運，漁業，観光，流水の清潔の保持，塩害の防止，河口の閉塞の防止，河川管理施設の保護，地下水位の維持，景観，動植物の生息・生育地の状況，人と河川との豊かなふれあいの確保等を総合的に考慮して定められた流量（以下「**維持流量**」という．）およびそれが定められた地点より下流における流水の占用のために必要な流量（以下「**水利流量**」という．）の双方を満足する流量であって，適正な河川管理のために基準となる地点において定めるもの」と定義される．また正常流量は「必要に応じ，維持流量および水利流量の年間の変動を考慮して期間区分を行い，その区分に応じて設定するもの」とされている[2]．

この正常流量をどう設定するか，ここでは流水の清潔の保持，景観，動植物の生息・生育地の状況，についてとりあげる．

(1) 流水の清潔の保持

　流水の減少による水質の悪化がある場合は，これを抑制することが必要である．もちろん河川の水質は，本来，流域における汚濁源への対策を講じることで良好に保つべきであり，必要流量の検討に際しても，まず流域における流出負荷量の削減を進めるべきである．しかし，そのような対策のみでは良好な水質の確保が難しい場合もあるし，逆にいえば，「水は三寸流れれば清し」と諺にいうように，相当の流量があればある程度までの汚濁は流れによって拡散される．したがって，流量増による対応の可能性も考えていく必要がある．

(2) 景　観

　景観保全という視点では，何といっても視覚的な満足感を得られるような流量を保つことが肝要である．もちろん自然の流況変動のなかで生じる渇水も河川景観の一つではあるが，大規模な取水に伴う流量の減少によって貧弱な河川景観を恒常化させることは，快適な生活環境の確保にとって好ましくない．

　とくに景勝地・観光地や河川とかかわりの深い行事の行われる場所などでは，広く親しまれた河川景観を維持するため，一定以上の流量を確保する必要がある．

(3) 動植物の生息・生育地の状況

　この点では，河川における動植物の生息・生育環境を維持できる流量を保つことが肝要である．前章までで述べたように，河川においては，流量の変動の下に動植物にとっての多様な生息・生育環境が形成されている．自然の渇水もこの変動の要素であるが，大規模な取水による流量の減少は動植物の生息・生育環境を著しく悪化させる．

　とくに，流量の減少によって動植物の生息・生育環境が大きく変わると考えられる瀬やワンド等において，生息・生育条件を保つことができる一定以上の流量を確保する必要がある．

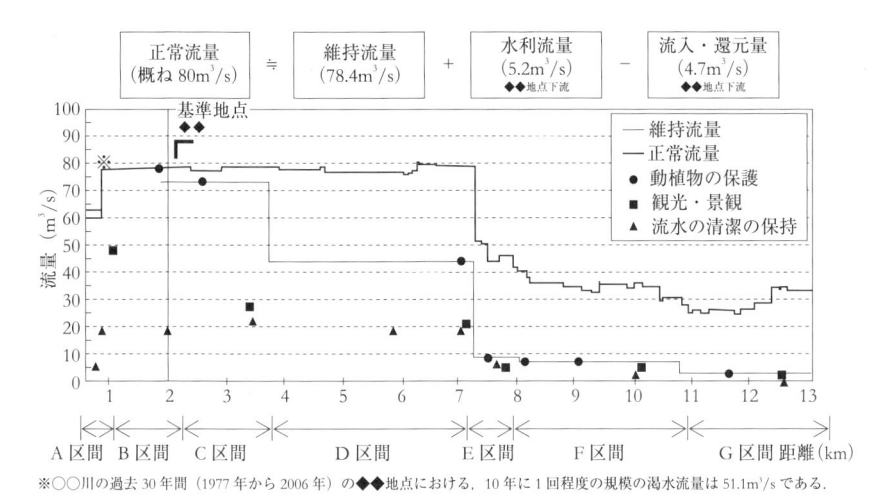

第 8 章　ダム下流の河川環境保全策

図 8-1　正常流量の設定の例

※○○川の過去 30 年間（1977 年から 2006 年）の◆◆地点における，10 年に 1 回程度の規模の渇水流量は 51.1m³/s である．

　上記の設定要素は，自然的，社会的要因等により縦断的に変化する．したがって，維持流量の設定にあたっては，その縦断的特性を踏まえ，あらかじめ河川を複数の区間に区分し，各々の区間において維持流量を設定する．河川区分は，河川の形態，支川の流入，河道状況，動植物の生息・生育分布の状況，河川水質，および河川の利用等を総合的に勘案して行う．

　次に水利流量の設定であるが，許可水利権および慣行水利権を踏まえて，河川に確保すべき流量を検討する．検討にあたっては，許可水利使用のみならず慣行水利使用についてもその実態を十分に調査し，その目的，水量，使用の期間等を明らかにしなければならない．水利流量の設定にあたっては，各種水利使用の取水位置および取水量等を縦断的に整理し，適正な地点を選定し，それぞれの地点において設定する．また，必要に応じて年間の水利使用パターンを考慮して期間区分を行い，その区分に応じて設定する．

　図 8-1 は，ある河川の維持流量および正常流量の設定例である．設定要素として動植物の生息・生育地の状況，流水の清潔の保持，景観がとりあげられており，期間，河川区分に応じた設定になっている．

　全国の河川における維持流量の設定をみると[3)]，その値は 10 か年平均渇水流量と 1 か年最少渇水流量の間にほぼ位置しており，平均的には，

$0.69\text{m}^3/\text{s}/100\text{km}^2$ であり，$0.32\text{m}^3/\text{s}/100\text{km}^2$ 程度に集中している．また，全国 109 の一級水系のうち，2007 年 9 月時点で正常流量が設定されている 62 水系 24 地点における維持流量の平均値は $0.73\text{m}^3/\text{s}/100\text{km}^2$ である．

もちろん，正常流量は河川における流水の正常な機能を維持するために定めるものであり，渇水時のみでなく，1 年 365 日を通じた流量の変動にも配慮して定められるものである．しかし，流量の変動のもつ意味や効果・影響に関する知見が現段階では十分でないことから，ここにあるように動植物の生息地または生育地の状況や景観，流水の清潔の保持などの項目別必要流量に関して，渇水時にも確保すべき最低限の流量として設定したものである．流量変動に配慮した正常流量の設定については今後とも調査研究を継続していくことが重要である．

8.2.2　発電水利権の期間更新等における河川維持流量の確保

(1) 発電ガイドライン

日本の 20 世紀初頭以降の経済発展は，工業生産の飛躍的な増大に大きく依存してきたが，その電力需要はダム等による水力発電によって賄われてきた（水利権が許可されている一級河川水系の 1,551 発電所のうち，50 年以上前に許可された発電所は 816 発電所（約 5 割）にのぼる）．建設当時の発電優先の社会的背景から，水力発電においては効率的な水利用をはかるため，発電ダム取水地点で河川水の全部または大部分を取水していた．すなわち，取水地点から発電所放水口地点までの河川区間は，きわめて水の少ない状態（水無川）となってしまっていて，魚類等の生物の生息にとって種々の問題が生じていた．

このため 1988 年 7 月，河川管理者である建設省（現国土交通省）と水力発電の監督官庁である通商産業省（現経済産業省）は，河川環境の回復をめざし「発電水利権の期間更新等における河川維持流量の確保について（以下，発電ガイドラインと呼ぶ）」を制定した．

「発電ガイドライン」は，発電用ダム等から一定の河川維持流量を下流河川に流す措置を発電事業者に課すもので，河川環境として最低限必要な流量の確保を行うためのものであり，その目標は，発電ダム下流における河川の

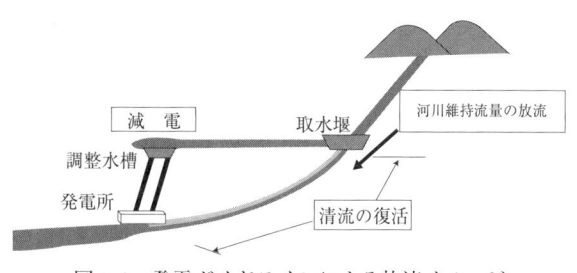

図 8-2 発電ガイドラインによる放流イメージ

流量を回復し，生物の生育・生息状況，水質，景観の改善をはかり，地域に相応しい河川環境づくりをはかることである．

(2) 発電ガイドラインの実施状況[4]

発電ガイドラインに該当する水力発電所とは，主に下記の条件にあてはまる発電所である．
・流域変更している．
・減水区間の延長が 10km 以上で集水面積が 200km^2 以上．
・事業者が地元市町村等と河川維持流量を放流することで合意している．

発電ガイドラインによる放流イメージは図 8-2 の通りであり，河川維持流量を放流することで，取水堰もしくはダムから発電所放水口までの無水区間について清流の復活を図っている．

この場合の河川維持流量の大きさは，発電所ごとに，減水区間の状況を踏まえて，「動植物の保護」，「景観」，「流水の清潔な保持」等の項目のうちから必要な項目について具体的に検討を行い，かつ，河川管理者の承認を得て決定されることになる．

水力発電の水利権の許可期限は原則 30 年である．このため，519 のガイドライン該当発電所のうち，1988 年から 2005 年度末までに水利権の更新を迎えた 448 発電所において，発電ガイドラインに基づく河川維持流量の放流が行われた（図 8-3）．これによって，一級河川における減水区間約 6,300km のうち約 5,100km の区間で河川維持流量が流されるようになった．

その実績は，全体の 79.4% が 100km^2 あたり 0.2～0.4m^3/s の河川維持流量

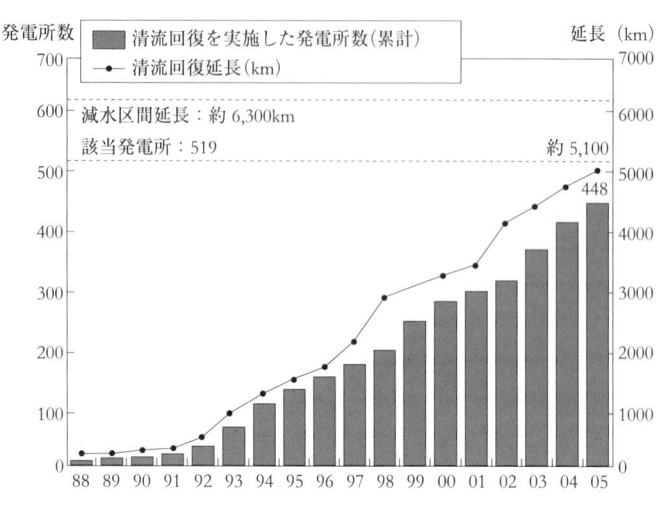

図 8-3　発電ガイドライン該当発電所における対応状況（1988～2005 年）

を放流しており，平均は 100km^2 あたり 0.309m^3/s となっている．

(3) 河川維持流量放流前後の比較

　河川維持流量を放流する前と放流した後を比較したときの変化状況について，河川管理者へアンケート調査を行った結果によると，1) 河川維持流量の放流量の決定においては，とくに動植物，景観が決定根拠になっていることが多い，2) 河川維持流量を新たに放流することにより，河川環境が改善された，少し改善されたという評価が回答の半数以上である，といったことがわかる．また，三つのモデルダムを選定して効果を調査した結果では，すべてのモデルダムで，ウグイ，オイカワ，アユ，ヤマメ等の多様な魚類が確認できている．流量調査と水理計算から，河川維持流量の放流がアユ等の魚類の生育環境を改善していることが確認されている．

　ちなみに，発電ガイドラインとは別だが，季節的調節または日間調整を行うために流量を調節する発電ダムと，安定的な流量のほぼ全量を一日中取水する必要がある下流農業用水との間での調整は，農業用水の合口化や最下流で均等に放流するような逆調整運用によって行われている．

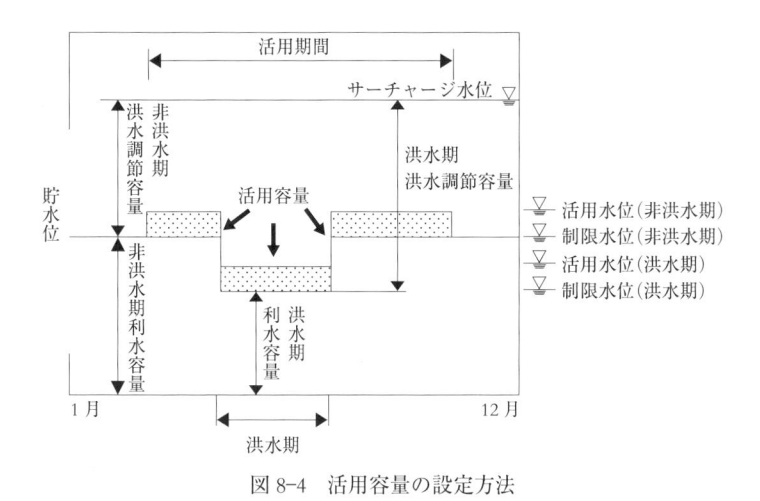

第8章　ダム下流の河川環境保全策

図 8-4　活用容量の設定方法

8.2.3　ダムの弾力的管理

(1) 弾力的管理の方法

前項は発電ダムの場合であるが，既存の多目的ダムにおいては，ダム下流における河川環境の改善をはかる意味で，治水・利水機能の運用制約はあるものの，ダムの有効活用を高めるてだてとして，「ダムの**弾力的管理**」が考えられた．多くのダムですでに試行がはじまっており，その効果も少しずつでてきている．

1) 活用容量

弾力的管理においては，図 8-4 に示すように，洪水調節容量の一部に活用水位を設定し，一時的に「貯留」を行う．つまり，洪水が発生する危険性のない時に，制限水位等所定の水位より高い標高に活用水位を設定し，この活用水位を超えない範囲で流入水を貯留する．この新たに生み出された活用容量を用いて，維持流量の増量放流，フラッシュ放流 (口絵 9 参照) などの活用放流を行うのである．

ただしこの場合，

図8-5 事前放流のイメージ

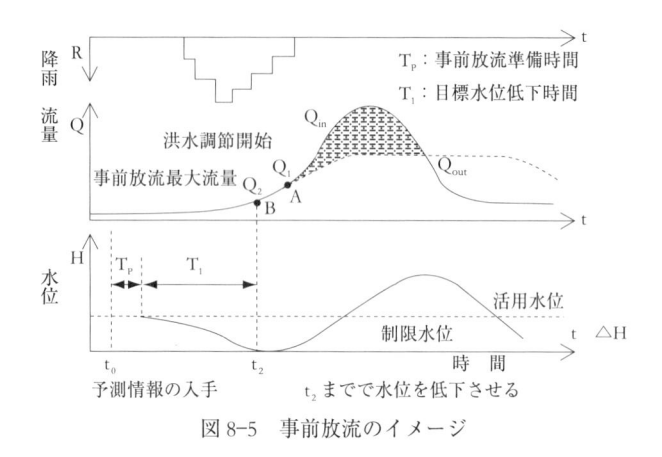

①活用容量は，計画上確保されている洪水調節容量の一部を利用するという制約があり，したがって規模が小さく，新たに生み出される水量には限りがある．
②洪水の発生が予測される場合は，活用容量内に貯留された流水を事前に放流しなければならないため，活用時期が不定期である．
③活用容量内への貯留は，貯水位が制限水位を上回る時期に限定されるため，安定的な利用は困難である．

ことには留意すべきである．

2) 事前放流

活用容量は洪水調節容量の一部を使用しているため，洪水が流入する場合，事前に，水位を所定の洪水調節容量が確保できるように低下させておく必要がある．これを「事前放流」と呼んでいる．

事前放流は，図8-5に示すように，水位を流入量が洪水量Q_1に達する時点（A点）までの所定の水位（制限水位，あるいは予備放流のダムでは予備放流水位）に低下させることである．実際には事前放流最大流量と流入量が等しくなった時点（B点）までに水位低下を完了していなければならない．このため，弾力的管理の期間中は，流入量が洪水量に達するか否かを毎日検討し

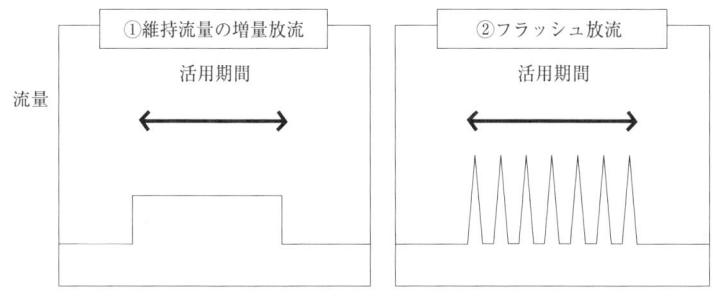

図 8-6　確保した流入水の活用放流パターン（ダム下流河川の流量）

なければならないし，洪水の発生が予想される場合，制限水位に低下させるため速やかに事前放流を行う必要がある．厳密にいうと，関係機関から予測情報を入手し，事前放流開始基準に合致した場合，職員の召集，体制の整備，施設点検およびパトロール等に必要な時間を T_p として，それに実際の水位低下時間 T_1 と合わせた時間 (T_p+T_1) 内であらゆる出水に対して確実に制限水位まで水位低下を行い，その後必要に応じて洪水調節等の操作を行うことになる．

3) 活用放流

活用容量に貯留した流入水を，下流の河川環境改善のために下流の状況にあわせて適切に放流することを活用放流と呼ぶ．

活用放流は，図 8-6 に示すように 2 種類から成る．

①維持流量の増量放流：景観や魚類の生息環境の改善を目的とする．
②フラッシュ放流：河床の攪乱や堆積したシルトやよどみの掃流などを目的とする．

(2) 活用放流の目的設定

しかしすでに述べたように，弾力的管理といえども，現時点においてはその活用容量は規模が小さく，安定的な利用にも難しさがある．しかもダム下流河川の環境改善といえども，その活用目的は，維持流量の増量放流および

フラッシュ放流というように限定的であるといわざるを得ない．
　そうしたなかで，それぞれのダムが個別にもつ問題点や地元からの要望などをもとにして運用が行われる．例えば，ダム下流の底質環境をフラッシュ放流を行うことで掃流する，あるいは無水状態から減水状態へ，さらにその増量によって景観を改善するなど，目標設定はさまざまである．いずれにしても，今はその効果をモニタリングし，事例を蓄積し，さらなる改善に向けた放流操作にフィードバックしていくプロセスにあるといえる．

(3) 活用事例
　表 8-1 は弾力的管理を試行しているダムの実施状況を示したものである．ここでは活用の事例をいくつか紹介する[5]．

1) フラッシュ放流による付着藻類の剥離・更新
　試験サイト：三春ダム（東北地方整備局：福島県）
　実績：2000 年 6 月 11 日～10 月 10 日の活用期間に，113 万 m^3 を活用．
　　　リフレッシュ（フラッシュ）放流（週 1 回 $20m^3/s$ 2 時間）を 12 回実施．
　結果：堤体直下の地点において，8 月 25 日に実施した人工付着基盤による調査結果では，リフレッシュ放流後に付着藻類の現存量の指標であるクロロフィル量（生体量の指標）・フェオフィチン量（フェオ色素：枯死体量の指標）ともに減少したことから，古い藻類が剥離され，新たな藻類が成長する環境が更新されたと考えられる．

2) フラッシュ放流で，臭気・景観阻害の原因となる，よどみに発生する浮遊緑藻類を掃流
　試験サイト：寒河江ダム（東北地方整備局：山形県）
　実績：延べ 200.4 万 m^3 を貯留し，2000 年 6 月 16 日～10 月 10 日の活用期間に，122.7 万 m^3 を活用．維持流量 $0.5m^3/s$ に対してフラッシュ放流（10, 20, 30, m^3/s）を延べ 17 回実施．
　結果：よどみ内の浮遊緑藻類は放流により消失した．

第8章 ダム下流の河川環境保全策

表 8-1　2006年度弾力的管理試験（洪水調節容量の一部を活用した河川環境改善放流）結果一覧

ダム名	活用水位 (m)	活用容量[*1] (万 m³)	累計貯留量 (万 m³)	放流量 (万 m³)	放流パターン	備考（実施状況・成果など）
岩尾内ダム	1.0 (8/1～9/30) 1.1 (7/1～7/31)	360 (8/1～9/30) 400 (7/1～7/31)	400	0	フラッシュ放流	流況がよく，流況悪化が生じていなかった
金山ダム	0.2	110	110	110	維持流量	維持流量の放流
大雪ダム	0.5	90	90	90	維持流量	維持流量の放流
漁川ダム	2.0	90.3	90.3	90.3	維持流量	維持流量の放流
美利河ダム	0.9	85	85	85	維持流量	維持流量の放流
釜房ダム	1.0	250	250	0	維持流量	期間内に下流域の流量不足は無かったため，活用放流はなかった
寒河江ダム	0.7	170	170	153	フラッシュ放流	付着泥，付着緑藻類の減少が確認できた
田瀬ダム	2	620	0	0	維持流量	期間内に洪水等が無かったため，活用容量を確保できなかった
三春ダム	1	113	34	33	フラッシュ放流	付着藻類の剥離，よどみの掃流，底生動物・魚類の生息環境の改善等，効果を確認している
薗原ダム	3	180	164.4	200.4	維持流量	ウグイの稚魚など多数の水生生物を確認
川俣ダム	1.95	422	548	422	維持流量	産卵床など魚類生息環境の改善を確認
宮ヶ瀬ダム	1	410	256.9	256.9	フラッシュ放流	
矢作ダム	0.5	107	107	0	維持流量	下流基準点での維持流量が確保されていたため，放流はしなかった
真名川ダム		110	110	72	フラッシュ放流	河床シルトの巻上げが増大される河川環境改善効果が確認された
大渡ダム	0.3	35	48		維持流量	無水区間の解消および移動経路の確保によるアユの生態系保全に特に大きな効果が確認された
松原ダム	10.4	900	615.5		維持流量	
草木ダム	0.8	100	95		維持流量 (0.58m³/sの増量)	流況が良かったため，増量による効果は小さかった
一庫ダム	1.4	113	113		維持流量 (0.44m³/sの増量)	流況が良かったため，増量による効果は小さかった
寺内ダム	0.25	15	15		維持流量 (0.20m³/sの増量)	流況がよく，放流しなかった
大倉ダム	1	120	120	0	維持流量	
漆沢ダム	1.2	70.1	70.2	55.4	維持流量	無水区間の維持流量放流
高柴ダム	1	49.8	353.6	5	維持流量	維持流量の増量
阿武川ダム						
日向神ダム		(前期) 101.6 (後期) 330	(前期) 101.6 (後期) 330.8	(前期) 101.6 (後期) 159		前期は流況の改善を確認，後期は，検証中

*1: 活用容量とは，河川環境のために活用する流水を洪水調節容量を使って貯留できる容量．

3) 維持流量の増量放流で河川景観の向上をはかる

試験サイト：漁川ダム（北海道開発局：北海道）

実績：2001年7月14日〜9月10日の活用期間に101.0万 m^3 を活用．無水区間に対して維持流量 $0.3m^3/s$ の放流を延べ39日間実施．

結果：放流中には流況感のある白波や小さな落水が出現し，見かけの川幅と水面幅の比（W/B値）が放流前後で0.09から0.40に増加するなど景観上の改善効果が確認された．また，地元に対してアンケートを行った結果（回答数748人），景観が「十分回復した」または「やや回復した」と回答した人は全体の93％であった．また，今後も活用放流を「続けてほしい」と回答した人は全体の94％であったことから，景観の改善は地元住民にも認められたと判断される．

4) 維持流量の増量放流によるアユの生息場の改善

試験サイト：真名川ダム（近畿地方整備局：福井県）

実績：2001年7月1日〜9月30日の活用期間に，94.0万 m^3 を活用．既定の維持流量 $0.28m^3/s$ の増量放流を延べ16日間実施．

結果：活用放流中にダム下流の減水区間において調査した結果，早瀬の分布面積が増加した．魚類調査の結果，生息数は放流前・放流中・放流後で差はなかった．しかし，石のうえの「はみ跡」（アユによる摂餌跡）は放流中がもっとも広範囲に確認できた．

さらに，下流河川の流下能力の整備や利水補給の調整などが進めば，関係者，関係機関との調整・合意が必要ではあるが，ダムによっては中規模洪水程度のものはそのまま放流（もっとも「中規模洪水」の定義にもよるが）するなど，さらなる川のダイナミズム，攪乱を与える方策が土砂還元とあわせ検討されていくと期待されている．

8.3 流砂改変への対応策

8.3.1 下流河川への土砂還元

(1) 土砂還元の手法

　粗粒化しているダム下流河川に，図 8-7 に示すように土砂を人工的に置土し，洪水時の放流や，フラッシュ放流を行うことで土砂を掃流させ，河床や底質環境を改善し，そのことによって下流河川の環境改善をはかろうとするのが，「河川土砂還元」である．

　土砂還元は，流砂系総合土砂管理の観点から，ダムで遮断された流砂の連続性を簡易な形で回復させる有力な手法の一つとして全国の 20 か所以上のダムで実施されている（表 8-2，図 8-8）[6]．現在，土砂還元は個別ダムで試行的に行われている例が多く，その目的を明確にするとともに，目的にあわせた目標設定，還元方法，モニタリングおよび評価手法を確立させることが課題となっている．現状では，図 8-9，図 8-10 に示すように，主に砂〜礫分（場合によりシルト分を含む）を中心に，年間数百から数万 m^3 の土砂（ダム

コラム 10　実験河川での人工洪水における粒状物質と生物の流下過程

　ダムの弾力的管理として，河川生態系の回復を目的として人工的放流を実施している．比較的少ない流量を長期に流す環境維持のための放流もあるが，フラッシュとして大きな流量を短時間に流すダムも少なくない．しかし，フラッシュあるいは人工洪水については，どの程度の流量をどのような継続時間でどのような波形（流況）で流すことが，生態系改善に効果があるかについては，まだ試行錯誤や検討の段階である．

　ここでは，自然河川の規模に近い実験河川において実施された人工洪水の，粒状物質と生物の流下に関して，その時間的なパターンを紹介しなが

表 C10-1　人工洪水時の流況（＊は調査対象とした洪水を表す）

調査日	ピーク流量 (m^3/s)	ピーク時間 (min)	洪水時間 (min)	平常流量 (m^3/s)	平水期間 (days)
2001年 5月10日通水開始.					
6月 1日フラッシュ操作最終日.					
7月13日＊	2.5	50	90	0.08	42
9月 4日	2.0	180	220	0.07	52
9月28日＊	2.0	180	220	0.07	23
12月 5日＊	1.5	10	50	0.30	67
2002年 6月3〜5日水生植物などの除去.					
7月31日	2.0	60	100	0.07	55
8月21日＊	1.0	120	160	0.07	20

ら[1]，日本のダム下流河川で実施されるような環境改善のための中小規模の人工洪水の効果を検証し，より適切で経済的な人工洪水の流況を検討してみる．

この実験洪水は，岐阜県にある自然共生研究センターの実験河川で実施した．実験期間中に行われた人工洪水については表 C10-1 に示した．このうち，5洪水について，調査を行った．

図 C10-1 に 2001年7月，12月，2002年8月の人工洪水時の微粒状有機物（FPOM），細粒状無機物（FPIM: Fine Particulate Inorganic Matter），水中植物，底生動物の流下パターンを示した．サンプリングで求められた水の一定量あたりの密度にそのときの流量を掛け合わせることで，流下量を求めた．いずれの対象も，流量上昇期に流下のピークがあった．流下のピーク時間は短く，多くの場合，数分以下であった．

中小規模の洪水，あるいはフラッシュと呼ばれる短期の洪水において，栄養塩や汚濁，濁りが洪水初期に集中することは，ファーストフラッシュと呼ばれている．今回の実験洪水で，底生動物や植物，有機物にも同様の現象が見られることが明らかになった．

ダム直下の堆積物や糸状藻類（アオミドロなどの弱固着性緑藻）などを除去する目的の人工洪水ならば，長時間のピークを継続させる必要がないことが明らかになった．対象物質や生物を掃流するのに十分なピーク流量を数分程度の短時間与えるだけでも有効である可能性を示した．ただし，

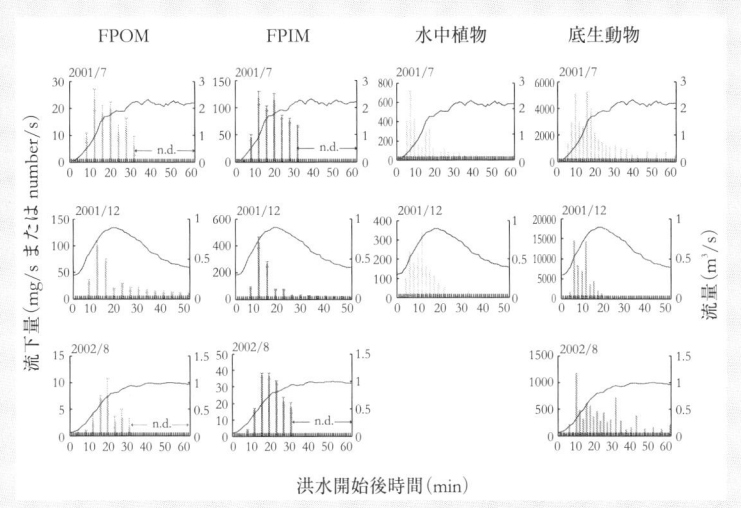

第 8 章　ダム下流の河川環境保全策

図 C10-1　人工洪水時の FPOM，FPIM，水中植物，底生動物の流下パターン

一般の河川では波形の減衰などがあるため，ダム直下だけでなくさらに下流にまで掃流効果を及ぼすには，ピーク流量を大きくするとともに，ピーク継続時間を長くすることも必要かもしれない．

参照文献

1) Mochizuki, S., Kayaba, Y. and Tanida, K. (2006) Drift patterns of particulate matter and organisms during artificial high flows in a large experimental channel. Limnology 7: 93-102.

コラム 11　米国グレンキャニオンダムの人工洪水

　米国地質調査所 USGS のレポート (1991～2004)[1] に基づいて，グレンキャニオンダムの実験放流に至る歴史を以下に簡単にまとめてみた．コロ

ラド川は水源をロッキー山脈にもち,ユタ,アリゾナ,ネバダなどの砂漠地帯を流れる.ロスアンゼルスなどカリフォルニアの大都市に大量の水を供給する.グランドキャニオンも含めた川沿いには,アメリカ原住民の歴史的遺産も多い.ちなみに,ラスベガスはフーバーダムをつくる拠点となった砂漠のなかの人工都市である.

　　1919 年　グランドキャニオン国立公園が設置される
　　1921〜23 年　米国地質調査所による空中からのダム立地調査
　　1935 年　フーバーダムの完成(大恐慌後のニューディール政策の一環)
　　1944 年　コロラド川からメキシコへの水供給協定の締結
　　1956 年　グレンキャニオンダム着手(63 年に完成,64 年発電開始)
　　1962 年　コロラド川支流のグリーン川に毒を流して在来魚を殺し,マス漁場をつくる
　　1967 年　固有魚種 2 種が絶滅危惧種にリストされる(1 種は 72 年に絶滅)
　　1974 年　グランドキャニオンの川下り(ラフティング)がはじまる
　　1979 年　グランドキャニオン国立公園が世界遺産に登録される
　　1983 年　ダムの越流を防ぐためにグレンキャニオンダムからの緊急放流.この間にコロラド川の固有魚種の絶滅が続く
　　1987 年　国立研究機構がグレンキャニオンダムに関する環境報告を出版
　　1990〜91 年　小規模な試験的放流を実施,放流量を決定
　　1996 年　本格的な実験放流とその調査
　　2004 年　再実験放流とその調査

　フーバーダムがミード湖という巨大人工湖を作り出し,それからおよそ 25 年後に,その上流にグレンキャニオンダム(パウエル湖)が建設されている.フーバーダムに比べて,グレンキャニオンダムの環境負荷は大きく,時代の変化とともにダム影響のミチゲーション(影響緩和)が課題になった.国立公園,世界遺産であるダムの下流にあるグランドキャニオンの自然・文化遺産の保全が大きな課題になった.

ダムの直接影響としては，土砂移動，とくに細砂の遮断が起きたという．流況としては，ロッキー山脈からの融雪洪水というほぼ毎年のように起きていた季節的洪水が完全に消滅したという．土砂の減少でグランドキャニオンの川下りのキャンプサイトであるビーチの減少も起きた．また，砂州の固定化や比高の上昇，外来種タマリンドを含む樹木の繁茂によって，本来の景観と環境が失われたという．一連の実験放流の主目的は，このビーチ環境の回復にあった．ダムによって完全に遮断された土砂（細砂と粗砂）については，支流などから流下した土砂の再配置を目指したという．

　USGS などは，人工洪水を大きく 2 種類に分けている．発電ゲート以外の放流口からも放流するのが，BHBF（beach/habitat building flow：ビーチ生息場所形成放流）あるいは experimental floods（実験的洪水）であり，これは 1996 年に本格的な放流と生態系も含む大規模な調査が実施された．その後，詳細な調査結果の分析を踏まえ，2004 年には再び実験放流がされている．

　発電ゲートから流せるレベルの洪水は，MLFF（modified low fluctuating flow）と呼ばれている．これも，ビーチを含めた生息場所の保持を目的としているが，規模は小さい．この規模の洪水を，支流などからの土砂供給とあわせて実施するのが，現在のミチゲーションの方向のようである．

　水のポケットであるダム湖の大きさ（グレンキャニオンダムの貯水量約 32 億 m^3）に，コロラド川と日本の河川には決定的な規模の違いがある．河川規模を考えても，グレンキャニオンダムからの小規模な人工洪水である MLFF（1996 年；放流のピーク流量 1,300m^3/s，放流期間 7 日間，2004 年；放流のピーク流量 1,200m^3/s，放流期間 2.5 日間）でも，日本の人工洪水の規模をはるかに超えている．

参照文献

1) Gloss, S. P., Lovich, J. E. and Melis, T. S. (eds.) (2005) The state of the Colorado River ecosystem in Grand Canyon: a report of the Grand Canyon Monitoring and Research Center, 1991-2004. U. S. Geological Survey Circular, 1282.

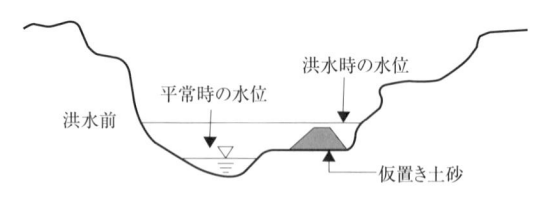

Part Ⅲ　ダム下流の環境保全

図 8-7　河川土砂還元模式図

表 8-2　河川土砂還元試験の実施状況（2000～2006）

ダム名 (事業者)	水系名 河川名	所在地 竣工年	実施年度	実施目的[*1]	還元土砂	還元土砂量 (千 m^3/回)
二風谷 (国交省)	沙流川 沙流川	北海道 1997	2002～2006	②（粗粒化） ③（ししゃも）	貯砂ダム堆砂 (砂礫)	1～10
三春 (国交省)	阿武隈川 大滝根川	福島県 1998	2000～2006	②③④	貯水池堆砂 (砂 60%，シルト 28%)	0.55～2
二瀬 (国交省)	荒川 荒川	埼玉県 1961	2001～2006	②③（カジカ） ④（堆砂対策）	貯砂ダム堆砂 (砂礫，玉石)	3～13.3
川俣 (国交省)	利根川 鬼怒川	栃木県 1966	2005，2006	②（粗粒化） ③④（堆砂対策）		0.2～1.6
相俣 (国交省)	利根川 赤谷川	群馬県 1959	2004，2005	②（粗粒化）③		0.2～1
長島 (国交省)	大井川 大井川	静岡県 2001	2000，2001	④（排砂の影響評価）	河道土砂 (平均 31mm)	20～25.3
矢作 (国交省)	矢作川 矢作川	愛知県，岐阜県 1971	2006	④（排砂の影響評価）	貯砂ダム堆砂 (礫 4 割，砂 6 割)	4
真名川 (国交省)	九頭竜川 真名川	福井県 1979	2004～2006	①⑤（弾力的管理）	貯水池堆砂	0.2～0.22
蓮 (国交省)	櫛田川 蓮川	三重県 1991	2002～2006	②③（アユ）	貯砂ダム堆砂	0.1～2
長安口 (国交省)	那賀川 那賀川	徳島県 1956	2004～2006	③	貯水池堆砂	12～24
浦山 (水機構)	荒川 浦山川	埼玉県 1998	2000～2005	②③（ウグイ） ④（堆砂対策）	貯砂ダム堆砂 (砂礫)	0.6～20.7
下久保 (水機構)	利根川 神流川	群馬県 1968	2003～2006	④（堆砂対策） ⑤（景観）	貯砂ダム堆砂 (砂礫主体)	1～6.6
阿木川 (水機構)	木曽川 阿木川	岐阜県 1990	2004，2005	②（粗粒化） ④（貯砂ダム）		0.6～1.2
布目 (水機構)	淀川 布目川	奈良県 1991	2004，2005	①④（貯砂ダム）	礫 24%，砂 68%	0.19～0.54
室生 (水機構)	淀川 宇陀川	奈良県 1973	2006	①	礫 40%，砂 52%	0.06～0.09
一庫 (水機構)	淀川 猪名川	兵庫県 1983	2002～2006	②（粗粒化） ③（アユ）	河道土砂 (10～40cm の玉石)	0.3～1
秋葉 (Jパワー)	天竜川 天竜川	静岡県 1958	2000，2001，2005	④（堆砂対策） ⑤（河床低下，海岸侵食等）	貯水池堆砂 (礫 67%，砂 29%)	18～20

[*1]：実施目的は①下流河川環境の改善（②＋③，② or ③），②物理環境の改善，③生物環境の改善，④堆砂対策，⑤その他により分類している

214

第 8 章　ダム下流の河川環境保全策

図 8-8　主な河川土砂還元の実施ダム

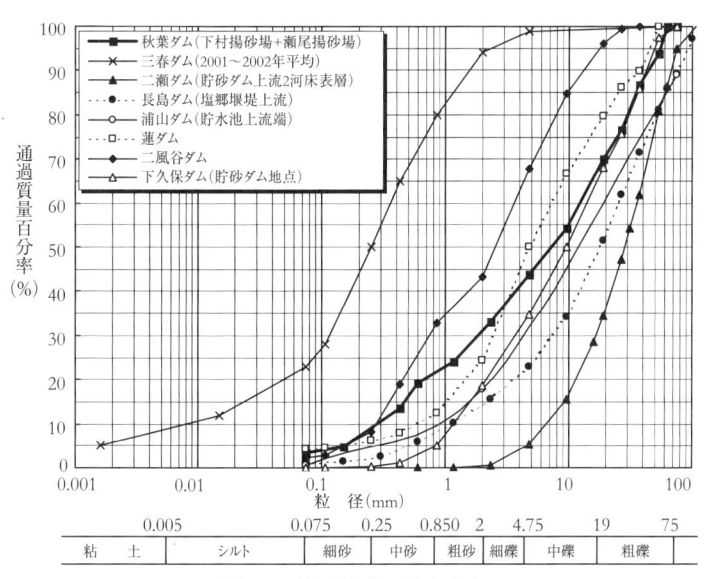

図 8-9　還元土砂の粒度分布

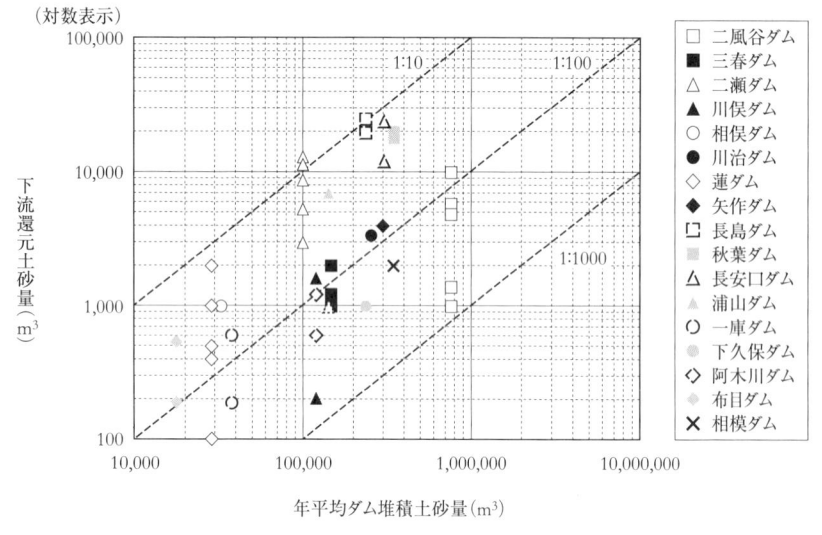

図 8-10　年平均ダム堆砂量と還元土砂量の関係（2000 〜 2006 年）

の年平均堆砂量に対して 0.1 〜 10％の範囲）が供給されている．

1）土砂還元の目標設定

　土砂還元の目的としては，ダムの機能の維持および下流改善（環境・河床低下・海岸侵食対策）が想定されるが，とくに，貯砂ダムの運用との連携がもっとも現実的である．還元方法としては，還元量および河川供給材の基本性状（粒度分布（とくに細粒分含有率），自然含水比，強熱減量（有機物含有率）など）を設定し，これに合わせた貯水池からの掘削・運搬・置土方法を検討する必要がある．

　河川供給材の粒径については，当該ダムの下流河川の現状（とくに河床構成材料）を調査して，改善目標を設定することが必要である．ただ，流砂系の総合土砂管理を考えた場合，粒径の目安として一般的な海岸構成材料である砂分を中心に考えることができる．それというのも，粒径が大き過ぎると海岸までたどり着かず局所的な河床上昇につながる可能性があり，また逆に細かすぎると，濁水原因となるばかりか土砂が海岸から沖合にまで流出して

しまうことが予想される．実際，粘土・シルト分は洪水時に沖合に流され海浜形成に寄与しないこと，粘土質成分は河口全面に一時的には堆積するものの，波や流れの作用により容易に再浮遊させられるために安定した地形構成要素とはならないこと，事実，海岸構成材料は 0.1 〜 1mm の砂分からなる場合が多いこと，等が報告されている．なお，ダムの直下流に岩盤が露出したような河道で，魚類の生息環境改善を主な目的とする場合には，礫を中心に供給する場合も考えられる．

2) 置土方法

　置土地点については，土砂採取地点からの運搬距離，下流の他ダムや取水堰などの河川横断工作物の有無，河床への搬入の容易さや周辺の住家の有無などを考慮して設定し，できれば複数箇所のサイトを確保しておくことが，事業の継続にとって重要である．置土方法は，河道脇に腹付けして盛土を行う方法と既存の砂州上に盛り上げる方法に大別されるが，いずれにしても侵食開始流量と発生頻度に関係する置土地点高さと年間の確率洪水量（位）の関係が重要である．これまでの実績では，年間 3 〜 5 回発生する中規模洪水によって土砂が侵食され，順次下流に流出する程度が目安であり，同じ地点で土砂還元を継続するためには，一洪水波形内で確実に土砂が流出するように計画することが望ましい．また，平水時の濁水発生を防止するために，水際に近い置き土砂の裾部は比較的粗い土砂で保護するなどの工夫が考えられる．なお，置土砂の施工時に，粗礫を基盤に敷き詰めたり過剰な転圧を行ったりすると，流水によるスムーズな侵食の妨げとなるので注意を要する．

3) モニタリング

　土砂還元に伴うモニタリング方法としては，濁りやDOなどの河川の水質変化に伴う短期的な影響と，河床地形など物理環境変化に伴う中長期的な影響に分けて考える必要がある．一般に実施されるモニタリング項目は，①仮置き土砂の侵食状況（VTR撮影など），②河床形状（横断測量，瀬-淵調査など），③河床材料（粒度分布，トレーサー調査など），④水質（濁度，SS，DO，BOD，COD，pH，水温など），⑤動植物（魚類，付着藻類，底生動物など），⑥

その他(景観など),である.着眼点としては,効率的・効果的な置土砂形状を求めるための,流量波形に対応した置土砂の侵食形態(側岸侵食および冠水による天端侵食など)と侵食速度の把握,土砂流出時の濁水発生の有無,下流河川や横断工作物における過度な土砂堆積の有無,下流に供給された土砂がもたらす河道地形変化の把握,さらには,土砂が流下することに伴う,プラス面の環境変化(礫のクレンジング効果,アーマーコートの解消など)およびマイナス面の環境変化(河床の目詰まりなど)の把握が考えられる.このうち,河道に供給された土砂は,その粒径に応じて移動速度が異なり,洪水やフラッシュ放流による土砂供給直後は置土地点直下流に砂礫が過剰に堆積する場合も,その後の出水に伴って順次下流河道に二次的に供給されて河床に馴染んで行くことが期待される.したがって,このような時間遅れを伴う河床変化を把握するためのモニタリングの実施が望まれる.

このように,土砂供給地点近傍だけでなく,下流河川を含めた土砂移動や動植物調査を継続させ,その結果を,最適な土砂還元量,粒径,置土地点およびその横断間隔,置土時期や頻度などの計画論にフィードバックさせることが重要である.

(2) 真名川ダムにおける事例[7],[8]

九頭竜川水系真名川ダム(福井県)下流では土砂補給が可能な残流支川が少なく,河床の粗粒化が進行している.真名川ダムではアユの餌となる付着藻類の剥離更新の促進を目的とするフラッシュ放流試験(ピーク流量 $50m^3/s$ を約3時間継続)が実施されており,流量増加に土砂流下が加わることによる効果(いわゆるクレンジング効果)を確認するため,ダム貯水池上流部から土砂を採取して,ダム下流約6km地点の河道に $220m^3$ の土砂を還元した.モニタリングでは,主に土砂の侵食状況および河道水理量(水深,流速)の変化に加えて,土砂還元地点の上流と下流地点での水質(濁度,SSなど)および付着藻類の剥離状況の相違が調査されている.付着藻類の調査項目は,有機物量,無機物量,クロロフィル a 量,フェオ色素(フェオフィチン量)である.

フラッシュ放流の実施によって,土砂がほぼ冠水するまで水位が上昇し,

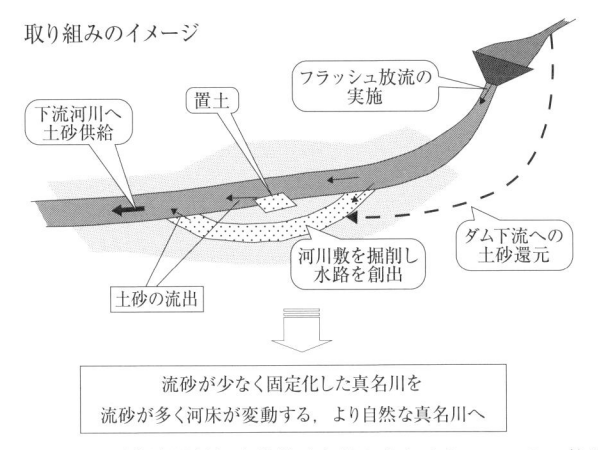

第8章 ダム下流の河川環境保全策

図 8-11 副水路開削と土砂還元を組み合わせたフラッシュ放流

約3時間の放流に伴って粗粒分を残して土砂はほぼ流出した．放流前後に採取した土砂還元地点の上下流における付着藻類に含まれる無機物量／有機物量の合計減少率は，上流で平均 31.4%，下流で平均 53.3% であった．流水のみの上流側に対し土砂供給後の下流側の方が藻類の剥離効果が高いことが確認された．下流では流心だけでなく，比較的浅く流れの緩い箇所を含めた河道全域で付着物量の減少率が大きく，投入した土砂が付着藻類の剥離効果を増進させたことが確認された．同様に調査されたクロロフィル a の減少率は上流で 36%，下流で 45% であり，流砂による藻類の剥離増進効果も確認された．

なお，真名川ダム下流の河道は澪筋の固定化が進行しており，高水敷には多くの土砂が捕捉されている．そこで，高水敷の土砂移動の活発化と多様な水域環境を創生することを目的に，土砂還元に加えて図 8-11 に示すような副水路を開削した上でフラッシュ放流を行う試みも行われている．

8.3.2 排砂バイパス，密度流排出，フラッシング排砂

ダムにおける貯水池土砂管理は，大別すると，前述の河川土砂還元を含めて，貯水池への流入土砂の軽減対策，貯水池へ流入する土砂を通過させる対策，貯水池に堆積した土砂を排除する対策に分けられる（図 8-12）．

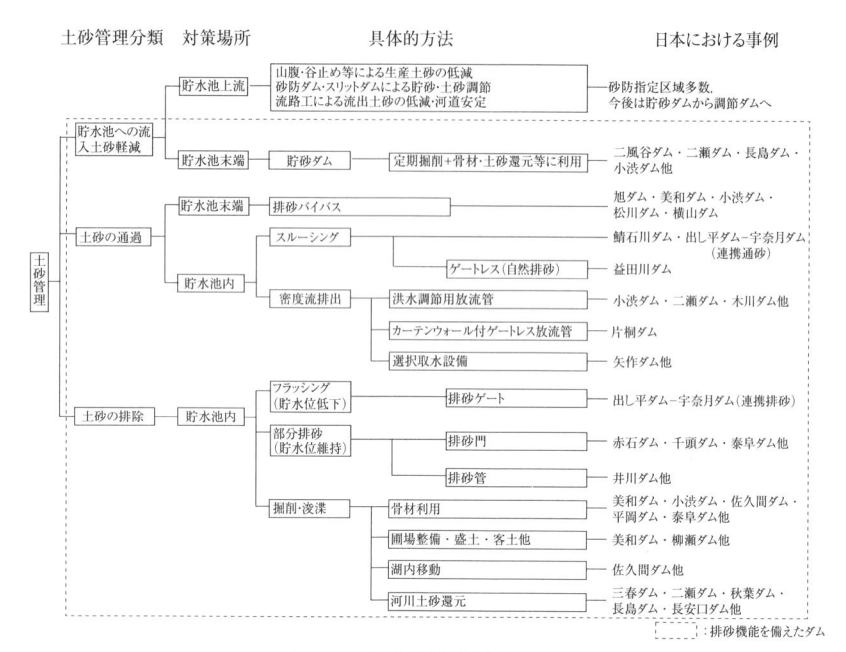

Part Ⅲ　ダム下流の環境保全

図 8-12　貯水池堆砂対策の分類

(1) ダム貯水池への流入土砂の軽減対策

　ダム貯水池への流入土砂の軽減対策としては，主に貯水池へ流入する掃流砂を捕捉するために貯水池の末端部に設置される貯砂ダムが挙げられる．ここに堆積した土砂の処理手法として有力なのが，前述した河川土砂還元である．なお，富栄養化の懸念される貯水池への栄養塩流入負荷を軽減させるために，浅い湛水域を確保した**前貯水池**を設置する場合もある．この場合は，掃流砂のみならず栄養塩を含むシルト・粘土質が堆積することになり，定期的な掘削・浚渫とその後の処理が課題となる．とくに，最終的に河川土砂還元に結びつけるのであれば，下流河川の状況に応じて，このような栄養塩を含む細粒土砂の分離除去を行うことも必要である．

(2) ダム貯水池に流入する土砂を通過させる対策

　ダム貯水池に流入する土砂を通過させ，堆積量を軽減させる一般的な対策

としては，貯水池の上流端付近からダム下流まで貯水池を迂回させる水路を設け，流入してくる土砂をダム下流までバイパスさせる**排砂バイパス**と，土砂を含む高濃度の流水の特性を利用した貯水池からの**密度流排出**が採用されている．

バイパス水路の事例としては，新宮川水系旭ダムや天竜川水系美和ダムがある．2005年に美和ダムの再開発事業として完成したバイパストンネル（口絵10）は，美和ダムの流入土砂の多くが細粒土砂のウォッシュロードである特性を踏まえて，粗粒土砂は貯砂ダムや分派堰で捕捉して定期的に除去し骨材などに再利用するとともに，細粒土砂のみ洪水時に貯水池を迂回させる計画である．トンネル完成後の2006年の洪水時には細粒土砂の排出に大きな効果を発揮した．また，古くからの事例としては，神戸市水道局の布引五本松ダム（1900年竣工）の例がある．ここでは完成直後の1908年にバイパス水路が建設され，これまでに六甲山系からの大量の土砂流入を大幅に減少させたと評価されている．

一方，密度流排出の事例としては，天竜川水系片桐ダムがある．片桐ダムでは，穴あきオリフィス前面にカーテンウォールを設置して，洪水時に貯水池底部に流入する比較的土砂濃度の高い流入水を放流する方法を採用しており，洪水時に浮遊土砂を積極的に排出することが期待されている．また，排砂ゲートを兼用した底部のゲートレス放流管のみを有する洪水調節専用ダム（**流水型ダム**）が，益田川水系益田川ダム（図8-13）などで建設されてきており，土砂を貯めないダムとして注目されている．

(3) ダム貯水池に堆積した土砂を排除する対策

ダム貯水池に堆積した土砂の排除策としては，機械力等により土砂を採取する方法と，排砂門・排砂路を設け流水の掃流力を利用して土砂を排出するフラッシング（スルーシング）がある．フラッシングの実施事例としては，黒部川水系出し平ダム（1985年竣工），宇奈月ダム（2001年竣工）がある．出し平ダムは1991年より単独での排砂を実施しており，また，宇奈月ダム完成後の2001年より，両ダムで連携排砂および通砂が実施されている．「排砂」とは，その年の最初の洪水時（概ね6～7月の250m^3/s以上の洪水）に，貯水

下流面図

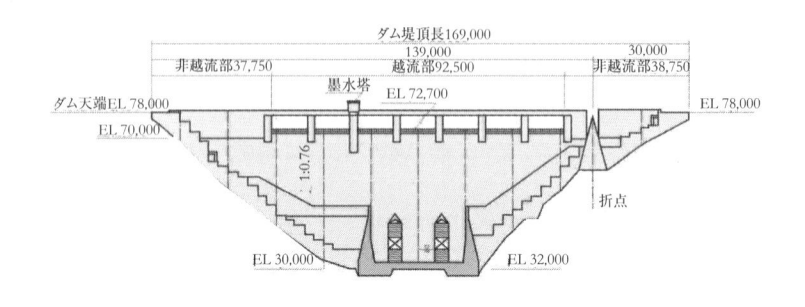

標準断面図

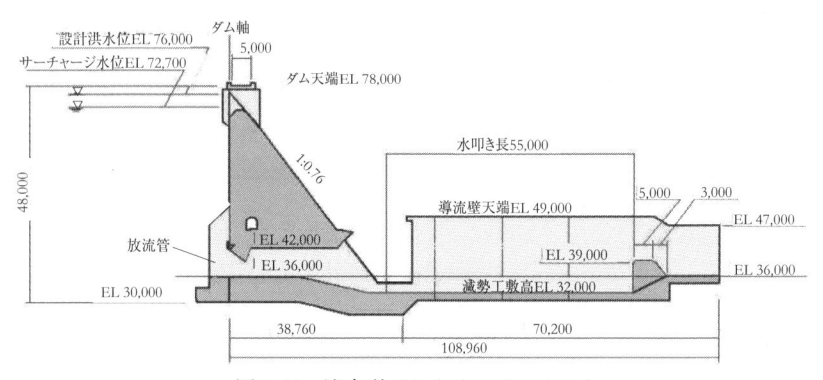

図 8-13　流水型ダム（島根県益田川ダム）

位を低下させてダムから土砂を排出するもので，「通砂」とは，その後のやや大きい洪水時（概ね 7 〜 8 月の 480m^3/s 以上の洪水）に，新規にダムに流入する土砂をそのまま下流に流す操作であり，両者は区別されている．

　出し平ダムでは 1991 年から 2007 年までに計 15 回の排砂が行われ，総貯水容量の 7 割以上に相当する合計約 650 万 m^3 の堆積土砂を流下させた．現在の堆砂量は総貯水容量の 45% 程度でほぼ堆砂平衡状態であり，洪水時に新たに流入して通過しているものを含めて年間約百万 m^3 の土砂通過を実現している．一方，宇奈月ダムは堆砂進行状態にあり，粒径 2mm 以上の多く

はダムで捕捉されているものの，粒径 2mm 以下の細粒土砂を中心に 70％程度の土砂を通過させている．

下流河道では，洪水前後の砂州移動や澪筋変化も活発に行われており，排砂によりダムからの土砂供給が維持されていることが貢献しているものと考えられる．とくに，排砂操作による主に砂成分の供給を受けて，一部区間は長年の河床低下傾向から河床上昇に変化するとともに，全区間において河床の粗粒化傾向が緩和されてきている[9]．

フラッシング排砂の課題としては，水位低下によって貯水池から排出される土砂量の予測，下流域に流下する高濃度の濁水による環境影響の評価と軽減対策などが挙げられる．黒部川では，高濃度濁水や流砂量のモニタリング手法の開発などが行われるとともに，排砂後に河道砂州上に細粒土砂が堆積した場合の影響を考慮して，これを洗浄するための「すすぎ放流（排砂後の措置）」の実施や，排砂時に本川の濁度が上昇した場合にアユなどの魚種が退避するための施設（「やすらぎ水路」）を設けることが，影響軽減措置として有効に機能している[10]．

一方，より一般的で，貯水位を低下させることなく効率的に土砂を排除する手法の確立も重要であり，貯水池とダム下流の水位差を利用した**土砂吸引排除システム**（HSRS：Hydro-suction Sediment Removal System）の技術開発も進められている．このシステムには，貯水池内の堆積土砂の広がりに対応して吸引部を移動させる「移動式」と，あらかじめパイプ状の吸引部を貯水池底部に敷設しておいて，その上部に堆積した土砂を定期的に排出する「固定式」の二つの方式がある．なお，移動式・固定式共通の課題として，土砂吸引部における流木やゴミなどによる閉塞障害の回避，堆積土砂にシルト・粘土および落葉などの有機物が多く含まれて粘着性を有する場合の安定した吸引動作の確保（土砂の攪乱方法など），吸引動作のモニタリング手法の確立（吸引土砂濃度，湖底の堆積土砂形状の変化など），吸引後の土砂導流部および排出部の計画・設計・施工・管理（とくに，ダム堤体を乗り越える場合のサイフォンの作動確認，排出部直下への土砂堆積や洪水時水位を考慮した排出部高さの設定，下流河川の許容土砂濃度を考慮した吸引土砂濃度管理と希釈方法の検討）などがあり，実機レベルでの実証試験などを通じてその特性の把握と技術改良を進

める必要がある．

8.4 貯水池水質への対応策

ここでは，第4章で述べた貯水池内の水質変化，とりわけ冷水現象，濁水長期化現象，富栄養化現象をとりあげ，それぞれの現象への対応策をみておく．どちらかというと，いずれも物理的な対応策といえる．

8.4.1 冷水への対応策

回転率が低いほど貯水池成層が形成されやすく，鉛直方向の水温差は季別によって大きくなる．それでも底層水の水温は年間を通して低温でほぼ一定であり，そのため取水口の位置が水温躍層よりも深い場合には，流入河川水よりも低い水温の水が放流され，下流に冷水現象をもたらす．

この冷水の対応策としてとられるのが，「**選択取水**」である．すなわち，選択取水設備によって表層取水，特定水層からの取水を行うことによって，概ね流入水温と放流水温が等しくなるように運用するものである．ただ，成層期をすぎて秋の循環期に入ると貯水池水温は全体的に高い水温のままで推移しているので，選択取水によっても流入水温より高めの水を放流することになる．図8-14は下久保ダムにおける選択取水設備設置前後を比較したものである．この場合，選択取水を取り入れたことで，流入と放流の水温の差が小さくなり，効果をあげていることがわかる．

8.4.2 濁水長期化への対応策

濁水長期化に対しては，汚濁物質の発生源対策としての森林整備や治山・砂防事業といった流域対策が本来のものであるが，比較的対処療法的ともいえる流入河川対策および貯水池内対策もある．流入河川対策は，8.3節で述べたダム貯水池への流入土砂の軽減あるいは土砂を通過させる対策と類似するけれども，バイパス水路や副ダムによる対応である．出水期間中に濁水をバイパスさせ，濁水を下流へ放流して貯水池への懸濁物質の流入を低減させ

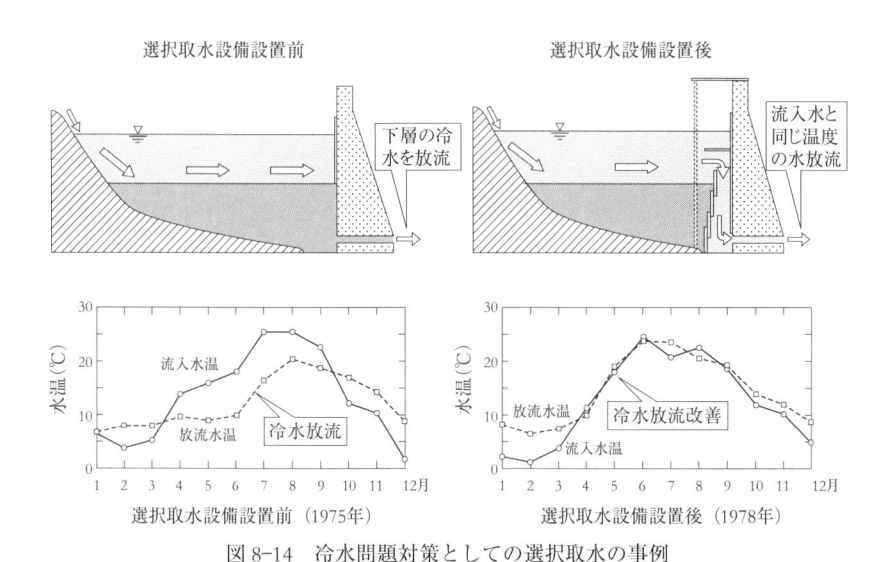

図8-14 冷水問題対策としての選択取水の事例

る濁水バイパス水路や，本貯水池上流に**前貯水池（副ダム）**を設け，出水時の大きな濁質粒子を沈降させ，濁水の密度を低下させるなどして本貯水池の濁水混合範囲を小さくし，濁水の長期化を軽減する，といった方法である．

一方，貯水池内対策としては，**分画フェンス**，選択取水，貯水池水の化学的処理による濁質沈降促進，などがある．分画フェンスは大量の懸濁物質を含んだ流入水が貯水池表層の清んだ水と混じりあうのをさけ，濁水を低層へ誘導しようとするものである．選択取水は取水時に高濁度層から取水して速やかにこの濁水を放流して濁水の貯留を防ぐとともに，出水終了後には低濁度層から放流して出水後の濁質長期化を軽減しようとするものである．濁水長期化にあっては選択放流で対応しているダムが多く，その効果もある程度認められている．例えば温井ダムの例では，流入河川に比べて下流河川ではSSが環境基準値（25mg/L）を上回る日数，10mg/Lを上回る日数，5mg/Lを上回る日数がそれぞれ約1/9，約1/4，約1/3となっている[11]．

8.4.3 富栄養化への対応策

ダムは上流集水域からの流入汚濁源の凝集・沈殿処理機能を一部担ってい

るともいえなくないが，それはすなわち，貯水池内の富栄養化をもたらす．貯水池内での富栄養化は**淡水赤潮**，**アオコ**，着色現象などを引き起こすが，下流河川にあっても異臭味障害などをもたらすことがある．

富栄養化は先にも述べたように，マクロ的経験則として Vollenweider モデルにあるようにダム貯水池の回転率および流入リン濃度に関係している．実際，わが国にあっても回転率が 20 回/年未満のダムでは富栄養化による影響の発生率が高く，水質評価指標でみても以下のような場合，発生率が高い．すなわち，貯水池表層の BOD75%値が 1.2mg/L 以上，貯水池表層の COD75%値が 2.5mg/L 以上，貯水池表層の T-N 濃度が 0.2mg/L 以上，貯水池表層の T-P 濃度が 0.02mg/L 以上の場合である[11]．

富栄養化対策としては，汚濁物質の発生源の削減を求める流域対策と，それに比べると対処療法的ではあるが，流入河川対策および貯水池内対策がある．

流域対策には，下水道，し尿処理などの下水処理による栄養塩類の除去や畜産排水対策，排水規制処理などによる汚濁負荷量の削減がある．一方，流入河川対策には栄養塩類の貯水池への流入回避をはかるバイパス水路，物理的・化学的・生物的処理による流入栄養塩の除去，副ダムによる栄養塩類の凝集沈殿などがある．また貯水池内対策には，分画フェンス，**曝気循環**，深層曝気，底泥処理，選択取水放流などがある．

分画フェンスは，ダム貯水池に水の流れを遮断するようフェンスを張って高栄養塩水の底層への誘導をはかるもので，装置系としても比較的安価である．淀川水系青蓮寺ダムでは，淡水赤潮の原因となる *Peridinium* が多く確認されていたが，分画フェンス設置後，ほとんど確認されなくなり，その効果が大きいといえる[12]．

曝気循環は，湖水を循環混合させることによって流動層厚の拡大による表層水温の低下，光制御効果の拡大，藍藻類の希釈などをはかり，藻類の異常増殖を抑制しようとするもので(図 8-15)，曝気循環設備が必要である．図 8-16 は浅層曝気設備を導入したダムでの藻類増殖の抑制効果を例示したものである．

深層曝気は深層部の DO 低下により底泥から栄養塩類が流出することを

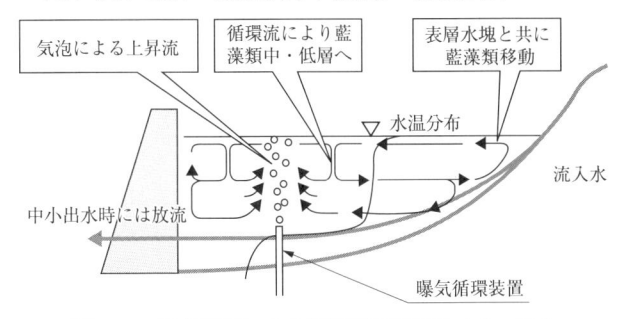

図 8-15　曝気循環による藻類増殖抑制のメカニズム

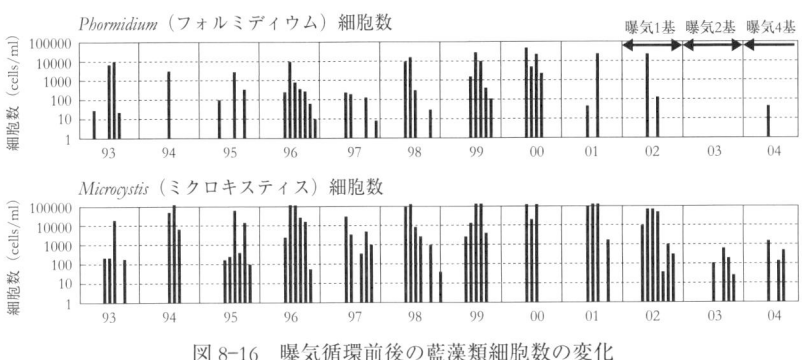

図 8-16　曝気循環前後の藍藻類細胞数の変化

抑制するため，深層に曝気循環設備を設置し，深層水を曝気循環，深層水のDOを回復させようとするものである．さらに底泥処理にあっては底泥・堆泥の除去，底泥被覆，干上げなどをすることもある．

　選択取水放流とは，選択取水設備により有光層より深い層から取水し，清澄水を取水放流するものである．

　以上，ダム貯水池内の冷水，濁水長期化，富栄養化への対応策をとりあげてきたが，季別により，また，その発生時においてこれらの現象が同期することもあり，その場合には，それぞれの対応策を組み合わせるなど，その操作はより複雑になってくるだろう．従来，既設のダムにあっては，これら水

質改善をはかる諸設備がなかったり，水質に見合った放流操作をするなどの行為が見られないところもあった．既設ダムにあってもこれら設備系の導入や，場合によってはゲート設備の改善・変更などを検討することも多くなってこよう．ダム貯水池の水質改善策は，いわばダム集水域からの汚濁負荷をいったん貯めて処理するという大がかりな装置系といえなくもないが，貯水池の水質はそれに依存する多くの利用者や環境面からの要請も強くなってきている．ダムを管理する上で，持続的改善にとりくまなければならない．

ダム下流の河川環境にあっては，こうした運用操作による放流水を量，質にわたって受け入れるわけで，下流河川環境の水量・水質面にあっても，ダム貯水池と下流河川がダムを介して連結していることを鑑み，両者を一体とした水量，水質制御問題ととらえ，場合によってはダム貯水池の水質改善策へのフィードバックも考えていかなければならない．

8.5 生態的連続性の分断への対応策

取水堰や頭首工といった河川横断工作物にあっては，魚道等の水路や段階状のスロープを設け，魚などの遡上・降下を可能とする対応策がとられている．

しかし，ダムとなるとその堤高が大きく，生態的連続性の分断への対応策には厳しいものがある．そのため，ダム建設時には漁業者との間で漁業補償協定が結ばれ，遡上・降下魚の漁業生産に見合った補償基準がかわされていることが多い．一方では孵化場や人工養殖施設などアユ種苗生産とその放流によってアユの漁獲量そのものは確保されているようである．

それでも，分断への対応を試みるものもある．庄川水系小牧ダムでは揚程70m近いエレベータ式魚道（本魚道は洪水被災にあい，現在は撤去されている）が，また，緩勾配で入り組んだ魚道を相当な延長距離で設置した例として，兵庫県武庫川水系青野ダム（口絵11）があるし，沖縄県漢那ダムではハゼ類や甲殻類の遡上を可能にする急階段式魚道が設置されている．また海外では，南米ラプラタ川にあるイタイプダムでは長距離・広幅魚道を，オーストラリ

アのある川では堤高はそう大きくないが，ある一定時間間隔で出入口のある貯水槽を昇降させ，魚などを移動させる方式（いわゆるエレベーター式魚道）をみることもある．小牧ダムのエレベータ式魚道ではその稼動中，アユを含め相当な数の魚を揚程していたようであるが，その他の事例ではこれらが魚などの遡上・降下にどの程度効果があるのかを確認するまでには至っていない．

このように，生物の遡上・降下を分断する堤高の高いダムでは，上記のような対応はコスト面，効果面で課題が多く，その代替案はいまだもってできていない．既存のダムタイプではないが，昨今，**流水型ダム**が登場してきており，このダムタイプでは，生態的連続性の分断が緩和されるともいわれている．

参照文献

1) 国土交通省河川局環境課 (2005) 今後の河川水質管理の指標について（案）．
2) 国土交通省河川局監修・社団法人日本河川協会編 (2005) 河川砂防技術基準 同解説 計画編，山海堂．
3) 国土交通省河川局河川環境課 (2007) 正常流量検討の手引き（案）．
4) 国土交通省河川局 (2003) 河川環境保全のための水利調整：取水による水無川の改善（プログラム評価書）．
5) 田中則和・大杉奉功・名波義昭・岡野眞久 (2004) ダム下流河川環境の改善手法について．ICOLD 第72回年次例会シンポジウム集．pp. 390-406．
6) 財団法人ダム水源地環境整備センター (2008) ダムの堆砂対策技術ノート．
7) 坂本博文・谷崎保・角哲也 (2005) 河川土砂還元を組み合わせた真名川ダム弾力的管理試験「フラッシュ放流」．土木学会河川技術論文集 11：273-278．
8) 坂本博文・中村甚一・角哲也・浅見和弘 (2006) 真名川ダム弾力的管理試験における「フラッシュ放流」の計画と効果の評価手法．土木学会河川技術論文集 12：271-276．
9) 角哲也 (2007) 黒部川連携排砂による河川・沿岸域を含む流砂系への環境影響．第18回ジョイントシンポジウム，流域から沿岸までの土砂動態が生物生息環境に及ぼす影響を考える，陸域から海域への土砂供給変化に着目して．pp. 37-42．
10) 角哲也・金澤裕勝 (2006) 黒部川のフラッシング排砂における環境調査．大ダム 197：121-135．
11) 財団法人ダム水源地環境整備センター (2008) ダムによる水質への影響の評価手法および水質保全対策基準の確立へ向けて．（未発表資料）

12) 佐々木稔・盛谷明弘 (2007) 貯水池水質対策としての流動制御フェンスの効果の検討. 平成 18 年度ダム水源地技術研究所所報. pp. 10-15. 財団法人ダム水源地環境整備センター.

第9章
モニタリングと順応的管理

　計画や施策の実施にあってはPDCサイクル（plan計画→do行動→check状況把握）というマネジメント手法がとられる．なかでも物理基盤や生息場といった空間を対象として環境保全策という人為の制御策をとる場合には，先に見てきたように，要因のかかわりの複雑さや定量化にあっての不確実さの存在を認識せざるを得ない．そのため，ここでは計画や関連の施策は仮説の設定であり，事業は実験であり，監視によって仮説を検証，その結果に応じて見直しや新たな仮説をたててよりよい働きかけを行うべく事業の改善を行うというプロセスを歩むことが望まれる．PDCサイクルを歩むことでもあるが，ここではこれを**モニタリング**と**順応的管理**としてとりあげる．

9.1　ダム下流生態系のモニタリング

9.1.1　サンプリング地点の配置

　ダムの建設，あるいは運用に伴う影響のモニタリングについても，基本的には，生態学的な野外操作実験の基本であるBACI（before事前，after事後，controlコントロール地点，impact影響地点）のデザインによるのが基本である[1]．すなわち，ダム建設や新たなダム運用などの，開始前の調査，開始後の調査とともに，さらにダムの影響を受けないコントロール（対照）地点においても調査を行うのが原則である．コントロールが不可欠な理由の第一は，河川

生態系の大きな変動性による．すなわち，河川においては，水温レジームの年変動だけではなく，洪水や渇水といった生態系に大規模な影響を与える環境の年変動もあり，事前，事後といった時系列に沿った比較だけでは，問題や課題の解決ができるようなデータが得られるとは限らない．その場合も，コントロール地点の生態的変化などを参照しながら，事前，事後のデータを解析することで，事業の生態的インパクトを評価することが可能になることが多い（図9-1）．

　北米のコロラド川流域のような，大規模ダムでは河川としてのコントロールを得ることはなかなか困難だろう．しかし，日本に多い中小規模の山地ダムの場合には，ダム河川と並列関係にあるダムのない河川にコントロール地点を求めるのは，それほど困難でないと思われる．時系列的な事前と事後を得ることが困難な場合には，ダムをはさんだ上下流で，少なくとも河川序列の同一の地点を比較するという方法も次善の策として検討されるべきだろう．その場合も，コントロール河川の調査が必要である．

　もちろん，近年に日本でも実施されるようになったダム下流環境の改善のための人工洪水や維持流量増加についても，やはり同様のモニタリング地点の配置があることが望ましい．また，ダム建設に伴うモニタリングと異なり，人工洪水などについては，繰り返しが可能であるので，科学的あるいは統計的な検証に耐える繰り返し（サンプルサイズ）も必要である．しかし，完全に同一条件の再現は困難で，かつ降水量などの年変動があるので，とくにコントロール河川・コントロール地点を設けて生態的影響を見ることの必要性を繰り返しておきたい．

　ダムの下流河川への影響については，残流域からの流入や規模の大きな支流の合流によって，あるいは流下過程そのものに伴う物理的，化学的，生物的プロセスによってダム直下から流程を下るにしたがって，当然ながら影響が薄れていく．その影響軽減を把握するためには，ダム直下地点から一定間隔でのモニタリング地点を配置することも必要である．その場合には，距離とともに，支流の合流にも着目すべきである．モニタリングの下流端については，大きな支流の合流点まで，あるいはダムがある河川が本流などに合流するまでとするのが，合理的だろう．

第 9 章　モニタリングと順応的管理

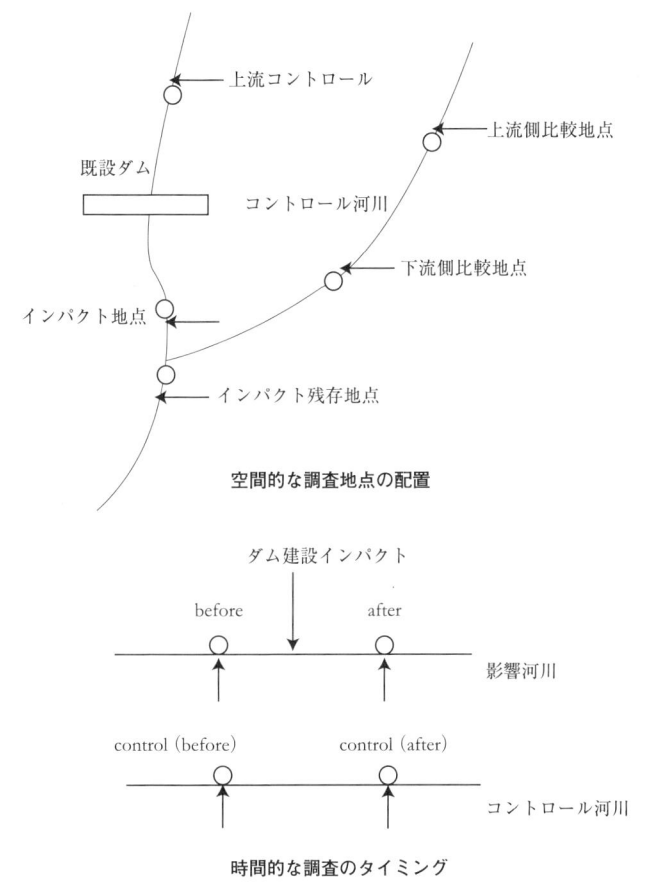

空間的な調査地点の配置

（図中ラベル：上流コントロール、上流側比較地点、既設ダム、コントロール河川、下流側比較地点、インパクト地点、インパクト残存地点）

時間的な調査のタイミング

（図中ラベル：ダム建設インパクト、before、after、影響河川、control (before)、control (after)、コントロール河川）

図 9-1　ダム建設に伴う影響調査の BACI デザイン

　限られた地点で詳細な調査を実施するか，調査を簡便化して多くの地点で実施するかは，ダム下流河川についてどのような課題を検討するのか，あるいは調査を実施する体制や予算がどのようになっているかによるだろう．

9.1.2　モニタリングの時系列

　ダムがある河川における生態系モニタリングで，もっとも注意が肝要なのは季節性であろう．日本のような季節性のはっきりとした地域では，水温

を含む水質環境や生物群集などについては，少なくとも事前-事後比較では，必ず同一季節を比較しなければ意味がない．水温を含む水質項目は，連続あるいは月に一度以上の一定間隔の調査分析を実施すればよいが，手間とコストのかかる生物項目を毎月多くの地点で実施するのは困難な場合が多い．底生動物などの河川生物調査では，四季の調査を実施するのが原則である．回数に制限のあるときには，対象生物の活動性，個体数，現存量が最大になるときを選ぶのが原則だろう．

　水中生物の付着藻類，底生無脊椎動物などについては，非積雪地域では冬季から初春が好適な季節である．この時期は流況が安定するとともに，多くの無脊椎動物，とくに水生昆虫類の成長・発育期にあたっている．藻類についても，少なくとも現存量が大きくなることの多い季節である．積雪地域については，秋の積雪前あるいは融雪洪水の終息した季節が望ましいと思われるが，生活環と関連して適切なサンプル時季についての具体的な資料はないように思われる．渡り鳥や季節的移動性の高い魚類については，調査河川に滞在している時期が対象の季節となる．ほかの多くの生物では，活動性の高い春から秋の季節を中心に調査することになる．

　いずれの生物にとっても，発育，成長，繁殖などで，要になるステージ（発育段階）がある．それぞれの生物種の個体群サイズなどを大きく規定するステージにも着目して調査する必要がある．多くの生物は，繁殖や子育て時期は一つの要である．魚類などでは，卵期から仔稚魚期も重要な時期になる．また，水産対象の魚類などについては，種類相，個体数，現存量だけではなく，成長量についてのモニタリングも必要になることがある．その場合には，主要な成長期に経時的な調査を行うことも必要になる．アユなどでは，遡上期から夏までの成長が著しく大きく，ダムの影響も冷水放流などで出やすい時期で，この季節の継続調査は欠かせない．魚類についても，底生無脊椎動物についても，従来は種類相，個体数，現存量だけが調査されることが多かった．しかし，ダムの多面的なインパクトを把握するためには，成長や生物生産量，生残率もモニタリングする必要がある．

第9章 モニタリングと順応的管理

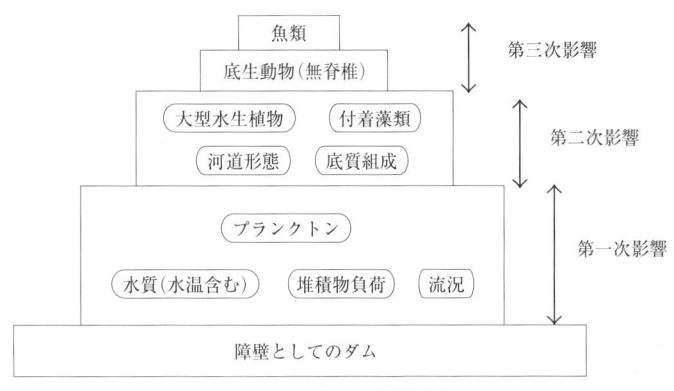

図9-2 ダムの影響連鎖

9.1.3 ダムの一次，二次，三次影響と下流河川の生態系モニタリング

Petts[2]は，ダム影響について，一次影響から三次影響までを区別した（図9-2）．これらの影響は，一次あるいは直接影響が二次影響に，一次と二次影響がさらに高次影響にと波及していくとともに，タイムラグも持つことになる．そのために，波及性や相関性とタイムラグに着目したモニタリング計画を立てることが必要である．

生態系は，基本的にはダム影響については，間接的な影響を受ける場合が多い．すなわち，先の影響区分では，二次ないし三次の影響を受けることになる．一次（直接）影響として生態系に大きく関連する項目は，水温環境と水質環境である．水理環境や流況については，洪水あるいは渇水による攪乱プロセスに伴う生息場所などの改変による直接的影響とともに，群集内生物相互作用系を通じて，生態影響が現れる．例えば，ダムの下流河川においては，洪水などの攪乱の減少によって，種間競争が強くなり，特定の種が優占したり，種多様性などの生物多様性が減少することにも注目してモニタリングをする必要がある．

水温については，ダムのある河川では顕著な影響が現れることも判明している．興味深い水温モニタリングの結果は，高梁川水系帝釈川ダムでも示されている[3]．河川の水温と生態系の関係は，生理生態学的アプローチも含め

て，今後もっと注目・解析されるべき分野である．ダム操作としては，選択取水などにより，下流の水温環境の改善（影響低減）に一定の効果をあげている．しかし，生態系への改変効果も含めてダム水温の影響については，必ずしも十分に科学的なデータが蓄積され，公開されているとは言い切れない．水質項目のなかでは，もっとも簡便に正確に詳細な連続記録が採取できるのが水温である．この水温レジームの変化がダムのある河川の生態系プロセスに与える影響は，詳細にモニタリングされ，科学的な議論の対象とされるべきものである．グレンキャニオンダムにおいても，水温レジームの変化（主に夏季の水温低下）が，魚類を中心とした生態系に与える影響は，中心的なモニタリング課題になっている．

その他の水質については，pH，電気伝導度，栄養塩などの一般的な項目に加えて，どのような水質項目のモニタリングをすべきかは，ダムそのものの特性や，地域の特性によって異なってくる．ダムによる深層部の低酸素，無酸素状態の発生を考えると，リンの溶出，マンガンなどの重金属の溶出と流下にも注意を払う必要があるかもしれない．生態系モニタリングと関連する水質項目としては，上記の重金属に伴う毒性に加えて，アンモニアの毒性の影響は，とくに富栄養化の進んだダム湖については，留意しておかなければならない項目だろう．また，深層放流がなされる場合には，嫌気的水塊の放流が与える影響も調査する必要がある．

Pettsの注目した二次影響は，河川断面と底質（河床材料），それに付着藻類，とくに糸状藻類である．河川断面は，ダムの影響では二つの面で変化する．ダムが土砂を捕捉することで地形の変化が起きる．また，水量の低下，とくに年一度程度の洪水流量を減少させることで，河道断面が変わる．このときの河道の横断構造が流量規模に応じて把握できるのが望ましく，流量規模に対応した断面積，河道幅，潤辺長がモニタリング項目とされる．

河床堆積物については，すでに本書でも十分に議論されている．アーマーコート化指数や河床安定度を算定しておくことが必要である．土砂の粒度分析による工学的な分析も必要である．しかし，それとともに生息場所特性に直結し，簡易的に把握できる河床特性として，谷田が提唱したような，浮き石，はまり石，砂利，砂，シルトなど目視できる底質とその優占度を使った

底質指数などによる把握も有用である[4]．

付着藻類については，糸状藻類の被度，繁茂状況の把握がとくに重要である．ただし，糸状藻類と総称されるものには，藍藻類のフォルミディウム属やリングビア属，緑藻類のヒビミドロ，アオミドロ，それにカワシオグサなどがあり，生物学的特性が違うだけでなく，固着性といった物理的特性にも違いがあるので，まとめて扱うことのできないことが多い．とくにカワシオグサは固着性が強く，剥離にはより大きな掃流力が必要となるという[5]．

三次影響としてモニタリングの主要な対象となるのは，底生動物群集（欧米の論文では肉眼的無脊椎動物 macroinvertebrates と表現されることが多い），また，魚類群集もモニタリングの対象になる．後者は，とくに，水産資源としての側面や住民などの関心も高く，ダム影響の調査としては欠かせない．ダムの影響の数量的評価としては，水生昆虫を中心とした底生動物が，世界的にも広く使われている．

プランクトンや粒状有機物による生態影響では，造網性トビケラなどの特定の底生動物が優占することは，多くのダムの下流河川で観察されている．モニタリングとしては，底生動物の調査とともに，餌となる流下粒状有機物，堆積粒状有機物のモニタリング調査も必要になる．

底生動物や魚類のサンプリングについて，もう一つダムがある河川特有の問題がある．ダムの直下では，取水によって水量が減少していることが多い．その結果，河道幅などが狭くなるなど，水生生物の生育可能空間が小さくなる．徐々に減水する場合には，魚類や底生動物がその狭い空間に集まり，見かけ上の密度などが著しく高くなることがある．そのような河川でも，実際の有効個体群サイズは著しく小さくなっていることが多い．個体群サイズや現存量の評価をモニタリングするときには，そのような"みかけの"減水効果にも配慮が必要である．

魚類については，個々の種まで同定されることが多い．肉眼的無脊椎動物についても，できるだけ種レベルの同定を行うことが，情報量などからみて望ましいが，最近の河川底生動物を利用した生物モニタリングでは，属や科レベルの同定資料を使った評価もなされることが多い．英国に起源をもつ BMWP (Biological Monitoring Working Party Score System) やオーストラリアの

AUSRIV (Australian River Assessment System) などは，科レベルの分類同定を基準にしている．日本においても，環境省（環境庁時代）が試作した平均スコア法が使用されることがある．しかし，科レベルの指標性や，ダムがある河川のどの特性に対応するかの検討は十分になされていないため，慎重に使用する必要がある．

底生動物の群集組成を使ったダム影響のモニタリングでは，生態的健全性，上記の科レベル指標も含めて，各種生物指標を使って評価する方法もある．それ以外に，ダムのない河川やダム上流で影響を受けていない地点などの群集組成を保全目標の参照（リファレンス）として，それとの乖離度あるいは類似度によって，ダム影響を評価することも，最近は欧米やオーストラリアでは広く採用されている方法である．

9.1.4 生活史特性への水温影響（三次影響）

河川生物も含めたすべての生物は，各々の生息地の季節性やその変動性に適応するように自然選択のフルイをかけられてきた．その時間スケールはさまざまであり，従来信じられてきたよりは短い時間で，変化適応する生物種もあるという．しかし，そのような生物はごく一部で，急激な環境変化は，地球温暖化に見られるように，多くの生物の絶滅を生起する可能性がある．

ダムの建設とそれに伴う季節的な流況や水温レジームの変化，あるいは天然湖沼のダム化による季節的な水位変動などの改変は，多くの生物にとっては追随の難しい環境変化になる．ダム下流河川においては，季節的な水温レジームの変化，年間あるいは日など短期間の温度較差の減少が，魚類や無脊椎動物などの生活史特性に大きな影響を与えているが，少なくとも日本のダムがある河川については，詳しい検討はなされていない．

魚類については，サケ・マス類など冷水性の種の増加，コイ科などの暖水性の種の減少が，ダム直下の河川では見られることが多い．コラム11, 12にも紹介したグレンキャニオンダムでは，ゲーム用のニジマスの放流も含めて，マス類が著しく増加したという．

9.2 ダム下流河川の順応的管理

順応的管理とは adaptive management の訳である．世界的に見てもけっして古い概念ではない．米国などで 2000 年前後から提唱されている．英語に忠実な翻訳では適応的 adaptive 管理であるが，生物学における「適応」には，進化史的な時間スケールにおいて，自然選択により環境に適応した変化というニュアンスもあるので，本稿ではそれより時間的スケールの短い現象と考えられている「順応」という言葉を使う立場にしたがった．

順応的管理とは，計画―実施―検証―計画の見直し―実施―検証という過程を繰り返すことである．この手法のポイントは，実施した結果を検証して，計画そのものを繰り返し見直すことである．ダムの建設や運用といったきわめて社会性の高い課題の場合には，計画や検証，計画の見直しの部分には，ステークホルダーや住民などに対する情報の公開と討議や，ときには協働が必要になってくるだろう．ダム建設に伴う水資源の開発や治水には，地域住民の負担や，ときには先祖伝来の土地からの移転といった大きな犠牲を伴うことがある．その点からも，目標の設定と効果の検証が必要である．

順応的管理には，当然ながら多くの手間と時間がかかることになる．また，管理の目標や事業の目的がはっきりとしていないと，「場当たり」的な管理や事業となってしまうこともある．ダム事業にも，河川管理と同様に，治水と利水に加えて環境が目標に加えられた．目標がはっきりとした，あるいは固定的な利水や治水に比べて，目標設定が困難で変動性の高い河川環境の管理には，順応的管理はさらに有効，あるいは不可欠な手法となる．

わが国にあってはダムのある河川の環境改善のために，一次影響の洪水を含む流況の改善，維持流量の確保を基本としており，前章で発電ガイドライン，治水容量などの弾力的管理，活用放流などをとりあげてきた．これらの施策は環境改善に大きな機能を果たしていると思われるが，景観などの環境要素の改善については検証されているが，生物群集を中心とした生態系への改善効果の検証は，ダム建設のためのアセスメントに比べると，一般的には十分でないように思われる．貴重な水資源を使っての環境改善事業である限

り，検証とその結果による計画（事業）の見直しは不可欠である．

　ダム下流の生態系の保全をも含んだ維持流量確保のためのダム容量の確保についても，若干考えてみたい．慣行水利権と称するあいまいな水利用概念の整理は，もちろん必要である．しかし，生態系も含めた下流環境の維持流量のために，ダムに容量をもたせて下流に水を補給するのは，生態系から見

コラム12　グレンキャニオンダムにおける順応的管理

　先にとりあげたコラム11（米国グレンキャニオンダムの人工洪水）において人工洪水は1996年と2004年の2回実施されたことを述べたが，実験計画と実験結果の概要を示すことでモニタリングと順応的管理のとりくみ事例でもあることを述べる．
① 1996年の人工洪水実験
［実験計画］砂州を増やすためには河川に土砂を流す必要があるが，土砂を上流から運び込まずに，下流の支川から供給される土砂を用いた．通常の放流量では，流入支川から供給される土砂は河床に堆積するだけである．そこで，一時的に放流量を増加させることで，この土砂を砂州まで移動させることとした．実験では，ダムからの放流を一時的に止め，コロラド川本川に土砂を貯めた後，$1,300m^3/s$ を7日間放流した．
［実験結果］人工洪水の結果，支川から供給される土砂を砂州に貯めることができなかっただけでなく，過去に形成されていた砂州も流下させてしまい，環境の悪化につながった．さらに，河岸の侵食も促進させてしまった．その原因としては，支川からの土砂供給量が少なかったこと，ダムからの放流量が多く，放流時間も長かったことが考えられる．
② 2004年の人工洪水実験
［実験計画］1996年の人工洪水実験の失敗を踏まえ，2004年の人工洪水では，供給土砂の管理と適切な人工洪水の規模の検討を行った．供給土砂の管理については，9月～11月までの放流量を $250m^3/s$ に制限し，計画的に支川から供給される土砂を堆積させることとした．堆積させる土砂の総量は80万tである．人工洪水の規模については，堆積させた土砂を移

て正しい方策かどうかは，もう少し議論が必要である．一見すると環境を破壊するように見える高水あるいは洪水が，河川生態系の維持に必要なイベント・攪乱であることは，いまや常識となっている．それでは自然条件下における渇水も，自然変動のうちとして，生態系に対する合理的な攪乱と考えてもよいのではないだろうか．もちろん，流域の過剰な開発に伴う渇水，ダム

動させ，かつすでに形成されている砂州を流さないことを念頭に置き，ピーク流量を1996年の1,300m³/sから1,200m³/sに下げ，放流期間を7日間から2.5日間に短縮した．また，放流量の増加を緩やかに行うこととした．
［実験結果］ 1996年の人工洪水実験に比べて，環境の改善が見られた．1996年の人工洪水では河岸の侵食箇所しかなかったが，2004年の人工洪水では堆積箇所も見られた．しかし，グレンキャニオンダム下流87マイルより下流では，侵食傾向となった．
③今後の検討
・1996年の人工洪水では砂州を減少させてしまうという結果となり，それ以降回復していない．
・2004年の人工洪水は，1996年の人工洪水と比較すると成功したといえるが，土砂をさらに堆積させた後に人工洪水を実施していれば，全面的に下流河川の環境を復元させる結果が得られていた可能性もある．
・今後実施される人工洪水は，下流の全域で砂州を増加させることが目標とされる．
・支川からの供給で100万t以上の土砂を貯めることは困難なため・将来はグレンキャニオンダムの貯水池の堆積土砂を使用することを検討している．

　このプロジェクトから学ぶことは，米国地質調査所USGSが，縮小されたとはいえ，今でもかなりの規模の研究機関を設置し，多くの研究者がモニタリングを続け，論文やレポートを続けている組織体制や姿勢だろう．恒久的，あるいは半恒久的な研究施設の存在は，プロジェクトの質，モニタリングの質を高めるのに不可欠の条件のように思われる．

の利水・貯留に伴う下流河川の渇水は論外であるが、ダム開発、流域開発以前の渇水攪乱は、洪水攪乱とともに、河川生態系にとっては、進化史的に組み込まれたものかもしれない。自然流況で十分なのか、渇水時には生態系のために維持用水の補給が必要なのか、流況をコントロールしながら順応的管理も試みられるべきであろう。

中小規模の多い日本のダムでは、生態系に対する流況変化として主要な管理課題になってきたのは、平水時流量の減少と、中小規模洪水の頻度と規模の減少のように思われる。前者については、発電放流ガイドラインの実施、維持流量の放流で、以前ほど生態系に壊滅的な影響を与えることは少なくなったように思われる。ただし、貴重な水資源を生態系や環境の維持に使うわけであるから、ダム湖版の「河川水辺の国勢調査」などの生態系モニタリングの重要項目として、改善効果の検討、広報が必要であろう。

中小規模の洪水は、とくに日本のような中小河川やダムでは、水資源として中心的に開発される部分で、この中小規模洪水の規模と頻度の減少は著しい。生態系にとっては、小生息場所あるいは微生息場所の形成のために不可欠な洪水攪乱と思われる。生息場所と生物群集との対応も含めて、この中小規模のフラッシュ放流や人工洪水の、生態評価も必要である。この部分は、洪水の規模、継続時間、間隔あるいは季節的タイミングなどを変化させながら、その効果を検証する順応的管理が不可欠である。

具体的な調査としては、生息場所改変と生態系との応答関係が主要なものになるだろう。その点では、瀬-淵構造などに対応した生物群集の分布とともに、表面河床材の微細分布（テクスチャー）と底生動物の分布の対応を、やや詳細に調べることも、調査計画に含まれるべきであろう。また、フラッシュによる河床間隙の更新は、ダム河川の生態系の維持には、もっとも要となるものの一つである。間隙の無機環境と生物の調査による評価も有効だが、ほとんど検討されていない部分である。また、洪水による横断方向や縦断方向の生物や有機物のダイナミクスが健全な生態系の維持には不可欠とする洪水パルス説にしたがえば、水流中の魚類・無脊椎動物などの生物の動態、有機物の動態も**モニタリング**する必要がある。これらの調査の評価をもとに、フラッシュ放流や人工放流の規模と頻度を決めて、貴重な水資源の活用をは

かるべきだろう．

9.3 保全策の効果と評価手法の開発

　1997年に改正された河川法では治水・利水に加え，河川環境の整備と保全が内部目的化された．そして河川環境の整備と保全に関するとりくみとして多自然川づくりや自然再生事業などがとりあげられている．なかでも多自然川づくりにあっては，河川が本来有している生物の生息・生育・繁殖環境および多様な河川景観を保全・創出するために，河川管理を行うとしている．ただそのための具体的な管理目標を設定し，その目標をどのような指標や変量に反映して目指していくのか．水環境の指標としての水質環境基準は追加項目も含めて設定されているが，生態系にはさまざまな環境要因がかかわってくるので，それらを踏まえたうえで考えるとなると，まだまだ目標設定や目標値を定めるまでにはいっていない．

　そうした状況のもとではあるが，河道上に配置されたダムは流域の一部の集水域から流入してきた流水や土砂を貯留し，ゲートなどでコントロールすることから流況・流砂を改変し，下流河川環境に影響を及ぼしていることはいうまでもない．その影響や程度の内容は第4～7章での調査事例などで見てきたところである．

　近年の河川管理は，それら影響のある部分を緩和・保全すべく，ある目標を設定し，いくつかの緩和・保全策をとりあげ，それを通して河川環境の整備・保全に結びつけてきた．流程に沿って，また時系列的にみても調査事例が少なく，試行段階のレベルの領域でもある．適応策を講じる以上，これら整備・保全策の効果を引き続きモニタリングするとともに，それらの策が設定した目標にどこまで近づいているのか評価する必要がある．そのための評価手法の開発が望まれる．

　前章までにおいて関連するところでいくつか見てきたように，流況変動とその流下プロセス，水質汚濁や粒状有機物の河道内流動・流下プロセス，土砂動態と河床変動モデル，貯水池内水質生態モデルなど，見るべき現象の

Part Ⅲ　ダム下流の環境保全

```
┌─────────────────────────────────────────────┐
│   Habitat の連結性←①生活史，②食物網              │
└─────────────────────────────────────────────┘
                    行動モデル
```

Habitat の時・空間構造
　　生活史上のさまざまな場の，それぞれの評価とその空間的連結性
　　　連結性の測り方　　物理空間を生物の固有スケールで測る
　　　生活圏のスケール　生物のマスと相関
　　　　　平静時　　　遊泳速度　　V_{fb}
　　　　　緊急時　　　突進速度　　V_{ft}

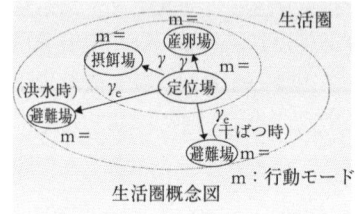

$$CI^{(m)}(x,y) = \frac{\Xi^0(x,y) \iint \{\Xi^{(m)}(x,y) \cdot \gamma_\infty(x-\xi, y-\eta)\} d\xi d\eta}{\iint \{\gamma_\infty(x-\xi, y-\eta)\} d\xi d\eta}$$

$$\gamma(\xi, \eta) = \exp\left(-\frac{\sqrt{\xi^2 + \eta^2}}{\Lambda}\right) \quad \gamma_e = \gamma \cdot \frac{V_{fb}}{V_{ft}}$$

$CI^{(m)}$：行動モード m の連結性指標　　Λ：行動圏スケール
Ξ：合成適性　　γ：距離　　η：生息適性　　ξ：物理指標

図 9-3　生活史支援場の連結

時・空間スケールに応じてモデル化とシミュレーションを展開してきた．これら物理環境の現象モデルに生物の生息場ひいては餌資源を重畳させた知見を埋め込むことによって例えば生息場評価モデルや PHABSIM の改良モデルを一部構築してきた．ただ既述の通り，対象とする種，生活史のステージごとに利用される場は異なるので，さまざまなレベルの生息場がどのように複合・連結された場であるかをしっかりつかむことが重要である．一つは対象とする種をどう選ぶかであり，もう一つは，例えば，種に限っても，産卵，孵化，仔稚魚の生育場，摂餌場，避難場などさまざまな空間が連結された総合体が対象となることである（図 9-3）．図では連結性指標の考え方の例を示した．いくつかの生息にかかわる場が生活圏のスケールで標準化されて，また避難など緊急性にかかわるときとそうでないときの生物の移動速度も加味して距離を測ること，またそれぞれの「場」の総合的連結性を表現する方法を示している．第 2 章補遺で述べたように，移動性が小さい水生生物において流域内の複数の集団がゆるやかにつながっている場合には，その連結性を含めて対象とすべきだろう．さらに，この連結は食物網という視点で複数種

の生息場をどう扱うかにかかわり，また生活史については，「生活圏」・「行動圏」など行動特性にかかわるもので，こうした知見が要求される．もう一つのポイントは，既述の生息場評価は生息適性というポテンシャルの議論であり，生態系はむしろ生体量（バイオマス）で把握されるべきといってもよい．高い生息適性を示しても具体的な棲み込みや繁殖がなければ無意味である．このため，生息場のそれぞれでの個体生長，個体群動態，種数動態などの把握に努めることも重要である．個体数動態については数理生態モデルが利用される．もっとも，生息適性はたぶんにバイオマス（個体生長や個体密度に規定される）や動態パラメータ（増殖率や環境容量など）の大小にかかわるだろう．個体，個体群，種数などの動態定量は「生態系サービス」や「種の多様性」にかかわる重要な項目である．

　現実に，管理の視点で実行可能な生態系の把握として，生態系アセスメント技術で用いられるような「注目種」や，その生活史での重要なステージで利用される場とその連結を議論する努力がされている状況である．注目種は①食物連鎖における上位性，②典型性，③特殊性，④移動性などから選ぶが，河川・河道景観との関連からすると，セグメントに典型的な景観を生息場とする典型種がどのような選好性をもっていてそれを確保する景観要素がどのように保全されているかが鍵であるといえるし，なかでも局所的に特殊な景観（一時水域や湧水点など）に強く依存する生物の生息確保も重要な視点であろう．

　また，これまで河川・河道の物理景観に生物相が支えられたものとして生態系を認識してきたが（必ずしも物理的基盤だけでなく，水質など化学的環境も生息適性としてまた食物連鎖のなかで生物相を支えている），生態系は単に生物相だけでなくその基盤となっている物理的・化学的環境，さらには生物相互作用も含めての「総合系」と見るものという主張もある．こうした総合系では，非生物環境が生物相を支えている機能評価（非生物環境の生態的機能で，その一部が生息適性評価）が重要である一方，生物相が非生物環境にどう影響しているかの評価も重要である．わかりやすい例では植物繁茂は川の流れや地形変化に影響するし，水質にかかわる生元素の輸送・変化過程にはバクテリアや藻類の果たす役割（生態系の機能）がある．後者はしばしば人間活動に

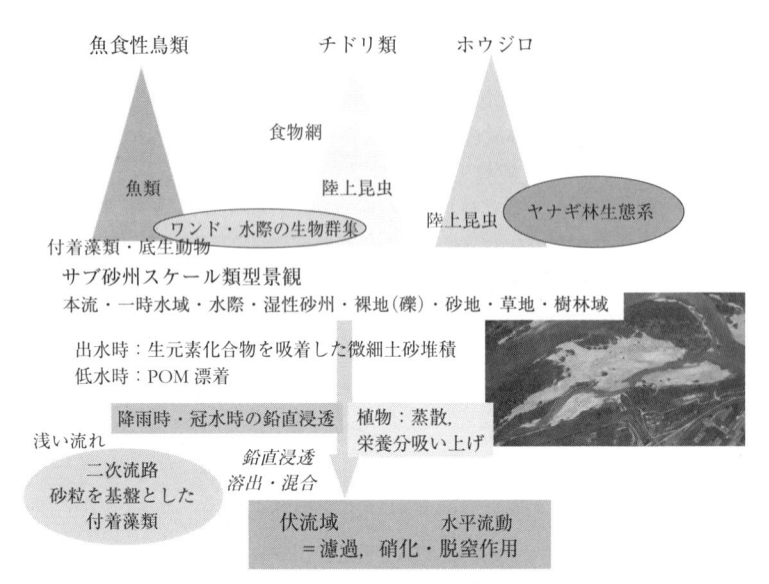

Part Ⅲ　ダム下流の環境保全

図 9-4　景観の生態的機能と生態系サービス

かかわっており，プラスの面の享受という点での生態系サービスにかかわる基本過程である（図9-4）．生態系サービスの規模はバイオマスに依存する．例えば生息適性評価と個体数動態モデルから，バイオマスの空間分布が描かれ，単位バイオマスあたりの生態系サービス換算図が用意されれば，対象区域の生態系サービスが推定され，その時・空間分布は空間管理の有意義な情報となりうる．口絵 12 は，河口部砂州域での非生物環境の空間部が選好曲線を介して生息分布に換算され，また単位バイオマスあたりの生態系サービスの換算関数を用いてその区域の生態的評価を試みようとした例である[6]．

一方，生態系の**持続性**や**総体性**（インテグリティ）の視点で，単に生態系サービスにかかわるバイオマス主体の機能評価だけでなく，種数やその分布にかかわる「多様性」も重要な視点である．多様性評価についても，河川生態系管理の視点でより整備されることが望まれる．

このような生息適性や個体数，多様性，生態系サービスの指標値の大小は施策の評価に用いることができるが，状況や指標によっては，非可逆性を意識し，非可逆的状態に至る臨界値を考慮すべきこともあるだろう．例えば，

流域のある種の絶滅は非可逆的であり，この場合，単に個体数の多さだけでなく，変動を含めた個体群存続可能性分析により，その流域からの絶滅を意識して評価しなければならない．多様性においても同様であり，群集存続可能性分析によって，ある種の絶滅が他種へ影響する度合いを評価することもできる．生態系においては，生態系のレジームシフトが考慮すべき事項になるだろう．生態系のある反応が一つの反応曲線（レジーム）から別のレジームに不連続に変化する場合，別のレジームからはなかなか元に戻りにくい場合がある．このとき，別のレジームに移行する状況として臨界値を考えることができるだろう．

いずれにしてもこうしたアプローチを併用して，いくつか選択導入された施策や新たな環境改善策がその設定された定性的・定量的目標とともに描かれ，これら評価モデルによって施策の達成目標とその効果が予測を含めてより具体的に評価できるよう，さらなる調査や知見の蓄積，評価モデルの開発が望まれる．

参照文献

1) Dudgeon, D. (1999) Tropical Asian Streams: Zoobenthos, Ecology and Conservation. Hong Kong University Press.
2) Petts, G. (1987) Time-scales for ecological change in regulated rivers. In: Regulated Streams: Advances in Ecology (eds. Craig, J. F. and Kemper, J. B.), pp. 257-266. Plenum Press.
3) 村田裕・浅見和弘・三橋さゆり・大本家正（2008）帝釈川ダム下流における流況改善に伴う水生生物の変化．応用生態工学 11：63-79.
4) 谷田一三（1990）水生昆虫の生態学．月刊水 32(15)：18-25.
5) 内田朝子（1998）矢作川における付着藻類と底生動物 その2．矢作川研究 2：19-31.
6) 野原精一・井上智美・広木幹也（2009）伊勢湾における干潟および沿岸植生の生態系機能の見積もり．伊勢湾流域圏の自然共生型環境管理技術開発研究成果中間報告書（文部科学省科学技術振興調整費）：108-109.

補遺 ダム建設を巡る社会環境

　ダムは，洪水時の河川水位を低下させることによって，河道改修事業とあいまって治水上の大きな役割を担ってきた．また利水にあっても，水需要の増大とその安定供給に果たしてきた役割は大きい．さらに地域振興や湖面利用などのレクリエーション機能も果たしている．これらの機能やその効果は引き続き発揮されていくことは間違いない．

　しかし，都市化の急激な進展，都市への人口・資産・中枢管理機能の集積は流域にあってもさまざまな形で水循環系を大きく変えてきており，問題をなげかけている．なかでも河川環境の悪化は大きい．河川・ダム事業にあっても，治水・利水機能を果たすという役割は引き続き大きいものの，自然環境・河川環境に及ぼす影響が問われ，その保全・整備が求められてきている．

　20世紀の末頃までは，国民の生活水準の向上や都市型社会の形成に密接にかかわる形で，また国家経済の向上を一路求める当時の社会的雰囲気もあって，河川やダム事業に関する法制度や事業費確保がなされてきた．しかし，河川環境の保全・整備が治水・利水を含めてある程度進んだことに加え，人口減少と少子高齢化社会を背景に高度成長から低成長（安定成長）へと変わり，循環型社会の形成や環境意識の高揚，経済基盤の縮小などとも連動して，ダム建設をとりまく社会環境は大きく変わった．

　巨大工事であるダムを巡っては，大きく開発と環境が争点になっていく．長良川河口堰建設（堰本体竣工1994年）では，その環境や生態系への影響を巡り，環境重視の立場からさまざまな反対や意見が建設阻止行動とあわせて出された．事業計画とその妥当性が治水や利水面においていえても，環境に関しては調査や検討が十分でないなど批判の的にもなった．説明力の強化や環境への影響に関する観測データの追加・補強・評価などが長良川河口堰に関する円卓会議や公開の場で議論された．結果として長良川河口堰は建設されたが，河川の計画や事業の実施にあたって公共事業のあり方や環境問題への対応，住民意見の反映などが問われ河川法は改正された（1997年）．

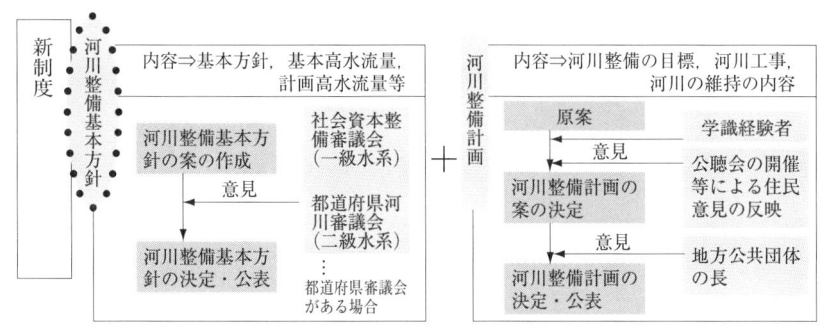

図9S-1　河川整備計画策定の流れ

　1896年に制定された河川法では，水系一貫した治水計画と事業に重点がおかれ，1964年に改正された河川法では，治水に加えて水資源の開発と利用という利水が大きく盛り込まれた．現行の河川法では，治水・利水に加えて河川環境の整備と保全が内部目的化され，治水・利水・環境が三位一体として整備されることになった．そして中・長期の河川整備基本方針に則して，今後20～30年の間に具体的に進める河川整備計画の策定にあっては図9S-1に示すように住民や関連自治体の長にも意見を求め，それを反映する構図となっている．計画とその実施にあっての最終の意志決定者は河川管理者であることには変わりはないが．

　ダム建設を巡っては，アメリカ土地開発局のD・ビアード局長が日本での講演で，ダムはもうこれ以上必要でないと発言したり，当時長野県知事の田中康夫氏が脱ダム宣言を唱えたりした（ただし，ダム以外の代替案の提示がないままであった）．新たな河川法のもとでは，河川整備基本方針や河川整備計画の策定にあたり，国管理区間については国土交通省が，都道府県管理区間については各都道府県が住民を代表する委員も含めた流域委員会を立ち上げ，河川の整備計画策定がなされている．もちろん整備計画の策定にあっても，ダム建設を巡る議論が焦点になることが多い．そこにはダムの必要性の問題がある．

　なかでも大きく変化してきたのがダムによる水資源開発である．水資源開発計画をベースに水需要へのキャッチアップをはかるべくダム等による水資

源開発が促進されてきたが,結果として水需要が通常年にあってはバランスするレベルになってきており,人口減や経済成長の鈍化が予想されるなか新たな水需要を生み出す背景がなくなってきている.もちろん地球温暖化などの影響で渇水の頻発も予想されるなか,それらへの対応を考えていかなければならないが,相対的に利水のための新たな容量確保をダムに求めない,そのことがダムからの利水撤退を生み出している.

治水についてはどうであろうか.従前,治水の基本原則は洪水水位の低下に求められる.それには堤防の新設や拡幅,河道掘削による河道流下能力アップをはかる河道対応と,ダムや遊水地などによる洪水貯留と調節による水位低下がある.ダム以外の代替案を検討するなかで,森林の整備による保水力のアップ,これに期待する緑のダム構想がある.なるほど森林の保水力が洪水を緩和する効果はあるものの,対象としている治水上の計画規模洪水には対応できない.遊水地や霞堤の活用は洪水の貯留効果があり,土地利用上それが確保できる場合は計画に計上する.堤防強化については議論のあるところである.堤防が原則土でできていることから,洪水による洗掘や侵食,越水による破堤,それを防止するための堤防点検と堤防補強が鋭意なされているが,堤防から越水しても壊れにくい堤防強化策については検討されているものの,まだ技術的,経済的,また整備期間の長さなどの課題があり,整備計画に位置づけられるまでにいたっていない.なお,すでにダム計画が進み,用地取得や地域振興整備が相当進んでいるダムにあっては,その実施が短期間に効果発現をする有利性がある.こうした河川対応に加え,流域から洪水流出を抑制するための流域対策があり,それらを進めていく必要があるが,考えられる土地利用規制やため池や水田の多面的機能の活用,雨水貯留,浸透施設の設置などでは,なるほど地先の洪水流出の抑制にはなるが本川の洪水水位の低下にはまだまだ効果量は小さい.

このように考えると,治水にあっては,現行河川計画にあって設定される河川の計画高水位 (H. W. L.) を上回らないよう洪水の水位を下げる河道対応とダムなどによる洪水調節が依然として不可欠である.

環境についてはどうであろう? ダムと環境にあっては,環境重視でダムは原則建設しないとの立場と,いくつかの調整プロセスを踏み,ダム建設と

生態系との共生をめざす立場があろう．ここでとりあげたダムと下流河川環境，その影響は項目によりその程度の差はあれ大きい．とりわけ連続性の分断，これはダムではその対応は困難である．流況と流砂の改変とその影響，これもダム直下にあっては対象とする動植物いかんによっては大きいし，中長期的には流程に沿って，その影響が伝播していく．これらの影響を緩和すべく，フラッシュ放流や土砂還元などを行えば，それらが目指す緩和目的によってはその効果が実証されている．さらに河川維持流量の増加やその変動を高めること，中小規模攪乱を意図した環境放流とそれを可能にするための水の分配（環境容量の確保），通砂や排砂を高める排砂ゲートや排砂バイパス，放流水温・水質をコントロールする選択取水設備の設置とその運用など，ダムの治水・利水機能との競合・調整をはかり，強化・充実させるためにはどのように進めるか，既設ダムにあっても容量の再編やその高度運用とあわせ，環境容量・環境放流を生み出すさらなる検討が必要である．それらにより共生の道のりを歩むか，歩めるのかを考える．

　ダムがもたらす連続性の分断にあっては，流れを貯めないタイプのダムにシフトする考え，いわゆる流水型のダムでの対応が検討されている．このタイプのダムは現河床近くにゲートレスの流出口を設け，洪水時に貯留流出による洪水調整をするが，普段は河川流量をそのまま流下させるタイプのものである．洪水時以外は貯めることがないので，生物の遡上・降下を可能にすると考えられる．しかし，もちろん流入土砂の挙動や試験湛水時の周辺環境に及ぼす影響など，いくつか検討課題もある．

　このように，ダム建設を巡っては，ダムに求める機能変化が起こっていることを踏まえるとともに，環境への影響軽減をどの程度にまで求め合意できるかにかかっている．

　一方，ダム事業にあっては，計画から事業実施まで長期間を要しており，この間の社会情勢の変化などによる利水撤退や見直し，それに伴うダム諸元の変更などが生じ，場合によっては，ダム本体の着工が遅れたり，中止・休止さらには廃止の判断がなされる動きがある．すでに苦渋の選択として用地交渉に応じ，移転や地域振興が進んでいることがあるが，その場合には建設に合意した自治体の長や住民にとっては大変な苦労をさらに受けることにな

る．誠意ある対応が求められるが，どのように進むのであろうか．

　ダム建設には，その事業費が大きいうえに，その事業費は国，都道府県，ユーザーが分担することで進められてきた．もとより，それらの多くは，納税者の税金に負うところが大きい．財政事情が厳しい昨今，その分担を巡っても議論があり，ひいてはダムを含む公共事業の実施主体と財政負担を巡っての議論など，上位の制度の見直しにまで敷衍しつつある．

　いずれにしても，ダム建設を河川整備計画に位置づけるにはダム以外の代替案を十分に検討するとともに，ダムを選択する場合にあってもその技術的・経済的，さらには環境的な評価が十分に行われることが大切で，関係者間の合意形成に結びつく調整プロセスを歩むことになる．

コラム 13　ダム撤去

　老朽化による安全性の低下，ダムの治水・利水機能の低下，ダムを維持し修復する費用の増大が考えられるダムにあっては，河川生態系の復元に対する期待もあり，ダム撤去が議論される．米国では，1980年代以降急増しており，その数は500近くもあるという．ただ，ダムといってもその大半は堤高が低いものであり，堤高が15m以上のものはごくわずかである．わが国では，最近，九州球磨川水系にある荒瀬ダム（1953年に竣工した堤高25mの発電ダム）の撤去問題が挙がっている．

　ダム撤去にあたっては，ダムの使用意義，構造的な危険性の増大，維持費用の増大，修復費用と撤去費用の比較，希少種・絶滅危惧種の個体群回復，生態系機能の回復などを総合的に勘案すべきである．また，現在成り立っている貯水池生態系の価値と復元される河川生態系の価値の比較も含まれるべきであろう．

　ここで，ダム撤去を河川生態系の復元策の一つとして考えられる場合，撤去によってどの程度の悪影響があるのか，影響はどの程度の範囲にどの程度の期間継続するのかを事前に予測し，できる限り悪影響を小さく，継続時間が短い撤去方法をとることが望ましかろう．ダムは撤去された場合，単純なダム建設以降の反応の逆をたどるのではないと考えられる．ダムに堆積した土砂にはさまざまな物質（例えば，NやPなどの富栄養化源，Cd, Cr, Ca, Ni, Pb, Znなどの重金属，PCB類やPAH類などの有機化合物）が蓄積されているし，堆積物中における有機物の分解は無酸素状態を作り出してしまう．これらが下流に流れ出ると，土砂が川の淵を埋め尽くすこともあるだろうし，有害物質や無酸素水塊が直接生き物を死に至らしめることもあるだろう．ここでもダム撤去に伴う堆積物の流送と河道内再堆積，化学物質の動態，水温変化などのモデル構築が必要であるとともに，生物に関しても，物理的・化学的環境との対応付け，インパクトの大きさ・継続時間と個体群・群集の関係，これらに関する予測モデルとその結合モデルを構築する必要があり，データを積み重ねて，それを改良していかなければならない．

ここでは，アメリカ合衆国ウィスコンシン州のBaraboo川におけるダム撤去の事例を紹介したい[1]．調査は数kmの間を置いて三つのダムがある区間で行われている．ダムはいずれも堤高が2.5〜5m，湛水面積が3〜15haの比較的小さなダムである．そのなかで，一番上流のダムは2000年，上流から二番目のダムは1997年，一番下流のダムは2001年に撤去されている．このうち，調査の主対象となったのは，2000年に撤去された一番上流のダムで，ダム撤去前後に上流・湛水域・下流などさまざまな場所で河道の横断形態，底質，底生動物相が調査された．ダム湛水の影響を受けていた場所は，ダム撤去後に水位が下がって流水環境になった．底生動物相は，湛水されていたときのイトミミズ類やユスリカ類 (Chironomus と Polypedium) を中心とした構成から，造網性トビケラ類，ミズミミズ類，ユスリカ類 (Orthocladius)，ヒラタカゲロウ類を中心とした構成となり，1年も経たないうちに上流の今までダムの影響を受けていない場所と類似した底生動物相になった．ダム下流では河道の横断構造には大きな変化はないものの，細粒土砂の堆積が確認され，4か月後には3.5km下流にある最下流のダムの湛水域まで達した．しかし，それは底生動物相に影響を与えるほどではなかった．

　このBaraboo川の事例ではダム撤去による悪影響はほとんど認められておらず，ダム撤去がもっともうまくいった事例の一つである．しかし，いつでも同じようにダム撤去がうまくいくとは限らない．Baraboo川では，たまたま流れ出る堆積物の量が少なかったためかもしれない．実際，流れ出る堆積物の流下と再堆積に関しては，まだ精度の高い予測モデルがないのが実状である．日本のように勾配が急で洪水のような不規則なものに物質流送・堆積が支配されている川で，土砂堆積量の多いダムの場合，これはまた，かなりの難問になるだろう．

参照文献

1) Stanley, E. H., Luebke, M. A., Doyle, M. W. and Marshall, D. W. (2002) Short-term changes in channel form and macroinvertebrate communities following low-head dam removal. Journal of the North American Benthological Society 21: 172-187.

終章にかえて

　従前，ダムに関してはダム建設やダム構造の技術，ダムの治水・利水機能とその計画・管理問題が土木工学や河川行政の分野で科学技術論的に展開されてきた．一方，環境問題，環境整備・保全の高まりとともに，環境基本法の制定や河川法の改正があり，河川にあっても治水・利水に加え，環境が整備目的化されるとともに，ダムと環境が大きくクローズアップされてきた．
　なるほど森から流出する水や土砂，物質は河川を流下し，やがて海に至る．その間にあってダムはこれらを変化・改変させ，ものによっては分断する．「森は海の恋人」というフレーズはこれを情緒的に言いえているかもしれない．また，ダムによる河川の流送土砂の遮断が河床低下や砂浜の侵食や後退を招いたともわれている．すべてがすべてダムがもたらしたものであろうか．
　下流河道の河床低下にあってはダム堆砂のみではなく，土砂採取などの河道外への土砂搬出がある．ダム堆砂の粒度構成や中・下流の河道掘削や砂利採取による土砂の粒度の割合からしてダムが砂浜の侵食や後退をもたらしているとは言い切れない．
　緑のダムについても然りである．緑のダムは森林土壌がもつ性質であり，森林整備は森林の地上部のことをいっている．森林整備で緑のダム機能がどこまで増進できるか疑問でもある．
　確かにダムは下流河川環境に影響を及ぼしている．しからばダムは河川環境にどのような改変要因でどのような影響を及ぼしているのか，その影響の程度，広がりはどのあたりまでか，本書はダムと環境の科学を標榜し，河川の物理的基盤と生態系応答の視点から，それらに接近しようとしたものである．あわせてダム直下での流況・流砂改変の影響を緩和すべく，ダム貯水池の水質を改善すべく，また，主として工学的制御策をとりあげたものである．
　ダムと環境の科学としての合理性をうるべく，普遍的かつ共通事項を抽出しようと，多くの河川で多くのダムを対象に事例調査をはじめ自らの観測調

終章にかえて

査，実験も追加したものの，ダムの流況・流砂改変（攪乱強度・頻度の低下や平準化の程度など）は単純ではなく，河川ごとダムごとの違い，例えば流域の特性，ダムの規模，ダムの目的と運用（時期を含めて）が大きく，それらに着目することの重要性も認識した．

ダムの治水・利水機能にあっては，下流の洪水防御地点や利水・取水地点での流量・水位低減や流量確保をはかるよう計画・操作されるので，水量的には相当下流までその機能は効かされるが，ダム直下での流況・流砂改変による物理環境と生態応答には大きな影響がある．ただ，ダムのこうした影響は支流の流入によっては回復する傾向もある．もちろん，中・下流の河床変動と生態応答にはダム以外の流況・流砂・物質変化もかかわっているので，ダムとそれらダム以外の影響の分離は至難である．

ここでとりあげた物理環境と生物・生態応答の関係については，時・空間スケールを含めて複雑な関係にあることは当然であり，知見を高める意味でも観測・調査を継続していく必要がある．その場合，第9章のモニタリングと順応的管理のところでとりあげた調査項目において，季節性を重視した調査，とりわけ中小規模洪水の頻度と規模の減少とそれに見合った生息場所の変化と生態系応答関係については引き続き実施していくべきであろう．と同時に，モデルは複雑な現象を単純化してつくることになり，モデル展開にあってもある程度の限界はあるが，モデルのスケールダウン・アップ融合をさらに進め，流況―土砂動態―物質循環―生物群種の応答の連鎖構造をモデル結合することが必要である．モデルを使ったシミュレーションは多少なりとも対策を考えるとき有用であるからである．

最後に環境整備の目標設定であるが，水を，土砂を，人間だけではなく生物にも多く広く分配する，そのことを踏まえて包括的な形で目標設定ができるであろうか．部分最適の積み重ねとして流程のある区間での目標設定でよいのか，全体的な価値の視点に立って目標設定をするのか，設定主体をどのように形成するのかを含め，これらは議論のあるところである．

いずれにしても，本書で展開したように土木工学と生態学がさらに融合し，ダムと環境の科学化がさらに進展することを望みたい．

おわりに

　ダムはそれぞれの流域で時代時代の要請を受けて，農業用水，発電，都市用水，洪水調節などの目的で設置され，運用されて現在に至っている．わが国の水・物質循環の要であり，またそこにはぐくまれた多様な生物のいる水環境の場でもある河川にあっての人間の働きかけでもある．とりわけ水力発電によるエネルギー供給，農・工・上水の水供給の安定化，洪水調節による被害の軽減など，わが国の社会・経済・生活基盤の形成・拡大への働きかけの重要な側面を担ってきているともいえる．

　そうした中にあってダム建設が数においても多く，また大規模になるにつれ，それらが及ぼす社会環境および自然環境への影響がいわれ，少なくともこれらの影響に対する緩和策の必要性が高まってきている．社会環境への影響緩和策としては生活再建対策と水源地整備からなる水源地域対策特別措置法などの法整備が進められてきた．ここではこうした法制度を含め社会環境への影響緩和は扱っていない．

　一方，自然環境への影響であるが，本書ではとりわけ河川環境，しかもダム下流河川環境への影響とその影響緩和策をとりあげた．ダムの治水・利水機能を維持しつつの影響緩和策である．その意味では限定的であることは論をまたない．しかも以下のような事由でまだまだ発展途上にあるといえる．

　河川の流水・流砂が構成する物理環境と生態環境の相互関係については多くの要因が関与しており，それらの科学的知見は調査事例からもたらされることが多いし，共通性と個別性をもつ河川とダム配置のもとではダムとそれがもたらす環境変化にはまだまだ不確実かつわかっていないものがある．その意味で本書でとりあげた調査および収集データではまだ十分とはいえない側面がある．また，とりあげた施策にあってもその試行がはじまったばかりであり，その変化を評価する項目を抽出し，それをモニタリングし，効果を評価，さらにはそれを施策にフィードバックする繰り返しが必要でもある．

　さらなる影響緩和策とはどのようなものであるか引き続き検討していく必要があるが，一つに既存システムの管理設備の更新・改築と連動して，ここ

おわりに

にとりあげた影響緩和策をさらに発揮させていくことが考えられる.

ダム堤体は百年以上の寿命をもっており，ダムの役割を考え，ダムの持続的な利用をはかる意味で，ダム管理設備の更新やゲートなどの施設整備をはかるなど，堆砂や富栄養化対策とも連動した貯水池管理の高度化ともあわせダムの持続的な利用を長期的視野をもって考えることが重要である.

本書はダムの下流河川環境を物理環境の変化のうえにたって捉え，それが生態環境にどのような影響を及ぼしているかに焦点をあててきたが，ダム貯水池内での水・物質挙動のメカニズムをはじめ詳細な展開や水質変化・悪化に対応する緩和・改善策などについては概述したにすぎない. また，ダム上流域の森林環境や生態環境には全くふれていない. 水・物質の流れが流域の視点でみれば循環しているわけで，その意味でダムとその下流河川での挙動と変化はその一つの断面にすぎないかもしれない.

外来種の侵入や繁殖など新たな生態環境への対応を含め，今後，予測される地球温暖化への対応も俎上にあがってくるのではないかと考えられる. 例えば，地球温暖化は気温の上昇や降水量にあっては，豪雨や少雨といった極値の変化をもたらすと言われている. それはおのずと水や土砂の流出や循環はもとより，気温上昇による水質や水温，栄養塩の動態変化，それを介しての河川生態系への影響も引き起こすと考えられる. 不確実さはあるものの地球温暖化と将来予測される変化が，ダムと河川環境にあってもどのような影響を及ぼすのか，その影響への対応策をどのように考えるのか，が課題である.

「ダムと環境の科学」というタイトルからすると本書でとりあげた内容はその一部ではあるが，新しい分野での実態調査研究の進展状況と，それを活かした影響緩和策の提示をしたつもりである. この分野に関心のある多くの人たちに一助となれば幸いである.

なお，本書は1998年から2008年にかけて活動した水源地生態研究会議・流況変動研究委員会の成果を中心にし，その委員会メンバーが一般的事項を交えて著した. 水源地生態研究会議は，ダム上流の水源地の生態系を対象とする森林生態研究委員会および希少猛禽類生態研究委員会，ダム湖の生態系を対象とする貯水池生態研究委員会，ダム下流の生態系を対象とする流況変

動研究委員会の4委員会が相互に意見を交換し，ダムの環境を総合的に議論する場として機能した．同会議の事務局は，財団法人ダム水源地環境整備センターが務め，運営と研究資金の助成を担った．また，出版にあたっては京都大学学術出版会の鈴木哲也氏，福島祐子氏にお世話になった．これらの組織，方々に感謝申し上げる．

編著者　池淵周一

図表の出典および提供者一覧 (掲載順)

口絵 2　　石田裕子・竹門康弘・池淵周一 (2005) 河川の浸食-堆積傾向と流量変動による底生魚の生息場所選好性の変化. 京都大学防災研究所年報 48B: 935-943.

口絵 3　　写真提供：独立行政法人水資源機構　徳山ダム管理所

口絵 6　　戸田祐嗣・辻本哲郎・池田拓朗・多田隈由紀 (2006) 砂河川における河床付着藻類の繁茂とそれによる水質変化. 河川技術論文集 12: 25-30 を改変.

口絵 10　　国土交通省中部地方整備局三峰川総合開発工事事務所提供資料を改変.

口絵 11　　写真提供：兵庫県

口絵 12　　野原精一・井上智美・広木幹也 (2009) 伊勢湾における干潟および沿岸植生の生態系機能の見積もり. 伊勢湾流域圏の自然共生型環境管理技術開発研究成果中間報告書. 文部科学省科学技術振興調整費, pp. 108-109 を改変.

表 1-1　　山本晃一 (1994) 沖積河川学 —— 堆積環境の視点から. 山海堂.

図 C3-1　　大矢通弘・角哲也・嘉門雅史 (2002) ダム堆砂の性状把握とその利用法. ダム工学 112：174-187.

図 1-8　　辻本哲郎・鷲見哲也 (2003) 調査対象リーチの物理基盤の形成と変遷. 木津川の総合研究, pp. 57-81 を改変.

図 2-1　　岸力・黒木幹男 (1984) 中規模河床形態の領域区分に関する理論的研究. 土木学会論文報告集 342：87-96 を改変.

図 2-4　　山岸哲・松原始・平松山治 (2003) 木津川河川生態学術研究地における鳥類の生態学的研究. 木津川の総合研究, pp. 569-614 を改変.

図 C4-1, 図 C4-2　　可児藤吉 (1978) 普及版可児藤吉全集. 思索社. (初出は 1944 年)

図 2-6, 図 2-7　　太田太一・池淵周一・竹門康弘 (2002) 河道における物理的環境と底生動物の挙動との関係. 京都大学防災研究所年報 45B：719-733.

図 2-8　　楠田哲也 (2002) 水域生態系のコンパートメントモデル. 生態系とシミュレーション (楠田哲也・巌佐庸編), pp. 10-30. 朝倉書店を改変.

図 2-9　　石田裕子・竹門康弘・池淵周一 (2005) 河川の浸食-堆積傾向と流量変動による底生魚の生息場所選好性の変化. 京都大学防災研究所年報 48B：935-943.

図 3-1, 図 3-7, 図 3-9, 図 3-10, 図 3-11, 図 3-12　　財団法人ダム水源地環境整備センター作図

図 3-13　　草場智哉・盛谷明弘 (2007) ダム貯水池の富栄養化 (アオコ発生) の簡易的な予測手法の研究. 平成 18 年度ダム水源地環境技術研究所所報, pp. 3-9. 財団法

　　　　　　　人ダム水源地環境整備センター.

図 C7-1　　財団法人ダム水源地環境整備センター作図

図 4-4　　写真提供：国土交通省近畿地方整備局九頭竜川ダム統合管理事務所

図 4-10　　財団法人ダム水源地環境整備センター作図

図 4-18　　岡野眞久・名波義昭・田中則和・榎村康史（2004）バイパス排砂による下流河川環境に対する影響．河川技術論文集 10：203-208.

図 4-19　　大矢通弘・角哲也・嘉門雅史（2002）ダム堆砂の性状把握とその利用法．ダム工学 112：174-187.

図 4-20　　角哲也（2000）貯水池土砂管理の将来．貯水池土砂管理国際ワークショップ論文集，pp. 117-126.

図 4-21　　岡野眞久・菊井幹男・石田裕哉・角哲哉（2005）貯水池堆積土砂の掘削管理とその下流河川還元に関する研究．ダム工学 115：200-215.

図 4-22　　土木学会水理委員会水理公式集改訂小委員会（1999）土木学会水理公式集［平成 11 年版］．土木学会.

図 4-23，図 4-24，図 4-25　　角哲也・高田康史・岡野眞久（2003）ダム貯水池における洪水時微細土砂流動特性と捕捉率に関する考察．河川技術論文集 19：353-358.

図 5-1，図 5-2，図 5-3，図 5-4，図 5-5　　戸田祐嗣・辻本哲郎・池田拓朗・多田隈由紀（2006）砂河川における河床付着藻類の繁茂とそれによる水質変化．河川技術論文集 12：25-30 を改変.

図 5-6，図 5-7　　辻本哲郎・村上陽子・安井辰弥（1999）手取川における樹林化と大出水時の植生破壊．河川技術に関する論文集 5：41-46 を改変.

図 5-9，図 5-10　　辻本哲郎・北村忠紀（1996）植生周辺での洪水時の浮遊砂堆積と植生域拡大過程．水工学論文集 40：1003-1008 を改変.

図 5-11　　Tsujimoto, T. and Kitamura, T. (1997) Morphological change and change of vegetation cover in fluvial-fan. In: Proceedings of the Conference on Management of Landscapes Distributed by Channel Incision (eds. Wang, S. S. Y., Langendoen, E. J. and Shield, F. D.), pp. 157-162. University of Mississippi を改変.

図 5-12　　辻本哲郎・本橋健（1980）混合砂礫床の粗粒化について．土木学会論文集 417 号：91-98 を改変.

図 5-14　　Ward, J.V. and Stanford, J.A. (1983) The serial discontinuity concept of lotic ecosystems. In: Dynamics of Lotic Ecosystems (eds. Fontaine, T. D. and Bartell, S. M.), pp. 347-356. Ann Arbor Science.

図 6-1　　波多野圭亮・竹門康弘・池淵周一（2005）貯水ダム下流の環境変化と底生動物

図表の出典および提供者一覧

群集の様式．京都大学防災研究所年報 48B：919-933 を改変．

図 6-2　　波田野圭亮・竹門康弘・池淵周一（2003）貯水ダムが下流生態系へ及ぼす影響評価．京都大学防災研究所年報 46B：851-866 を改変．

図 6-4，図 6-10，図 6-12，図 6-14　　波多野圭亮・竹門康弘・池淵周一（2005）貯水ダム下流の環境変化と底生動物群集の様式．京都大学防災研究所年報 48B：919-933 を改変．

図 6-17，図 6-18，図 6-19，図 6-20，表 6-1　　流況変動研究委員会（2001）第 4 回水源地生態研究会議報告書．財団法人ダム水源地環境整備センター．

図 6-21，図 6-22　　村田裕・浅見和弘・三橋さゆり・大本家正（2008）帝釈川ダム下流における流況改善に伴う水生生物の変化．応用生態工学 11：63-79．

図 7-5，図 7-6　　竹門康弘・山本佳奈・池淵周一（2006）河川下流域における懸濁態有機物の流程変化と砂州環境の関係．京都大学防災研究所年報 49B：677-690 を改変．

図 8-1，図 8-2，図 8-4，図 8-5，図 8-6　　田中則和・大杉奉功・名波義和・岡野眞久（2004）ダム下流河川環境の改善手法について．ICOLD 第 72 回年次例会シンポジウム集，pp. 390-406．

表 8-1　　財団法人ダム水源地環境整備センター作表

表 C10-1，図 C10-1　　Mochizuki, S., Kayaba, Y. and Tanida, K. (2006) Drift patterns of particulate matter and organisms during artificial high flows in a large experimental channel. Limnology 7：93-102 を改変．

図 8-7　　岡野眞久・菊井幹男・石田裕哉・角哲哉（2005）貯水池堆積土砂の掘削管理とその下流河川還元に関する研究．ダム工学 115：200-215．

表 8-2，図 8-8　　財団法人ダム水源地環境整備センター（2008）ダム堆砂対策ノート．

図 8-9　　岡野眞久・菊井幹男・石田裕哉・角哲哉（2005）貯水池堆積土砂の掘削管理とその下流河川還元に関する研究．ダム工学 115：200-215．

図 8-10　　財団法人ダム水源地環境整備センター作図

図 8-11　　図提供：国土交通省近畿地方整備局

図 8-13　　図提供：島根県

図 8-14，図 8-15，図 8-16　　財団法人ダム水源地環境整備センター作図

用語解説

BACI
　事業などの影響を評価するために，影響をうけると想定される場所（impact 影響地点）の事前（before）・事後（after）とともに，対照となる場所（control コントロール地点）の事前・事後も同時に調べ，その変化のパターンから影響の検出をしようとするような調査デザイン．

HEP（Habitat Evaluation Procedure）
　生態系を生物の生息地としての適否から評価する手続き（ハビタット評価手続き）．生物の各環境要因に対する選好性を組み合わせてハビタットの質を評価し，それを積分することである空間のハビタットの質で重みづけられた量を評価することは，PHABSIM と同じである．

IFIM（Instream Flow Incremental Methodology）
　インストリームフローは河道内流量であり，河道外へ水利用などのために持ち出されて流れる分はオフストリームと呼ぶ．河川生態を議論するとき，どれだけの河道内流量が生息から見て適正かを判断することが必要となる．IFIM は河道内流量を変化させながら，生息適性（WUA 値）がどのように変化するかを検討する手法．わが国では正常流量（水利流量と環境流量をあわせたもの）の議論に使えるということで，正常流量検討手法と意訳されている例もある．

PHABSIM（Physical Habitat Simulation Model）
　IFIM において，河川のある空間の生物生息適性を評価する手法．対象とする空間で生物生息に関わる主として物理指標（水深，流速，底質粒径など）の分布状況を知り，次に対象とする種のこうした物理指標への選好性を 0 ～ 1 の数値で整理し，これらを組み合わせて，合成生息適性を計算して空間分布性状を知る手法．空間の面積要素を乗じて積分した値を WUA（weighted usable area）と呼び，対象種の生息適性を示す指標としている．

SDC モデル→不連続体連結モデル

アーマーコート（armor coat）
　河床の構成材料である土砂が水流によって細粒部分が運びされて粗い礫質の構成材料による層で覆われることをいい，ダムなどによって上流からの土砂供給が減少す

用語解説

ると起こりやすい．

アオコ → 水の華

安定同位体比
　同じ原子番号で質量の違う元素のうち安定で崩壊しないものを安定同位体という．安定同位体の存在比（質量比ではなく標準物質における安定同位体の存在比に対する試料物質における安定同位体の存在比の割合）を安定同位体比と呼びパーミル（‰）で表す．生態系内での生物・化学反応などを通して同位体比は変化するため，生態系の物質循環を簡便に理解する方法として用いられる．

位況
　河川水位に注目して，その年間を通しての頻度特性を示す．河道内の陸域・水域の区分や植生の冠水頻度などを見る場合に用いられる．

維持流量
　河川の機能を維持していくために必要な流量のことであり，河川の主な基準点において設定される．河川砂防技術基準では舟運，漁業，観光，流水の清潔の保持，塩害の防止，河口の閉塞の防止，河川管理施設の保護，地下水位の維持，景観，動植物の生息・生育地の状況，人と河川との豊かな触れ合いの確保等を総合的に考慮して定めるとある．各期別の必要最小限の流量について設定されているのが現状であるが，流量の変動も維持流量の設定に組み入れるべきとの指摘もある．

移動床過程
　水流による土砂の移動（流砂）に伴う地形変化および表層粒度変化．流入土砂と流出土砂の堆積の違いが地形変化（侵食や堆積）を生むほか，粒径別に移動量が異なる混合粒径の場合は分級（fluvial sorting）が生じる．堆積傾向の場合細粒化，侵食傾向では粗粒化がおきる．粒径別の流砂量式と土砂の連続式（質量保存則）とによって記述される．

ウォッシュロード（wash load）
　浮遊砂の中でも河床構成材料よりも細かい粒径（多くの場合 0.1mm あるいは 0.2mm 以下）をウォッシュロードといい，主として山地斜面の侵食等で生産され，浮遊しながら流下してきた微細なシルト，粘土鉱物からなる．

羽状流域

わが国においてもっともよく見られる流域の形態で鳥の羽毛状に支川が本川に流入している．支川の洪水の時刻が少しずつずれるため，本川のピーク洪水流量は緩和される傾向にあるが，洪水期間は長くなる．北上川，大井川，多摩川などがこの例である．

栄養循環仮説

河川の流程にそって，窒素やリンなどの栄養塩が，物理環境，生物群集に吸着・利用されながら循環して流下していくことをいう．この栄養塩スパイラリングがなければ，河川は不毛な生態系となる．

栄養螺旋

河川に流入した有機物や栄養塩は流下と滞留の過程で，食物連鎖を通じて分解されたり光合成や化学合成により有機物に変換される．このように流下しつつ回転する河川の物質循環様式のことを栄養螺旋という．また1回転に要する距離を螺旋長という．螺旋長は，生元素が無機態の栄養塩として流下する距離と生産者に吸収されてから消費者や分解者の生物体内を経て再び分解されるまでの間に移動した距離の総和である．

カーテンウォール付ゲートレス放流管

ダムの中位標高に自然調節方式のゲートレス放流管を有するダムにおいて，貯水池底部に流入する微細粒土砂を含む流れを効果的に放流するために，放流管の前面にカーテンウォールを設置して底部からの流れを吹き上げて放流できるように工夫したものである．密度流排出の一形式と位置づけられ，天竜川水系片桐ダムに日本で初めて採用された．

回転率→滞留時間

化学的酸素要求量（COD: Chemical Oxygen Demand）

酸化剤によって水中の有機物を人為的に分解するときに消費される酸素量のこと．水中に含まれる懸濁態有機物と溶存態有機物の総量の指標として用いられる．湖沼・内湾のCODは，環境基本法により環境基準が設定されており，その測定が義務付けられている．また，水質汚濁防止法により排出規制のための基準値が定められている．

河況係数

河川のある地点での，年間を通しての最大流量と最小流量の比を言うが，その比は

年によって変化があるので，その平均値で表される．河川の流量変動の大きさを概略的に示す．わが国のそれは欧米諸国の河川に比べて大きく川の流量が不安定である．

攪乱（かくらん）

生物の生息域の破壊と更新をもたらすような外的条件の変化およびその変化した結果を意味する．河川においては，ある程度以上の大きな増水に伴って，普段水がない高位の砂州の冠水や，河床砂礫の移動，洗掘と堆積による砂州の形の変化や河岸の変形などが契機となって河道内の植生や底生生物の遷移が行われる．その規模に応じて，概ね小規模（年最大洪水）・中規模（10年最大洪水）・大規模（100年最大洪水）に区別される．

河床単位

河川内の，小滝，早瀬，平瀬，淵などの地形要素を河床単位という．流路単位と呼ばれることもある．魚類や水生昆虫では河床単位が生息場スケールに対応することが多い．

河川土砂還元

ダムの堆砂対策の一つで，貯砂ダムや富栄養化対策用の前貯水池で捕捉した土砂を定期的に掘削し，ダム下流へ運搬・仮置き（置土）し，洪水時等に自然流出・流下させる方法である．土砂還元を行うことで，ダムによって遮断された下流河川の流砂環境を回復させる効果が期待される．

河川連続体仮説

Vannoteらによって提唱された「流程によって食物連鎖の出発点となる生産物の起源と存在様式が異なり，それぞれに応じて卓越する摂食機能群が変化する」という考え方．この仮説によれば，上流域では陸上起源の有機物を起点とした腐食連鎖が，中流域では付着藻類を起点とした生食連鎖が，下流域では流下有機物を起点とした腐食連鎖が卓越すると予測される．

河道内の樹林化

河川の環境変化により固定化が進行した砂州に植生が侵入し，草本からヤナギやハリエンジュなどの木本類までの樹林空間が形成された状態を意味する．砂利採取やダム建設に伴う流砂の遮断と洪水流量の減少による河道流路の深掘れ，砂州への冠水頻度の減少が複合的に作用した結果と考えられている．木本群落の形成は，砂州の固定化を助長するとともに洪水疎通能力に影響を及ぼすことが課題である．

基本高水
　河川の洪水防御計画の基本となるもので，流域から流出する洪水の規模を表す流量ハイドログラフをいう．その決定には確率洪水の考え方が採用されており，計画の規模は計画降雨の降雨量の年超過確率でなされることが多く，その降雨の継続時間とともに適当な洪水流出モデルを用いて洪水のハイドログラフを求める．この流量ハイドログラフを基本高水流量というが，普通そのピーク流量のことを基本高水流量といい，これを略して基本高水と呼ぶことがある．

境界層
　流水中の基質表面近くでは，水の粘性によって表面摩擦の影響を強く受けるため流速が小さくなる．一方，基質表面から離れるにしたがって摩擦の影響が減少し流速が大きくなる．このように，粘性の影響が大きく現れる基質表面上の薄い層を境界層という．

強熱減量
　物質を強く熱したときの重量の減少量．物質を強熱した場合，含まれる有機物などは燃焼するため，強熱する前の乾燥重量と強熱した後の重量の差は，有機物量の指標として用いられる．

群集多様度
　生物群集の多様性を，種数だけではなく，種ごとの個体数の配分様式によって評価するための尺度．群集多様度の指数として，Simpson の多様度指数 D や Shannon の多様度指数 H′，森下の β 指数，Fisher の多様度指数 α などがある．いずれも各種個体数が均等にいるほど高い値を示し，特定の種だけが多いほど低い値を示す．

計画高水流量
　基本高水をダムや遊水地等の洪水調節施設で調整して，その結果各河道に割り当てられる洪水のピーク流量を計画高水流量と呼ぶ．この計画高水流量に対して河道計画がなされ，河川構造物の築造や河川改修がなされる．

限界掃流力→掃流力

減水区間
　水力発電や農業用水等の取水により，流量が減少する区間をいう．水力発電の場合，取水地点から発電後河川に放流するまでの区間がそれに相当する．

用語解説

洪水期・非洪水期
　梅雨，台風，あるいは融雪の洪水が生起する期間をあらかじめ設定し，この期間は洪水調節用の容量を確保しておき，必要な調節が可能なようにしている．わが国のダム計画にあっては，6月15日から10月15日の期間を洪水期，それ以外の期間を非洪水期としているものが多い．

固化
　河床で石が動きにくくなること．ダム下流で石が動きにくくなる原因には，粗粒化して河床の粒径が大きくなることや，石と石との隙間に細かい粘土が溜まってしまうことが挙げられる．

肢節量
　湖岸線がどれだけ入り組んでいるかを示す指数．湖面積と湖岸線の長さから算出される．一般に肢節量が大きいほど，複雑な沿岸域の環境と生態系が形成される．もちろんフラクタル構造のために，解析のスケールによって肢節量は変わってくる．

持続性
　1992年，リオデジャネイロで開催の「環境と開発に関する国連会議」(UNCED)で合意された環境と開発に関するリオ宣言(Rio Declaration on Environment and Development)によって概念が具体化された「持続可能な開発」は，環境と開発が共存するものとの考えを示したもので，現代の世代が，将来の世代の利益や要求を充足する能力を損なわない範囲内で環境を利用し，要求を満たしていこうとする理念である．このような将来世代の環境利用可能性が「持続性」である．

順応的管理
　事業などを進めるときに，最適な効果，あるいは最小の環境インパクトにするために，効果や影響をモニターし，最適な手法を検討しつつ事業を進めるスタイル．

食物連鎖
　食うもの（捕食者）と食われるもの（餌，被食者）との関係の連鎖（food chain）．従来は餌としては動物に限定される傾向があったが，最近は植物，微生物なども被食者とされる．食物連鎖の集合体が，食物網（food web）である．

水温躍層
　春から夏にかけて，太陽輻射が強くなってくると水表面より水温が上昇，表層の暖かい水は密度が小さいため表層に滞留するが，風や夜間の冷却による鉛直混合によっ

て次第にある程度の厚さをもって暖かい水の層「表水層」が形成される．表水層の下には「変水層」「深水層」と呼ばれる水温の低い層が存在し，表水層と深水層の間の水温が大きく変化する層を「水温躍層」と呼ぶ．

水利権

　明治29年（1896年）に制定された旧河川法で流水は"河川並其ノ敷地若ハ流水ハ私権ノ目的トナルコトヲ得ズ"というように公水として位置づけられ，水利用を希望するものには10年程度に期間を限って水利用を許可する，いわゆる水利権の調整が行われた．現在，水利権には河川法により流水の占用の許可を得ることによって権利が成立する，いわゆる許可水利権と，旧河川法が規定された際，現に流水を使用していた者には許可を得たとみなされる，いわゆる慣行水利権がある．

ストラクチャー（structure）

　河道の特性はセグメントごとに類型的に見ることができる．その類型ごとの特徴は，砂州レベルの河床形状や河道形状の周期性で，それがセグメントの骨格構造という意味でストラクチャーと呼ばれることがある．とくに，河川生態を考えるとき，このスケールの構造が基本単位となる．しばしば，リーチスケールと呼ばれる，瀬と淵などの河床単位を一対以上含むスケールでの構造といってもよい．ストラクチャーは川幅の5～10倍の長さをもち，わが国ではセグメントの中にオーダー的に数10のストラクチャーが存在する．

ストリームパワー（stream power）

　河川の流れのもつエネルギー（パワー）．河床に働く掃流力と平均流速の積で表される．掃流力は水深と勾配の積に比例するので，ストリームパワーは単位幅流量と勾配の積に比例する．バグノルド（Bagnold）は，このストリームパワーが流砂（土砂を運搬する）という仕事を担っていると考えて流砂量式を提案している．平均流速はほぼ摩擦速度に比例するから，流砂量が掃流力の3/2乗に比例し，他の提案式と類似する．

ストレーラー（Strahler）の位数理論

　河道を合流点を境に分割し，1）最上流端の河道区分を位数1の河道区分とする，2）位数uと位数vの河道区分の合流によってできる河道区分の位数は，u＝vのとき，u＋1，u≠vのときは，u，vの大きい方の値とする，といった規則によって各河道区分を等級付けする方法．

用語解説

生産/呼吸比
　河川の生物群集の生産速度（P）と呼吸速度（R）の比．上流域では河道内生産が小さく周辺からの流入有機物が基礎資源となるために，P/R比は小さくなる．中流では河道内の光合成による生産が大きくなり，P/R比は1を超える．下流では，光合成生産が小さくなり，上流から流入する有機物が重要な基礎資源となるので，再びP/R比は1より小さくなる．

正常流量
　流水の正常な機能を維持させるために必要な流量であり，河川環境等に関する維持流量と河川水の利用に関する水利流量とを同時に満たす流量である．正常流量は原則として10か年の第1位相当の渇水時において維持できるように設定し，利水計画において確保の対象となる場合は，確保流量と呼ばれる．

生息適性
　ある生物からみたときのハビタットとしての適否．HEPやPHABSIMでは，生息場評価したときに使われる指標．対象とする種の生息選好性を，関わりそうな物理指標ごとに0～1の数値で評価し，対象空間の生息適性分布を知る．いくつかの支配物理要素ごとの生息適性値は，算術（加算）平均でなく幾何（相乗）平均（掛け合わせてべき乗で開く）として合成評価されることが多い．これは，一つの物理指標でも不適正を示したときその意味を合成値に反映させるため．

生息場（ハビタット；habitat）
　生物の生息場所を意味し，形態的に一定のまとまりをもち，生物の生活史のある段階において生息場所として機能する場をいう．生息場所，すみ場所という場合もある．

セグメント（segment）
　河川を上流から見たとき，沖積層を伴う河道では，粒径と勾配で類型化される区間があり，それをセグメントと呼ぶ．山地河道，谷底平野や扇状地の礫床河道，自然堤防帯河道，氾濫原を伴う砂河川などが典型的で，出現する河道・河床形態もそれぞれに特徴的である．また，河畔（河原）植生，さらには水域の生物特性（魚類や底生動物）や縦断変化とも連動する区分となっている．わが国では，山本晃一が整理して分類したものがよく使われる．

選択取水
　貯水池の冷温水，濁水が引き起こす種々の障害を防止・軽減する水質保全対策の一つに選択取水設備がある．ダム貯水池の水位変動に対応して表層の水温の高い水を取

水したり，洪水後，高濁度の層から濁水を速やかに取水するなど，状況に応じた水深から取水が可能な選択取水設備により対応している．

総体性（インテグリティ；integrity）
　生態系は多様な物理基盤，さまざまな生物相，それとエネルギーのやり取りをする物質循環の複雑な相互作用系から構成されている．それゆえ，生態系の保全を考えるときには，個々の要素の一部を取り出して保全するのではなく，総体的なシステムとして保全する必要がある．このように生態系が個別要素に分割できるものでなく総体として意味があるということを表現するのに，インテグリティという語が用いられる．

掃流砂
　主として流水の流体力によって河床上の砂礫が転動，滑動，跳躍しながら移動する流砂をいう．河道の単位幅，単位時間あたりに輸送される掃流砂の量を掃流砂量，それを与える式を掃流砂式という．

掃流力・限界掃流力
　河床表面に作用する流体力のことで，河床せん断力ともいう．河床表面を構成する数％の砂粒子が移動状態になったときの河床せん断力を限界掃流力，これを無次元表示したものを無次元限界掃流力といい，わが国ではその評価法として岩垣式がよく用いられる．

粗粒状有機物
　落葉，剥離藻類，動物遺体などを起源とする粒状有機物（デトリタス）のうち1mmよりサイズの大きなものを粗粒状有機物（CPOM）と呼ぶ．動物の餌資源として利用される他，微生物や付着藻類の基質としても利用される．

堆砂
　ダム貯水池に上流河川から流入するさまざまな粒径の土砂が，その沈降速度に応じて貯水池内で分級作用を受けながら順次堆積する現象である．主に掃流砂の堆積によって形成されるデルタと，浮遊砂・ウォッシュロードによって形成されるデルタ下流部に2分される．

堆砂デルタ
　河川を流下する土砂が貯水池に流入すると，貯水池のもつ堆砂特性に応じて，粒径ごとに分級された段丘状の堆砂を形成する．これを堆砂デルタという．デルタは一般的に時間経過とともに前進すると同時にその上流端は上流へ遡上していく．

用語解説

堆砂問題
　堆砂の進行によって，取水設備や洪水放流設備の埋没や貯水容量の減少などの直接的な影響に加えて，貯水池上流河道の河床上昇に伴う周辺地区の洪水リスクの増大（背砂現象）や下流域への土砂供給量の減少に伴う河床低下・粗粒化・海岸侵食などの間接的な影響など，各方面に広範な影響が生じる場合がある．

堆砂容量
　土砂が貯水池に流入・堆砂しても利水補給や洪水調節のための有効貯水量への影響がないように貯水池の立地条件に応じて貯水池最下部に堆砂容量を確保する．この堆砂容量はダム耐用年数を考慮して定めるが，おおむね100年で満砂となる設計となっている．

滞留時間・回転率
　貯水池などの閉鎖性水域で水質変化が起こるのは，水が一定時間滞留するからであり，その滞留時間（年）は便宜的に貯水量（m^3）を年間総流入量（m^3）で除した値で表される．年によって流入量は変化するので，滞留時間も年や季節によって変化する．一般的に滞留時間が5日間程度以上になると植物プランクトンの増殖（一次生産）が顕著になり，それに伴う水質変化が目立つ．一方，回転率は滞留時間の逆数で定義され，貯水池の水が1年間に何回入れ替わるかを意味している．

濁水長期化現象
　ダムのない河川では，洪水になると濁水を流下させるが，これらは一過性のもので長期化せず，洪水が終わると速やかにもとの状態に戻るのが一般的である．しかし，貯水池では出水時の濁水を貯留し，洪水後徐々に放流するため，下流河川の濁りが長期化する．これを濁水長期化現象という．

他生性有機物
　河川生態系の外で生産された有機物のこと．例えば，落葉・落枝・倒木・落下昆虫・落下動物などの陸上生態系由来の有機物や遡上してきたサケ・マス類などが該当する．河川の有機物は，珪藻・緑藻・藍藻・苔植物・水生植物など河川生態系内で生産された自生性有機物との混合物であることが多い．

ダム型式
　ダムを築造する材料によりコンクリートダムと，岩石，土などを主体とするフィルタイプダムに区分され，構造上の違いによりコンクリートダムは重力式ダム，中空重力式ダム，アーチ式ダムなどに，フィルタイプダムはゾーン型ダム，均一型ダム，表

面遮水型ダムなどに区分される.

多目的ダム

　貯水を目的とするダムにあっては，洪水調節，河川の流水の正常な機能の維持，灌漑用水，水道水，工業用水，発電用水の確保がはかられるが，二つ以上の目的を合わせもったダムを多目的ダムという．

淡水赤潮

　淡水赤潮は，淡水域において水が変色する現象であり，外観が海洋の「赤潮」に似て，茶褐色・茶赤色などの色相を呈することから，そう呼ばれている．水の色が変わるのは，大量発生した植物プランクトンの色素による．原因生物としては植物性鞭毛虫類綱に属するペリディニウム，ユーグレナ，ウログレナなどの赤色，赤褐色，黄褐色の色素体をもった植物プランクトンの発生がある．発生時期には夏から秋，春から夏にかけて発生するタイプがある．

弾力的管理

　洪水調節容量の一部に活用水位を設定し，一時的に貯留し，この新たに生み出された活用容量を用いて，維持流量の増量放流，フラッシュ放流などの活用放流を行うもの．

治水容量（洪水調節容量）

　ダム地点の計画高水を所定の洪水調節方式でカットして得られる容量に2割の余裕を見込んだものを必要洪水調節容量，いわゆる治水容量という．具体的にはダム地点における所定の超過確率による代表洪水のハイドログラフを求め，これを流入波形として選定されたダムの調節方式により洪水調節計算を行い，必要貯留量を求める．

貯水池寿命

　貯水池の初期の総貯水容量（m^3）を年間平均流入土砂量（m^3/年）で除したもので，貯水池が最終的に完全に土砂で満たされると仮定した場合の満砂までの年数（＝寿命）を表す．実際には，ある高さまで堆砂が進行すればダムの洪水吐越流部から土砂が安定して流出するようになり，ある程度の貯水容量を残して動的な平衡状態に達するものと想定される．

底生動物（ベントス；benthos）

　水域の基質上あるいは基質内に生息する生物を底生生物（benthos）という．底生動物はそのうちの動物の総称．0.5mm～1mm目合の網で採集される底生動物を大形底

用語解説

生動物といい，河川では水生昆虫が，湖沼では貝類や貧毛類がその多くを占める．また，それよりも小さい小形底生動物には，水生昆虫の若齢幼虫の他，甲殻類，ダニ類，線虫類，輪虫類，有殻アメーバ類などが含まれる．

テクスチャー (texture)

砂州などセグメントの骨格構造（ストラクチャー）をクローズアップしたときに見出される，より小さいスケールでの移動床過程の産物（微地形や表層の粒度構成）や植生被覆の有無や程度の相違による構造のこと．陸域でのサブリーチスケールの特徴であり，砂州域に存在するさまざまな一時水域（二次流路，ワンドやたまりなど）も含む．

デューン（砂堆；dune）・リップル（砂漣；ripple）

河川の形状はさまざまな大きさの構成要素が組み合わさってできている．このうち大規模なものとして流路の蛇行があり，数 km から数 10km に及ぶ規模のものであり，中規模なものに河道の幅スケールの砂州がある．小規模なものが砂堆や砂漣である．砂堆は数 m 程度の大きさであり，流れの不安定性によって生じる流れ方向のうねりで，砂漣は数 10cm 以下で，うろこ状のきわめて小さいもので，流れの中の乱流によって発生するといわれている．

デュレーション (duration)

砂州生態系を議論するとき，ストラクチャーやテクスチャーといった空間スケールの類型化がされるが，時間スケールでの類型化も重要である．ストラクチャーは数十年に一度の洪水で形成された河床地形の名残であるのに対し，テクスチャーはより高頻度のさまざまな時間スケールの洪水で形成され，また維持・更新される．こうした時間スケールのことをデュレーションと呼ぶが，物理基盤だけでなく生物相にも時間スケールの階層性がある．

同化率

餌として摂食した有機物のうち，どれだけを体組織に転換できるかの比率．エネルギーベース，炭素ベース，窒素ベースなどで求めることが多い．ちなみに摂食量は，排泄量，呼吸量，同化量の和になる．

土砂吸引排除システム

ダムの堆砂対策の一つで，ダムの貯水位とダム下流の河川水位の標高差を利用して，堆積土砂を水理学的にパイプに吸引して排出する方法である．HSRS (Hydro-Suction Sediment Removal System) とも呼ばれ，あらかじめ長いパイプを湖底に敷設してお

て，パイプ上に堆積した土砂を順次排出する固定式と，ダム湖面上で船を移動させながら堆積土砂の上部からスポット的に吸引する移動式の二つの形式がある．

土砂生産
　降雨，地震，火山活動などのほか，凍結融解に伴う風化作用などにより表層地質が離散化された粒状体の状況になることを土砂生産と呼んでいる．

背砂
　貯水池への流入土砂は種々の粒径が混合したものであるから，大粒径の砂礫は流速が急減する背水の上流端に堆積し，段丘を形成，段丘の厚さを増しながら漸次ダムの方へ進行するとともに，貯水池末端から上流の河床が堆砂の進行とともに漸次上昇する．この上流河床上昇を背砂といい，洪水位の上昇をもたらす．

排砂バイパス
　ダムの堆砂対策の一つで，洪水時に貯水池に流入する土砂の一部または全部を主としてトンネル構造のバイパス水路に導流してダム下流に直接放流することにより，貯水池への土砂堆積を防止する対策である．土砂を含む流れをバイパスに効率よく分派するために分派堰が設置されるのが一般的である．バイパス水路床の摩耗対策，トンネル内の土砂の堆積防止，流木の流入防止などが設計上の要点である．日本やスイスの急勾配河川に採用事例がみられる．

ハイドログラフ（hydrograph）
　河川の流量の時間変化を表すグラフ，流量時間曲線ともいう．

曝気循環
　曝気とは水の中に空気を吹き込んで溶存酸素の増加をはかり，水質改善を行おうとするものである．それには空気を送り込むことにより場の変化をつくる底層曝気装置と，流動を起こすことにより場の変化をつくる曝気式循環装置がある．前者は深層曝気装置，後者は浅層曝気装置という．

微生息場
　生物個体が生息のために利用する場所条件を備えた空間のこと．生活史のある時期に特定の目的に利用する場に該当する．「小滝の湿岩表面」「早瀬の浮き石」「平瀬のはまり石」「淵の岸際の砂底」などのように，生息場における配置や底質条件などの物理的な場の特性を景観的に捉えた名称で類型化される．

用語解説

微粒状有機物

落葉，剥離藻類，動物遺体などを起源とする粒状有機物（デトリタス）のうちサイズの小さな有機物粒子（一般に1mmより小さなもの）を微粒状有機物（FPOM）と呼ぶ．動物，とくに濾過食者の重要な餌分画である．粒径0.45μm以下の溶存有機物に比べると量的には少ないが，生態的意義は大きいと思われる．

富栄養化現象

貯水池内で当初少なかった栄養塩類（植物プランクトンや他の水生植物の光合成によって細胞を構成する栄養分となるリンと窒素の化合物，その他の微量金属など）がさまざまな過程で流入・蓄積されていき，この蓄積の状況によって，生育するさまざまな生物体の生産と生物相に変化をもたらす現象を指す．富栄養化現象には，透明度の低下，微生物の増加と種の変化，深水層の溶存酸素の減少，植物プランクトンなどの異常増殖や分解による異臭味の発生や表層水の着色変化などが挙げられる．

副ダム→前貯水池

付着層

水域の基質表面に発達する有機物含量の多い堆積層をいう．通常は付着藻類が主体となり，微粒状有機物，バクテリアや原生動物などの微生物，シルト粘土などの鉱物の混合物よりなる．ダムの下流域では，付着層に貯水池で生産されたプランクトンやその遺骸が含まれている．

浮遊砂

河床から流水中に持ち上げられた比較的細かな砂が流れの乱れ成分によって水中に拡散し，流水中を浮かびながら輸送される流砂をいう．水深にわたって分布し，ほとんど水流と同じ速度で運ばれる．河道の単位幅あたりに輸送される浮遊砂の量を浮遊砂量という．

フラッシング排砂

ダムの堆砂対策の一つで，一時的に貯水池の水を排水して貯水位を低下させ，河川の流れを回復させることで堆積土砂を侵食させて排出する方法である．貯水位の低下と，土砂排出のためにダムの低標高部に排砂ゲートを設置する必要がある．日本では黒部川で大規模な排砂が行われているほか，世界的にも多くのダムで取り組まれている．

不連続体連結モデル（SDC モデル：Serial Discontinuity Concept Model）

河川におけるさまざまな物理的・生物的要素は上流から下流に至るまでに量的に変化するが，河川連続体仮説と栄養循環仮説の2仮説をもとに，ダムが河川に存在した場合の，各要素の改変を概念化したもの．

分画フェンス

貯水池水質対策としての流動制御フェンスのこと．通常，不透水性シートの上辺にフロート，下辺に錘を取り付けたものをダム貯水池を横断する方向に展張させることで，表層からフェンスの下端の深さまでの水の縦断方向の流れを堰きとめ，貯水池内の流動を制御する．

ベントス→底生動物

放射状流域

同程度の大きさの支流がほぼ同一地点に集まって急に大河川になるような流域．支流の流量の合流ピークが重なると合流後の本川の流量は急増する．大和川や江川などがこの例である．

マウンド（mound）

移動床過程として洪水時に川底に形成される孤立した円形状の堆積地形で，洪水後の砂州の上などに見られ，しばしばいくつかの生物に生息場を提供する．同様な堆積地形には縦断方向に細長い畝状のものがあるがそちらはリッジ（ridge）と呼ばれる．こうした堆積地形はしばしば細粒分に分級している．

前貯水池（副ダム）

前貯水池はダム上流側に副ダムを設置してできた小規模貯水池で，流入河川水が貯水池に流入する前に一時滞流させ，ここで河川水中の有機性懸濁物質を沈殿させ，必要により系外に除去する．

マニング（Manning）の流速公式

開水路や管渠の流速公式としてアイルランド公共事業局主任技師マニング（Manning）が1889年に提案した式．この流速公式は河川にあっても粗度係数 n が次元をもつなど，その設定に難点はあるが，実用上便利であるので広く使われている．

水の華（アオコ）

水の華は淡水域において浮遊性の藻類（植物性プランクトン）の異常増殖によって

用語解説

水の色が変化する現象を指す呼称である．このような現象を起こす藻類としては藍藻類，珪藻類，緑藻類そして原生動物の植物性鞭毛虫類がある．とくに目立つのは藍藻類のミクロキスティス，アナベナなどの場合で，富栄養条件で水温が20℃以上になる夏を中心に見られ，水面付近に集積して「緑青色の膜」や「抹茶」を撒いたようになるので「アオコ」とも呼ばれる．

密度成層

貯水池内の流体自体の圧力差や温度差，流体中の溶存物質や浮遊物質が存在するために生ずる密度差，これらにより，貯水池内に成層が形成・発達する．これを密度成層といい，貯水池内の流動や生態系の挙動を支配する重要な要因となる．とくに，濁質の流送は，いわゆる密度流現象である．

密度流排出

ダムの堆砂対策の一つで，洪水時に微細粒子を含む密度の高い流れ（密度流）が貯水池内を潜りながら流下する現象を利用して土砂を排出する方法である．ダムの低標高部に底部放流管を有し，これを洪水時の密度流の流下に合わせて開放することが重要である．中国などの大規模な貯水池で試みられている例がある．

モニタリング

事業の効果や影響を，定期的に調査して評価に活用するための一連の調査．また，河川水辺の国勢調査のように，主要な生態系の時間的，とくに長期の変動を調べるような調査もある．

利水容量

原則として10年に一度の確率で発生するような渇水相当の計画基準年において，所定の確保流量（正常流量＋新規利水量）が確保できるように設定されたダム必要容量を利水容量という．

リターンピリオド（再現期間 ; return period）

雨量や河川流量などの時系列事象にあって，ある値以上の一つの事象が発生する時間を考えたとき，その間隔の期待値をリターンピリオド（再現期間）という．その間隔の期待値であり，周期といわれるものではない．通常は対象とする水文量に対して，適合する確率分布関数を定め，対象とする値の年超過確率の逆数で与えている．

リップル（砂漣）→デューン（砂堆）

流況・流況曲線

流況は河川における流水の水理・水文的特性，とくに河川流量の時間変動を意味するが，狭義には，流況曲線と関係づけて，1年を通しての河川の流量頻度特性を示す．すなわち，当該地点での河川の日流量を大きい順に並べて，横軸に1から365日の日を，縦軸にその流量値を折れ線グラフで表したものを流況曲線といい，これから年間に生じる河川流量の特性や多寡を読み取ることができる．

流況変化率

洪水調節や利水貯留などのダム操作に伴ってダム地点の通過流量は変化させられている．これが下流河川に与える影響度を洪水イベントごとに比較するために，一つの洪水イベント中の最大流入量と最大放流量の差（流況変化量）を最大流入量で除して定量化したもの．流域規模にもよるが，1時間平均流量をもとに評価することが標準である．

流砂

土砂の流れをいい，河道内にあっては掃流砂，浮遊砂，ウォッシュロードの形態で流送される．

流水型ダム

排砂ゲートを併用した底部のゲートレス放流管のみを有する洪水調節専用のダムのこと．益田川水系益田川ダムなどで建設されており，洪水調節にあっては穴あきダムとしての自然調節方式になっており，平水時には，水は堰きとめられずに流下する．

流量安定化指数

ダム湖への日流入量に対する日放流量の差を日流入量で割った値のこと．式（$FSI = 1 - 放流量/流入量$）で表される．この値がゼロの場合は，ダムによる流況変化が一切起きていないことを，マイナスの場合は河川流量を増やす操作を，プラスの場合は河川流量を減らす操作をしていることを示す．すなわち増水時にはプラス値になるほど，渇水時にはマイナス値になるほど流況を安定化させていると解釈できる．

冷・温水現象

ダム貯水池が建設されることによって，ダム下流の河川水温が貯水池併用前に比べて低温になったり，高温になったりすること，すなわち，ダム貯水池の流入水温よりも高いまたは低い水温の水が放流されること．比較的規模の大きいダム貯水池の水温は，とくに春から夏（成層期）にかけては鉛直方向に異なった水温分布を形成しており，取水口が深部に位置する場合は，冷水現象が起こりやすくなる．

濾過食者
　水中の懸濁有機物を濾して食べる動物群．河川においては流下する有機物が重要な餌で，絹糸様の糸で捕獲網を作り濾過摂食するトビケラ類，頭部の一部を変形させた食扇で流下物を捕捉するブユ類が河川の重要な濾過食者．湖沼や海洋ではプランクトンなど，底質近傍の懸濁有機物が，重要な餌資源となる．地球上でもっとも大型の濾過食者は，オキアミを餌とするヒゲクジラ類だろう．

索　　引

索引では，各項目が出現する主要なページを示す．ゴシック体の項目は，
巻末の用語解説にも収録されていることを示す．

Aa 型　32-33
adaptive management　239
AUSRIV　238
BACI　231
Bb 型　32-33
Bc 型　32-33
BMWP　237
CAP/MAR　82, 89, 112, 114
CAP/MAS　83, 114
COD →化学的酸素要求量
CPOM →粗粒状有機物
Epilithon →付着層
FPOM →微粒状有機物
HEP　47
HSI　47, 56
IFIM　47, 50, 118
PDC サイクル　231
PHABSIM　47, 55-56, 119, 244
SDC モデル→不連続体連結モデル
SI　48
TVA (Tennessee Valley Authority)　60
Vollenweider モデル　75, 226
WEC モデル　76
WUA　48, 50, 56

[あ　行]
アーマーコート　14, 85, 132-133, 147, 218
アオコ→水の華
アグラデーション　132
アシマダラブユ属　168
アミカ科　41
アメリカナミウズムシ　163
アユ　44, 134, 202, 207-208, 218
安定同位体比　189
位況　12
維持流量　65, 174, 197, 199-200, 207-208
一次影響　235

一時水域　21, 28, 30, 118, 145, 245
一定率一定量放流方式　63-64
一定量放流方式　63-64
移動床過程　14, 22
移動床相互作用系　14
イワトビケラ科　42
インテグリティ→総体性
ウォッシュロード　13, 18, 102, 104-105, 109, 127, 221
ウグイ　202, 207
羽状流域　5
ウスバヒメガガンボ属　172
ウルマーシマトビケラ　158, 180
栄養塩負荷　75
栄養経路　136
栄養循環仮説　138
栄養螺旋　189
エグリトビケラ科　41
エチゴシマトビケラ　180
エリユスリカ属　172, 176
オイカワ　174, 202
オオシマトビケラ　158, 179-180
オオヤマカワゲラ属　144
置土　217

[か　行]
カーテンウォール付ゲートレス放流管　107, 220
回転率　73, 82
外来種　163
化学的酸素要求量（COD）　159
ガガンボ科　41
河況係数　7
カクスイトビケラ属　144
確保流量　66
攪乱　7, 34-35, 81, 91, 144
河床間隙　154, 156

索　引

河床堆積有機物　154
河床単位　31–33
河床変動解析　18
霞堤　250
河川維持流量　251
河川景観　208
河川勾配　4
河川整備計画　249
河川土砂還元（土砂還元）　209, 214–220, 251
河川法　197, 248–249
河川水辺の国勢調査　242
河川連続体仮説　6, 36–37, 137, 189
滑行型　41, 158–159
滑行型指数　158, 161
滑行掘潜型　41, 158
渇水　7, 153, 155
活用容量　203
河道勾配則　6, 8
河道数則　6, 8
河道長則　6, 8
河道内の樹林化　81
河道面積則　6, 8
河道網　4, 6
河道流追跡法　9
刈取食者　39, 42
カワカゲロウ科　41
カワゲラ　41, 144
カワシオグサ　134, 158
カワニナ　41, 176
カワヒバリガイ　163
カワヨシノボリ　口絵2, 48
間隙動物　156
慣行水利権　66, 199
冠水頻度　29–30
乾燥重量　151
キイロカワカゲロウ　158, 172
基底流量　90
キネマティックウェーブ法　7, 9
基本高水　62–63
キマダラシマトビケラ亜科　179
境界層　168
強熱減量　151, 154, 166, 216
許可水利権　66, 199
魚道　口絵11, 228
魚類　34, 40, 135, 174, 207, 234–235, 237
クダトビケラ属　172

掘削　107
クレンジング　167, 218
クロロフィルa　151, 159, 171, 218
群集多様度　157–158
計画堆砂位　110
計画高水流量　62
携巣型　41
限界掃流力　13, 19, 119–120
減水　81, 117
減水区間　117
交互（単列）砂州　17, 22, 25, 53
洪水期　69, 89, 93–94
洪水期制限水位　110
洪水調節　62, 82
洪水調節開始流量　93
洪水調節専用ダム　221
洪水調節容量　62, 68–69
洪水波形　87–91
洪水ピーク流量カット率　63
固化　133, 147
コカゲロウ　41, 168, 171
コガタシマトビケラ　158, 161, 180
コケ植物　152
固着型　41

[さ　行]
サーチャージ水位　69, 110
再開発事業　173
再帰年→リターンピリオド
再現期間→リターンピリオド
砂州景観　28
砂堆→デューン
サトコガタシマトビケラ　158, 161
サナエトンボ科　41
砂礫堆　34
砂漣→リップル
三次影響　235
試験湛水　169–173
肢節量　183
自然共生研究センター　210
自然調節方式　63–64
事前放流　204
持続性　246
実験河川　209
シマトビケラ　41, 144, 158, 178–180
重金属　236, 253

自由掘潜型　41
収集食者　39, 42
樹林化　127
浚渫　107
順応的管理　231, 239-240
小規模河床波　34
硝酸態窒素　120, 124
常時満水位　69
植生　22-23, 118, 124, 127, 129
食物連鎖　138
シロイロカゲロウ科　42
人工洪水　209, 211, 232, 240, 242
侵食　14, 35
深層曝気　226
水温　71, 109-110, 113, 135-136, 183, 238
水温躍層（躍層）　70-71, 73-74, 111
水生昆虫　144, 158, 178, 234
水中植物　210
水利権　65, 200
ストラクチャー　17, 21-22, 25-26, 53
ストリームパワー　13
ストレーラー（Strahler）の位数理論　6
スルーシング　221
生活型　41, 170
生活史　29, 47, 55, 136, 238, 245
制限水位　69
生産／呼吸比　140
正常流量　65, 197, 199
成層　74
生息適性　29, 47, 118-119
生息場（ハビタット，生息場所）　25, 29, 32, 35, 40, 47-48, 55-56, 196, 208, 244-245
生息場所経路　136
生息場所多様化説　35
生態系サービス　44-45, 245
生態的機能　30
生態的遷移　143
生物多様性　35, 235
セグメント　15-17, 21, 28-29, 53, 245
摂食機能群　36-37, 42-43, 162, 170
瀬-淵構造　34, 143
セメンテーション　133
扇状地　4
選択取水　224-226
造巣掘潜型　42
造巣固着型　158

総体性（インテグリティ）　246
総貯水容量　68-69
造網型　41, 136, 158-160, 178
造網型係数　158, 160
掃流砂　13, 18, 102, 104, 127
掃流力　13, 18-19, 118-120
増量放流　203, 208
粗粒化　14, 81, 85, 128, 132-133, 147-148, 158-159, 164, 166, 209
粗粒状有機物（CPOM）　138, 155

[た　行]
堆砂　70, 104
堆砂対策　107
堆砂デルタ　70
堆砂問題　106
堆砂容量　62, 67-69
堆積有機物　154-155, 159-160
ダイナミックウェーブ法　7, 10
滞留時間　75
濁水長期化現象（濁水長期化）　70, 73, 81, 114, 135, 224
他生性有機物　154
たまり　21, 28, 31, 145
ダム型式　61, 69
ダム撤去　253
多目的ダム　60, 89, 143
淡水赤潮　75, 181, 183, 226
弾力的管理　203-204, 207
単列砂州　26
治水容量　62, 68-69
チドリ類　31
中規模攪乱説　35, 144
中規模河床波　34
沖積平野　4
貯水池寿命　83
チラカゲロウ　180
通砂　222
津田の遷移仮説　143
ツヤムネユスリカ属　158
ツルヨシ　130
低水　7, 155
底生動物　34, 36-37, 40-41, 135-137, 144, 147, 157-158, 162, 164, 167, 169, 174, 177-181, 207, 210, 235, 237
底生無脊椎動物　234

索　引

底泥処理　226
テクスチャー　口絵 1, 17, 21-23, 25, 53, 118, 132
デグラデーション　132
デトリタス　177, 181
デューン（砂堆）　14
デュレーション　17, 22, 25, 53
同化率　181
頭首工　119
独立栄養指標　151
土砂還元→河川土砂還元
土砂吸引排除システム　223
土砂生産　4, 14
土砂動態　3
土石流　102
トビイロカゲロウ　41, 158, 171

[な　行]
ナカハラシマトビケラ　158, 172, 180
ナガレトビケラ科　41
ナミウズムシ　41, 158
肉眼的無脊椎動物　237
二次影響　235
ニンギョウトビケラ科　41
粘液匍匐型　41

[は　行]
背砂　70
排砂バイパス　口絵 10, 107, 219, 221
ハイドログラフ　5, 63-64
破砕食者　39, 42
曝気循環　226
発電害虫　180
発電ガイドライン　200-202
発電水利権　200
ハビタット→生息場
パラレルデグラデーション　131
ピーク流量　63, 88
ヒゲナガカワトビケラ　41, 144, 178
ヒゲユスリカ属　42
非洪水期　69, 93-94
微生息場　32
ヒトリガカゲロウ　180
ヒメトビイロカゲロウ　171
ヒメトビケラ科　41
ヒラタカゲロウ科　41, 158

微粒状有機物（FPOM）　138, 154
富栄養化　73, 75, 135, 225, 236
富栄養化現象　70
副ダム→前貯水池
伏流　26
複列砂州　17, 25-26, 53
フタオカゲロウ科　41
フタツメカワゲラ属　口絵 8
フタバコカゲロウ属　171-172
付着層（Epilithon）　147, 149, 152-153, 158, 160-161, 164, 166
付着藻類　口絵 6, 119-120, 122-123, 135, 189, 219, 234, 237
不特定容量　197
不特定利水容量　197
浮遊砂　13, 18, 102, 104, 127
ブユ科　41, 168
フラックス　13, 132
フラッシュ放流　口絵 9, 203, 206-207, 218, 242, 251
フラッシング　220-221
フラッシング排砂　219, 223
プランクトン　45-46, 70, 74, 136-138, 152, 162, 168, 177, 180-181, 184, 186, 235, 237
不連続体連結モデル（SDC モデル）　6, 138
フロリダマミズヨコエビ　163
分画フェンス　225-226
分級　13
分断　228
平滑化　81, 91, 117
平水　7, 153, 155
ヘビトンボ科　41
放射状流域　5
豊水　7, 153, 155
放流管　109-111
捕食者　39, 42
匍匐型　41

[ま　行]
マウンド　14
前貯水池（副ダム）　225
マシジミ　171
マダラカゲロウ科　41
マニング（Manning）の流速公式　11
マメシジミ属　171
水の華（アオコ）　75, 181, 183, 226

ミズミミズ科　171, 176
ミツゲミズミミズ　172
密度成層　70
密度流　105, 109
密度流排出　219
無水区間　207
モニタリング　148, 217, 231, 233, 242
モンカゲロウ　口絵 8, 41

[や　行]
躍層→水温躍層
やすらぎ水路　223
ヤナギ　129
ヤマトビケラ科　41
ヤマメ　44, 202
遊泳型　41
有効積算温量　183
有効貯水容量　69
遊水地　250
ユスリカ属　42
溶存有機物　178

[ら　行]
螺旋長　189
リーチ　17, 21, 31, 53
利水計画　65
利水容量　66-69

リターンピリオド（再帰年，再現期間）　7
リップル（砂漣）　14
流域委員会　249
流下微粒状有機物　159-160, 162
流下粒状有機物　178, 180, 186
流況　3-5, 12, 87, 91, 112, 117-119, 123-124, 164, 197, 209, 243
流況改善　173
流況曲線　7
流況変化率　94, 97
流砂　3, 13, 22-23, 102, 112, 127, 134, 164, 243
流砂系総合土砂管理　209
流砂波形　102, 107
流砂変化　102
流出モデル　9
粒状有機物　36, 69, 168, 237
流水型ダム　221
流量安定化指数　153
流路延長　4
リン酸態リン　120, 124
冷・温水現象　70-71, 135
ローテーショナルデグラデーション　130-131
濾過食者　36, 42, 177-178

[わ　行]
ワンド　21, 28, 31, 145, 198

[編著者紹介]

池淵　周一（いけぶち　しゅういち）

京都大学名誉教授，河川環境管理財団研究顧問

　専門は水資源工学，水文学，応用生態工学．短期および長期の降雨予測とその洪水時，渇水時のダム管理への支援導入策を検討している．著書に『水資源工学』（森北出版，2000），『水資源マネジメントと水環境』（共訳・技報堂出版，2000），『エース　水文学』（共著・朝倉書店，2006）など．

　本書では，全体の整理・編集とともに，はじめに，1，2，3，5，8章，終章にかえて，おわりに，補遺，コラムを中心に執筆．

[著者紹介]

辻本　哲郎（つじもと　てつろう）

名古屋大学大学院工学研究科教授

　専門は，河川水理学，河川工学．持続性のある流域圏管理のためのアセスメント技術体系を確立することを目指している．著書に『生命の川』（共訳・新樹社，2006），『川の環境目標を考える』（監修・技報堂，2008），『流域圏から見た明日』（編著・技法堂，2008）など．

　本書では，1，2，5，9章を中心に執筆．

谷田　一三（たにだ　かずみ）

大阪府立大学大学院理学系研究科教授

　専門は河川生態学，分類学，生物地理学．とくに日本産トビケラ類の分類と生態，東アジアにおける淡水動物の多様性と起源を中心に研究している．著書に『日本産水生昆虫』（編著・東海大学出版会，2005），『図説日本の河川』（編著・朝倉書店，2010），『ダム湖・ダム河川の生態系と管理 ── 日本における特性・動態・評価』（編著・名古屋大学出版会，2010）など．

　本書では，7，9章，補遺，コラムを中心に執筆．

角　哲也（すみ　てつや）

京都大学防災研究所教授

　専門は水工水理学，河川工学，ダム工学．貯水池の持続的管理および流砂系の総合土砂管理の観点からダムの堆砂問題解決のための研究を進めている．著書に『貯水池土砂管理ハンドブック』（監修・技報堂，2010），『生命体「黄河」の再生』（編著・京都大学学術出版会，2011），『地域環境システム』（分担執筆・朝倉書店，2011）など．

　本書では，4，8章を中心に執筆．

竹門　康弘（たけもん　やすひろ）

京都大学防災研究所准教授

　専門は陸水生態学，水生昆虫学，応用生態工学．水生昆虫の生息場を形成・維持するしくみ，貯水ダムが生息場に与える影響，砂州の生態機能などの研究をしている．著書に『ナチュラルヒストリーの時間』（分担執筆・大学出版部協会，2007），『深泥池の自然と暮らし ── 生態系管理をめざして』（分担執筆・サンライズ出版，2008），『流域環境評価と安定同位体』（分担執筆・京都大学学術出版会，2009）など．

　本書では，6，7章，コラムを中心に執筆．

一柳　英隆（いちやなぎ　ひでたか）

財団法人ダム水源地環境整備センター嘱託研究員，九州大学大学院工学研究院学術研究員

　専門は，動物生態学．河川に生息する動物の生活史や個体群動態，保全について研究している．著書に『河川環境の指標生物学』（分担執筆・北隆館，2010），『ダムと環境の科学Ⅱ　ダム湖生態系と流域環境保全』（編著・京都大学学術出版会，2011）など．

　本書では，全体の整理とともに，補遺，コラムを中心に執筆．

| ダムと環境の科学 I | |
| ダム下流生態系 | © S. Ikebuchi 2009, 2012 |

2009年12月5日　初版第一刷発行
2012年5月30日　初版第二刷発行

編著者	池　淵　周　一	
企　画	財団法人ダム水源地環境整備センター	
発行人	檜　山　爲　次　郎	
発行所	**京都大学学術出版会**	

京都市左京区吉田近衛町69番地
京都大学吉田南構内（〒606-8315）
電　話（075）761-6182
FAX（075）761-6190
URL http://www.kyoto-up.or.jp
振　替 01000-8-64677

ISBN 978-4-87698-928-7
Printed in Japan

印刷・製本　㈱クイックス
装幀　鷺草デザイン事務所
定価はカバーに表示してあります

本書のコピー，スキャン，デジタル化等の無断複製は著作権法上での例外を除き禁じられています。本書を代行業者等の第三者に依頼してスキャンやデジタル化することは，たとえ個人や家庭内での利用でも著作権法違反です。